D1479213

VIRAL

JUAN FUEYO

VIRAL

La historia de la eterna lucha de
la humanidad contra los virus

Penguin
Random House
Grupo Editorial

Primera edición: enero de 2021

© 2021, Juan Fueyo Margareto
Autor representado por Silvia Bastos, S. L. Agencia Literaria
© 2021, Penguin Random House Grupo Editorial, S. A. U.
Travessera de Gràcia, 47-49. 08021 Barcelona
© María Neira González, por el prefacio
© Russell Kightley, por las ilustraciones del interior

Printed in Spain — Impreso en España

ISBN: 978-84-666-6913-9
Depósito legal: B-14.460-2020

Compuesto en Llibresimes, S. L.

Impreso en Gómez Aparicio, S.A.
Casarrubuelos, Madrid

BS 6 9 1 3 9

*A mi madre, que falleció
durante la pandemia de COVID-19*

Agradecimientos

Ella hace que todo sea posible. Nada tendría sentido sin ella. Es por Cande por quien he escrito este libro. He tenido el honor de que la excepcional María Neira, científica, médica, cosmopolita, diplomática y directiva de la OMS, escribiese el memorable umbral que precede a los humildes capítulos. A Joan Fueyo Gómez se deben el subtítulo y la paciencia para escuchar mis lecturas. Irene Fueyo Gómez y Rafael Fueyo Gómez soportaron estoicamente el alejamiento del escritor. Las mejores ediciones de muchos pasajes del libro se deben a Marga Gómez Manzano; de su magia salieron la lluvia de acentos y el curvado hormiguero de las comas. Arnau Andorrà Gómez ha leído y corregido varios capítulos con el entusiasmo de un estudiante de medicina amante de la ciencia. La visión clara y amable de Silvia Bastos consiguió que me saliese del camino. Yolanda Cespedosa ha sido una editora sabia y entusiasta. Por último, este libro agradece los esfuerzos de divulgación de Carl Sagan y Anne Druyan, y de muchos otros autores que me han hecho disfrutar mientras aprendía, entre ellos Richard Dawkins, Lynn Margulis, Mel Greaves, Timothy Ferris, Desmond Morris, Jared Diamond, Carlo Rovelli, Natalie Angier, Silvia Nasar, Yuval Noah Harari, James Gleick e Isaac Asimov.

Nota del autor

Un libro es un río. El texto de *Viral* se complementa con algunas notas a pie de página, una de mis debilidades de lector. Los rápidos y los remansos del texto fluyen sin ellas, pero a algunos nos divierten esas frases concisas, en letra pequeña, que esperan pacientes a que el lector las descubra y se siente un momento con ellas a ver pasar el agua desde la orilla tranquila. Espero que las disfrutéis.

Índice

Este libro está dividido en prefacio, nueve capítulos y un epílogo. Cada uno trata un tema diferente, pero los vertebra la idea central de la obra.

Prefacio

Ginebra,
septiembre, en el increíble año 2020

Un ritmo trepidante. Sí, ya sé que parece extraño empezar el prefacio de un libro científico con esta frase, como si de una novela de intriga se tratara.

Y, sin embargo, es cierto; *Viral* es trepidante. La investigación de Juan Fueyo sobre virus tiene un alto voltaje de erudición y fuertes dosis de filosofía, de historia y de literatura; la mezcla que resulta tiene un sabor a ciencia potente, fresco y estimulante.

Quien abra este libro, y espero que sean muchos los que lo hagan, encontrará historias extraordinarias para viajar por el cosmos a través de los virus, para saber más sobre la eterna lucha entre ellos y la humanidad. Se embarcará en la teoría de la evolución y el origen de la vida, el papel de los virus en el cáncer o en el bioterrorismo. Y, por supuesto, a través de riquísimas historias, casi detectivescas, hallará pistas para entender mejor las temidas pandemias.

Quién habría esperado que un libro de ciencia como este, que habla fundamentalmente de virus, incluyera capítulos con títulos tan evocadores e intrigantes como «Cosmos invisible», «Dragones del Edén», «Entre el dragón y su furia» o «¿Es eso una daga?», o que citara el *Decamerón*, nos desvelara los secretos de la máscara de la muerte roja, incluyera personajes históricos, espías, políticos, hablara de la OMS, de científicos de altos vuelos y, por supuesto, tuviera muchos muchos virus y bacterias.

Con él viajamos a laboratorios protegidos, buceamos en la historia e identificamos los caminos para llegar a dominar la furia de los dragones, doblegarla y transformarla en cura para el cáncer.

No hay duda. Los virus se han infiltrado en nuestra vida. No porque no lo estuvieran ya, sino porque no los veíamos, no eran virales en nuestras redes sociales, no salían en las portadas de nuestros periódicos y no frecuentaban tertulias de barras de bar.

Así que más que nunca necesitamos entenderlos.

La COVID-19, por muchas y complejas razones, pasará a la historia como la mayor crisis mundial de las últimas décadas. No solo se han perdido cientos de miles de vidas, sino que la peor recesión desde la década de 1930 se anuncia peligrosamente y la pérdida de empleos e ingresos que se deriva de ella afectará negativamente a los medios de vida, la salud y el desarrollo sostenible. La pandemia está aquí para recordarnos la *íntima* y *delicada relación entre las personas y el planeta.*

Un número cada vez mayor de enfermedades infecciosas emergentes, como el VIH/sida, el SARS y el ébola, han pasado de la fauna salvaje al ser humano y todos los datos disponibles apuntan a que la COVID-19 ha seguido el mismo patrón.

La pandemia nos sacudió y mostró que necesitamos un sistema de cobertura sanitaria universal, que aquellos países que no lo tenían fueron aún más duramente golpeados y que con los profesionales sanitarios no se improvisa; hay que protegerlos, hacerlos trabajar en las mejores condiciones y darles los recursos necesarios.

Y algo mágico sucedió. Científicos de todos los ámbitos, investigadores, luchadores invisibles en laboratorios fuera de los focos tomaron protagonismo; su voz se escuchó y aparecieron como los líderes de los que se esperaban las soluciones. El ciudadano supo que los laboratorios de investigación existen y que los investigadores merecen algo más que becas precarias.

El conocimiento también se volvió contagioso. Vimos que coordinando y aunando esfuerzos, el manejo clínico de los pacientes mejoraba. Los tiempos para hacer ciencia se aceleraron. Y, ¡oh, milagro!, los clínicos y los epidemiólogos hablaron entre ellos.

Entendimos que un sistema de vigilancia epidemiológica no solo recoge datos, sino que necesita una interpretación inteligente.

Hubo también una sacudida social. Supimos que la transformación digital era real. Que si dejas de contaminar, el aire es más limpio y eso es bueno para tu salud. Que nuestras ciudades no están pensadas para proteger nuestra salud, que la densidad de población en nuestros núcleos urbanos era muy alta. Que había cuestiones éticas muy importantes que nos saltaban a la cara y que vimos de frente las grandes desigualdades.

Que la sociedad, en nombre de la salud, podía hacer grandes sacrificios.

Las medidas de confinamiento que se tomaron para luchar contra la propagación de la COVID-19 desaceleraron la actividad económica, pero también, por un tiempo corto, nos mostraron una pincelada de lo que podía ser un futuro mejor. Los niveles de contaminación disminuyeron y las personas pudieron respirar aire no contaminado, ver con sorpresa el cielo azul, en algunos lugares del mundo por primera vez, o caminar o montar en bicicleta de forma segura. La tecnología digital aceleró la implantación de nuevas modalidades de trabajo y de comunicación, nos ha permitido reducir el tiempo de desplazamiento al lugar de trabajo, estudiar de forma flexible, realizar consultas médicas a distancia o pasar más tiempo con nuestra familia.

Y también se vio aún más claro, si alguien no lo sabía, que necesitábamos un liderazgo global que se interesara por el bien común y que, con solidaridad, intercambio de experiencias y coordinación llegábamos más lejos, más rápido y mejor.

Los Gobiernos nacionales se han comprometido a destinar miles de millones de dólares al mantenimiento y, en última instancia, la reactivación de la actividad económica. Estas inversiones son esenciales para salvaguardar los medios de vida de la población y, por consiguiente, su salud. Sin embargo, la asignación de estas inversiones y las decisiones que orientarán la recuperación tanto a corto como a largo plazo pueden configurar nuestra forma de vida, trabajo y consumo para los próximos años.

Las decisiones que se tomen en los próximos meses pueden fijar modalidades de desarrollo económico que causarán daños permanentes y cada vez mayores a los sistemas ecológicos que sostienen la salud humana y los medios de vida, o, si se toman con inteligencia, pueden promover un mundo más saludable, más equitativo y más respetuoso con el medio ambiente.

Las economías son el producto de sociedades humanas sanas, las cuales, a su vez, dependen del entorno natural: la fuente original de todo el aire puro, el agua y los alimentos. Las presiones que ejerce el ser humano sobre el entorno a través de la deforestación, las prácticas agrícolas intensivas y contaminantes, o la gestión y el consumo no seguros de especies silvestres socavan estos servicios. Asimismo, aumentan el riesgo de que aparezcan nuevas enfermedades infecciosas en el ser humano, el sesenta por ciento de las cuales proviene de los animales, sobre todo de la fauna silvestre. Los planes globales de recuperación tras la COVID-19, en particular los destinados a reducir el riesgo de futuras epidemias, deben ir más allá de la detección precoz y el control de los brotes de enfermedades. También deben minimizar nuestro impacto en el medio ambiente a fin de reducir el riesgo en su origen.

Muchas de las ciudades más grandes y dinámicas del mundo, como Milán, París y Londres, han reaccionado a la crisis de la COVID-19 haciendo las calles peatonales y multiplicando los carriles para ciclistas con el objetivo de permitir que los desplazamientos respeten el distanciamiento físico durante la crisis, y para promover la reanudación de la actividad económica y la mejora de la calidad de vida después de la pandemia.

Para recuperarse de la crisis provocada por la COVID-19 será inevitable poner en marcha reformas financieras; un buen punto de partida sería financiar la ciencia, la investigación y el conocimiento como no se ha hecho nunca.

En un momento histórico como este, tendremos que participar en la escritura del guion de la recuperación saludable y verde. Los profesionales de la salud, en el más amplio sentido del término, tendremos que salir de nuestros hospitales, de nuestros centros de investigación, de nuestros laboratorios e influir en la recuperación, en las inversiones que se harán a partir de ahora. Debemos asegurarnos de que se pondrán muros de conocimiento, muros «verdes» de protección de nuestro ecosistema, que nos harán menos vulnerables a los desastres y contribuirán a crear una sociedad más saludable y con mayor bienestar social.

La recuperación y la construcción de esta sociedad más saludable necesita también una «Arquitectura de Salud Global» reforzada, rigurosa y que se base en lo mejor de la ciencia, que detecte los problemas de salud pública y los aborde con visión global y solidaria, que asesore en prioridades de salud e intervenciones, que fomente y estimule la coordinación científica. Que proteja, promueva la salud, responda a las crisis y trabaje con los países para alcanzar la salud para todos. Ya existe, se llama OMS y es nuestra; reforzándola ganaremos todos.

Los sondeos de opinión realizados en todo el mundo indican que en el proceso de recuperación, las personas quieren invertir más en ciencia, proteger el medio ambiente y conservar los aspectos positivos que han surgido de la crisis.

El mundo no puede permitirse nuevas catástrofes de la dimensión de la COVID-19, ya sea a causa de la próxima pandemia o por los daños medioambientales y el cambio climático, que se anuncian cada vez más devastadores y a los que no estamos respondiendo con la ambición y la decisión necesarias.

Quien clama por volver a la «normalidad» se equivoca. No será suficiente.

En este libro hay claves importantes para empezar esta revolución saludable, positiva y verde que tanto necesitamos.

El autor sostiene que «los virus nos acechan desde la mortal oscuridad de nuestra ignorancia» y a mí me gustaría tanto que se equivocara en algo... ¿Y si resulta que después de esto aprendemos y nos volvemos menos ignorantes?

Por último, querría mencionar una razón más para leer *Viral*: son raras las ocasiones en las que la erudición, la ciencia y lo ameno unen sus caminos aunque sea con dificultad. Esta es una de ellas; aprovechémosla.

MARÍA NEIRA
Directora del Dpto. de Salud Pública
y Medio Ambiente de la OMS

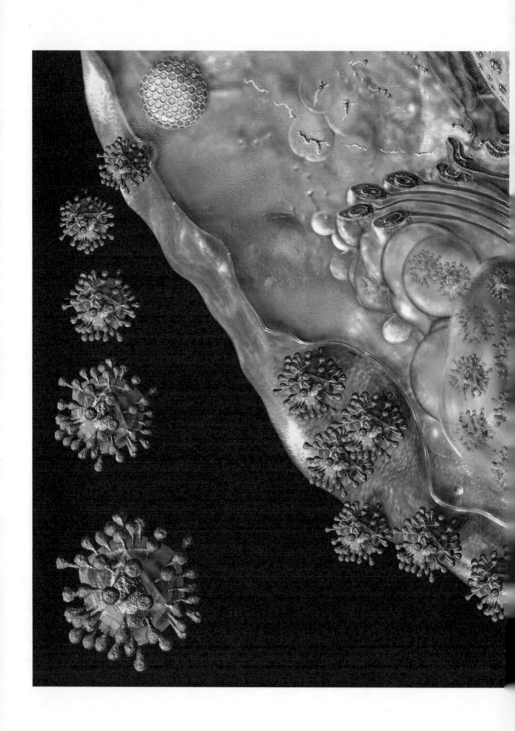

1

Un cosmos invisible

El papel que desempeña lo infinitamente
pequeño en la naturaleza es infinitamente enorme.

LOUIS PASTEUR

Comencemos con las malas noticias. Es muy posible
que nuestra generación sufra un apocalipsis y que un virus asesine a tres mil quinientos millones de personas en
los próximos diez años. Arrecian pandemias: han sido
cuatro veces más frecuentes en los últimos cincuenta años
y han experimentado una explosión en los últimos diez.
Apenas salimos del peligro propuesto por un virus y aparece el siguiente: otra nube negra atisbando nuestros pulmones. El SARS nos atacó en 2002-2003 y luego llegó la
esperada pandemia de gripe. En 2009, el virus H1N1 mató

a más de doscientas cincuenta mil personas, una cifra trágica y al mismo tiempo ridícula, ya que otra antigua pandemia de un virus parecido, a comienzos del siglo xx, infectó a quinientos millones y asesinó a cincuenta millones de personas en el mundo. Y ahora han aparecido por primera vez muchos otros virus, igual de letales o más que los que causan la gripe: MERS en 2012, ébola en 2014-2016, Zika en 2015-2017 y el causante de la COVID-19 en 2019-2020, por contar solo las epidemias del mundo occidental que fueron portada de periódico, dejando injustamente fuera los brotes de dengue, chikungunya o fiebre amarilla y las amenazas latentes de las gripes aviares H5N1 y H7N9 de China. El mundo es cada vez más conductivo, más favorable para el aterrizaje global de la que será la pandemia más grande. Ninguna de las que hemos sufrido, ni siquiera todas juntas, podrá compararse a la que vendrá.

Los virus nos acechan desde la mortal oscuridad de nuestra ignorancia como las fieras husmeaban al hombre prehistórico antes del descubrimiento del fuego: en nuestra indefensión, los virus son nuestros depredadores más letales. Y la humanidad sigue actuando con la parsimonia del cordero que pace ignorando la proximidad del tigre. Si algo define nuestra asimétrica relación con los virus es la ineptitud para generar medidas de prevención y tratamiento contra ellos.

Ciencia proviene de la palabra latina *scientia*, que significa «conocimiento». Los seres humanos aspiramos instintivamente al saber, nacemos curiosos, queremos entender cuanto nos rodea. En el amanecer del hombre, una vez abandonada la seguridad del árbol y el bosque, necesitábamos aprender las costumbres y hábitats de los depredadores de la sabana. En aquel nuevo paisaje, la inteligencia se centraba en encontrar modos de sobrevivir entre pezuñas y cuernos, colmillos y garras. Ese mismo instinto guía el método científico; saber equivale a progreso, progreso equivale a supervivencia. Como la curiosidad de nuestros ancestros, los conocimientos que podamos obtener en los próximos años serán imprescindibles para salvar a la humanidad de una masacre de orden planetario a manos de un virus. En el universo de la medicina existen muchas áreas fascinantes, pero pocas necesitan avances tan urgentes como la virología.

Los virus nos superan en número. Su inhóspita jungla se llama «virosfera» y se extiende a los confines de la Tierra. La amenaza de una pandemia es enorme y la posibilidad de que ocurra es aún mayor. Saltando entre diferentes especies de animales, buscando cómo adaptarse a nosotros, nuevos virus nos infectan cada día, cada minuto. Cada vez con más frecuencia buscan nuestra garganta. Tenemos las estadísticas en contra. Si no nos autodestruimos antes, un virus acabará con nosotros.

Hace poco que conocemos su existencia y hace menos que sabemos que pueden infectar a los hombres. El primer virus humano lo descubrió Walter Reed en 1901. Se trata del agente etiológico de la fiebre amarilla, una enfermedad para la que seguimos sin tratamiento. Y esta no es una excepción; para la mayoría de los virus aún no hay fármacos disponibles. Aunque hemos desarrollado un arma poderosa y limitada a la vez: las vacunas; pero estas cubren un solo virus y, por lo tanto, deben fabricarse una a una, virus por virus; incluso puede suceder que el mismo virus requiera una vacuna diferente cada año. El promedio de tiempo que nos lleva producir una vacuna eficaz son diez años; la última que se ha probado en masa, la del virus de las paperas, tardó cuatro años en salir del laboratorio a la calle. Estados Unidos acaba de aprobar la del ébola. Para el sida, vergüenza debería darnos, no tenemos ninguna. Con el coronavirus intentamos acelerar el proceso y conseguir lo imposible: vacuna durante el primer año de pandemia.

Las pandemias de SARS y COVID-19 han demostrado que un mamífero volador acarrea un gran peligro para la especie humana. Los murciélagos abundan en números asombrosos: uno de cada cinco mamíferos es un murciélago. Capaces de transportar cantidades enormes de virus asesinos como el ébola, la rabia o el coronavirus, los murciélagos no sufren esas enfermedades, pero las transmiten. Después de la epidemia de SARS, algunos equipos internacionales de detectives de virus se internaron en las cuevas de los murciélagos cerca de Guangdong, en China; recogieron muestras de sangre, orina y heces, y las analizaron en busca de virus. Los investigadores acabaron descubriendo un enorme número de murciélagos que portaban coronavirus similares a los que producían el SARS.

El agente de la COVID-19 también tiene homología con los coronavirus de los murciélagos que estaban estudiándose en un laboratorio de máxima seguridad, construido hace poco más de un año en la ciudad china de Wuhan, epicentro de la pandemia. ¿Casualidad? ¿Escapó el virus del laboratorio de Wuhan? ¿Es la causa de la pandemia un accidente laboral? No sería la primera vez. Hay historias de negligencia en laboratorios. Ocurrieron con el virus de la viruela y el de la polio. La hipótesis oficial, sin embargo, mantiene que el primer paciente se infectó en un mercado donde se vendían animales salvajes vivos. Pero en el mercado en cuestión no había murciélagos, los ciudadanos de Wuhan no comen estos animales y la mitad de los primeros casos no tuvieron contacto alguno con el mercado. Ningún científico se atreve a asegurar con certeza cuál es el origen real del virus. Una cosa es cierta: si tuvo origen en el laboratorio de Wuhan, no fue premeditado, nadie intentó convertirlo en un arma biológica.

La imagen de la Tierra desde el espacio, con sus tonos azules y blancos, gravitando suavemente en un tranquilo y apartado rincón de la Vía Láctea, contrasta con el fondo de un universo aparentemente negro y vacío. Las imágenes que nos regala la NASA son de una belleza sublime. ¡Qué suerte tenemos de vivir aquí! Respirar, caminar, amar en medio de una naturaleza exuberante mientras los demás planetas del sistema solar son agresivamente hostiles para la vida. Caminar sobre la fértil corteza de la Tierra es un privilegio que ha fascinado a artistas y poetas desde Yeats a Whitman, desde Horacio a fray Luis de León. ¡Cómo no disfrutar de cuanto nos rodea! Seres afortunados, vivimos en un auténtico edén. A pesar de ello, no controlamos nuestro destino; al menos no todavía. No somos dioses. Respiramos, caminamos, vivimos sumergidos en una niebla invisible y densa de miles de millones de virus.

Son ellos los que nos recuerdan constantemente que

somos mortales. En el presente de la civilización humana, en el planeta más bello de cuantos conocemos, nos percatamos por primera vez en la historia de que los virus se han convertido en los dragones del Edén[1] y de que, a pesar de nuestros impresionantes avances científicos y tecnológicos, seguimos estando a su merced. Nada puede pararlos.

La última línea del libro *Los dragones del Edén*, de Carl Sagan, es una cita de Jacob Bronowski, un divulgador de ciencia estadounidense: «El conocimiento es nuestro destino». En apenas medio millón de años, hemos pasado de merodear desnudos, con la sombra del bosque a nuestra espalda, a descubrir otros planetas habitables. Sabemos que los antiguos miraban inquisitivamente el universo. Las cosechas las marcaba el sol, las trémulas estrellas guiaban los barcos, el movimiento fiel de los astros definía el calendario. Hemos tenido astronomía —y la falsa astrología— desde la Antigüedad. Examinar el cosmos era útil tanto para el campesino como para el charlatán. Los mejores cerebros de cada época se volcaron en su estudio. Podemos seguir un rosario de científicos y modelos del universo: desde los griegos presocráticos y Ptolomeo has-

1. *Los dragones del Edén* es el título de un libro de Carl Sagan. El libro trata de la evolución de la inteligencia y me fascinó. Como neurólogo, quizá pude disfrutarlo más que otros lectores, pero Sagan sabía cómo llegar a todos. Dicho ensayo ganó el Premio Pulitzer en el año 1078. En *Viral*, los dragones del edén microscópico son los virus. No voy a estropear la sorpresa explicado qué o quiénes son los dragones del edén en el ensayo de Sagan. Este libro fue un anticipo de los que vendrían después, entre ellos el megaéxito del libro y la serie de televisión *Cosmos*.

ta Copérnico, Galileo, Newton y Einstein. Lo mismo podríamos decir de la física atómica, que desde la definición del átomo por Demócrito acabó generando modelos del átomo, descubriendo el electrón, identificando la fisión nuclear y, en el presente, esa asombrosa serie de partículas subatómicas. La física promete que pronto controlaremos a voluntad la ardiente energía de las estrellas.

Nuestros ancestros, sin embargo, no nos legaron teorías sobre los virus. No existen papiros que discutieran sobre ellos en la biblioteca de Alejandría. Aristóteles nunca filosofó sobre si estaban vivos o muertos. No hay teorías de Hipócrates ni de Galeno. Tampoco se dibujaron sus figuras geométricas en los márgenes de los códices de las abadías. No tuvieron ni siquiera sus quince minutos de fama durante el Renacimiento. No hay un repertorio histórico de conocimientos sobre los virus. Hasta hace bien poco, no sabíamos nada de ellos. *Nothing*. Cero.

Descubiertos hace ciento cincuenta años, les vimos la cara hace medio siglo gracias al invento del microscopio electrónico. Desde hace apenas una docena de años podemos secuenciar sus ácidos nucleicos y hace solo unos meses que utilizamos inteligencia artificial para combatirlos. La virología es una disciplina muy joven, llena de vacíos de conocimiento, donde nuevos descubrimientos —como el de los gigantes mimivirus— cuestionan a diario taxonomías previas, y cada año aparecen teorías sobre la biología y evolución de los virus sin que haya pasado el tiempo necesario para contrastarlas con la naturaleza. El cemento que une los conceptos en virología es muy fluido, aún no se ha solidificado.

Es posible que otros datos durante los próximos meses nos lleven a crear modelos nuevos e insospechados. Muchos de los paradigmas de virología no están fijados por el paso de los siglos, por la confirmación independiente de cientos de laboratorios. La paleta científica con la que queremos pintar la virosfera carece de muchos colores; vemos a nuestros enemigos en blanco y negro. La virología es una ciencia en construcción y, como en cualquier ciencia joven, abundan las preguntas y no son tantas las respuestas. Es una herramienta que requiere perfeccionamiento. La pandemia más reciente, con la subsecuente concienciación de la sociedad, podría actuar como motor de su progreso.

He decidido dejar de escribir durante unos minutos. Hablo mientras camino. Me gustaría que estuvieseis aquí. Hace un día magnífico de primavera en Texas. Un paseo por mi calle tranquila, que transita entre viviendas unifamiliares construidas en un laberinto de árboles y jardines, me ha impregnado los sentidos con el olor del jazmín y las magnolias, los colores de las azaleas y las zinnias, el arrullo de las tórtolas, los cardenales y los robines que buscaban regocijados un árbol en el que pasar la noche, y la visión de las ardillas jugando a pillarse bajo la mirada de un halcón de cola roja posado, regio, sobre un tejado.

Los barrios de Houston aportan eso y mucho más. Nunca pensé que acabaría desarrollando la mayor parte de mi vida profesional aquí como un obrero que trabaja con otros el cáncer. Tampoco imaginé que gran parte de mis conocimientos tendría que ver con la biología celular y molecular de los tumores cerebrales. He de reconocer que mientras escogí voluntariamente estudiar neurología y decidí de modo premeditado —en íntima conspiración con mi mujer— investigar sobre el cáncer, no escogí Houston ni los virus; ellos me escogieron a mí.

Desde la primera «infección» he padecido una «viremia» continua. Houston y los virus me han dado las mayores alegrías de mi carrera profesional y algunas de las mayores tristezas de mi vida personal y familiar. Los estudios clínicos realizados con los virus del laboratorio me han permitido aportar un granito de arena a la terapia contra el cáncer. En el lado oscuro, durante la última pandemia, sufrí, como muchos de vosotros, la pérdida de familiares y desequilibrios en la economía familiar, coletazos reflejos de la recesión global. Y todo a un mar de distancia de los míos. Parecería que los virus insisten en convertirse, por las buenas o por las malas, con mi permiso o sin él, en una asignatura obligada de mi currículo académico y de mi biografía. Y sigo sin encontrar un lugar mejor que Houston para estudiar el cáncer.

La ciencia nos proporciona las herramientas adecuadas para acercarnos a la naturaleza. Al hombre curioso lo guía la lógica. Buscamos que nuestras observaciones y que los datos que registramos tengan sentido, que sean lógicos. Nos lo exige nuestra educación racional. Desde Aristóteles a Leibniz, pasando por Descartes, los matemáticos y Bertrand Russell, pensar de manera «ilógica» no es de recibo. Y, no obstante, el estudio de la naturaleza evidencia reiteradamente que el universo esconde misterios que desafían la lógica y la razón. Las percepciones apriorísticas sobre un fenómeno son con frecuencia erróneas o imprecisas. Entonces, no queda más remedio que abandonar la lógica, cambiar la hipótesis y, aferrándose a los nuevos datos, generar otra teoría. Ese es el proceso. Los datos mandan, incluso si la visión que ofrecen de la naturaleza es ilógica o carece de sentido. Algo fácil de decir, quizá algo más complicado de entender y muy difícil de aceptar. *Killing your darlings* no es solo el consejo de Stephen King para escribir cuentos de terror, es la actitud del científico escéptico cuando trabaja con hipótesis. Hace falta creatividad para ver nacer una hipótesis y valor para enterrarla cuando muere en acción.

Las dimensiones del cosmos, medidas en esa constante inaprensible que llamamos «año luz», no son compatibles con las matemáticas de nuestra vida diaria. Las ondas gravitatorias se produjeron hace mil millones de años por la colisión de dos agujeros negros y las captamos en la Tierra en 2015, y desde entonces siguen reverberando a través de miles de millones de mundos. Leemos esos mensajes, entendemos las palabras y rechazamos inconscientemente todo intento intelectual de capturar las dimensiones o los tiempos. ¿Cómo podremos entender los seis millones de años luz que mide el diámetro de la galaxia IC 1101? ¿Qué significa en realidad que el universo visible desde la Tierra sea de noventa y tres mil millones de años luz? Nuestra mente vacila cuando intenta acercarse a esos números. Sin embargo, las cifras estratosféricas no nos detienen para intentar descubrir pequeñas leyes, resumidas en fórmulas matemáticas de exquisita belleza, que explican hechos concretos. Ecuaciones primitivas, como las de las leyes de Kepler, que nos permiten viajar por el espacio, visitar otros mundos, teorizar sobre el primer minuto del Big Bang y elucubrar sobre la presencia de universos paralelos o la dualidad física de un universo compendiado en un holograma.

La grandeza del cosmos no es solo hacia arriba. La física también nos revela que existen microuniversos y que estos son menos comprensibles que los lejanos gigantes que iluminan la noche. En palabras de Richard Feynman, brillante físico teórico, premio nobel y ejemplo de profesor didáctico, hay también mucho espacio «allá abajo». Allá abajo son los festivos confines de los quarks,[2] las ínfimas partículas atómicas y subatómicas que se rigen por leyes de mecánica cuántica, tan chispeante en ocasiones que parece una broma surreal y a la vez tan tangible que permite la construcción de bombas atómicas. Es ahí donde las reglas no pueden entenderse por

2. Los quarks son partículas subatómicas que se combinan para formar otras más grandes llamadas «hadrones» (incluyendo protones y neutrones). Las descubrió Gell-Mann, quien ganó el Premio Nobel de Física. Gell-Mann y Richard Feynman, dos de mis héroes, coincidieron en el Instituto de Tecnología de California, conocido como Caltech. Caltech ha sido y es una incubadora de descubrimientos de física teórica. Esta universidad participó en el esfuerzo multicéntrico que descubrió las ondas gravitatorias. El nombre «quark» se debe a que Gell-Man pensaba que usar nombres lógicos para describir partículas subatómicas era absurdo, así que tomó el nombre de la última e inacabada novela de James Joyce, *Finnegans Wake: Three Quarks for Muster Mark* (tres quarks para Muster Mark). En la novela experimental de Joyce, *quark* no tiene significado. Mi devoción por Feynman me llevó a peregrinar un verano a Altadena, donde visité la humilde tumba donde yace Richard Feynman.

completo porque sobre ese ocurrente tapete «Dios juega a los dados».

Por «arriba y por abajo» de nuestro tamaño, existe un macro y un microuniverso físico cuya explicación se resiste a la estricta lógica cartesiana, donde dos más dos no son siempre cuatro. Las observaciones nos obligan a despojarnos de creencias *a priori*, de la rigidez de los silogismos y de la esclavitud de los sentidos a la que nos tiene sometidos ese mundo sólido de rocas, árboles y animales que el mono desnudo —como llamó Desmond Morris al hombre moderno—[3] percibe como «real».

La ballena azul comparte con nosotros el planeta. Sus canciones recorren el mundo submarino y lo llenan con vibraciones de paz y armonía. Una vez, en Cape Cod, en escenarios descritos en *Moby Dick*, salí al encuentro de una ballena. Viajar a mar abierta en una pequeña balsa y encontrarse con uno de estos gigantes es una experiencia apacible y escalofriante. Verla pasar, estremecido, bajo nuestra frágil embarcación me llenó de asombro y júbilo.

3. *El mono desnudo: estudio del animal humano por un zoólogo*, escrito por el científico y humanista inglés Desmond Morris y publicado en 1967. Morris mantiene que las motivaciones y el comportamiento del hombre moderno solo se pueden entender si aceptamos que aún rigen los instintos y hábitos de un simio, que el hombre es simplemente un mono desnudo. Es un auténtico best seller que se tradujo a más de veinte idiomas y muchas de sus proposiciones siguen siendo tan acertadas y provocadoras como lo fueron en el año de su publicación. Un libro que complementa *El mono desnudo* es *El tercer chimpancé*, publicado en 1992, en el que Jared Diamond nos deleita explicándonos aquello que nos une a los simios y lo que nos diferencia de ellos.

Sabedores de que si lo deseaba podía hacer naufragar la barca y de que, sin embargo, pasaba una y otra vez por debajo, con el cuidado necesario para no rozarnos, hizo que estableciéramos una comunicación franca, que entendiéramos de un modo no verbal su mundo y sus actos. Habitamos un mismo planeta y compartimos el deseo de convivir en paz con cuanto nos rodea. Incluso el científico más agnóstico sentirá en un encuentro en la tercera fase con una ballena esa emoción mística, una experiencia de carácter espiritual, algo que nunca se olvida. A veces estudio oyendo cantos de ballenas, música angelical.

El asombro al contemplar una ballena azul no se siente cuando observamos regiones microscópicas. No sentimos cariño por las bacterias ni por los virus. No entendemos su existencia. Como ocurre con la mecánica cuántica de los mundos subatómicos, no esperéis lógica en la virosfera. Su composición molecular no los diferencia de las ballenas azules; los dos están hechos pieza a pieza de átomos de carbono, ácidos nucleicos y proteínas. Pero no sabemos qué son los virus. No sabemos siquiera si están vivos o muertos. Para algunos son desechos inertes, zombis biológicos, personajes de Lovecraft que causan terror cuando sabes de ellos, aunque sea difícil entender claramente qué o quiénes son, y aún más describir con certeza y precisión su atroz fisonomía y su horrible y extraño lenguaje.

Como el gato de Schrödinger, el misterioso felino de la mecánica cuántica, los virus están vivos y muertos o, si ha de preferirse así, ni están vivos ni están muertos. Fuera de las células son partículas inertes, que carecen de metabolismo y de fuentes propias de energía y que no pueden reproducirse. Dentro de las células, por el contrario, cobran vida, replican en una orgía molecular sus ácidos nucleicos y se reproducen sin freno. Quizá el sabio chino Lao Tse, quien veía un continuo entre la vida y la muerte, habría situado los virus en los extremos de esa línea: en el espacio virtual lleno de esperanza del segundo anterior al origen de la vida y también en el penúltimo segundo del tenebroso umbral de la muerte. Pero los virus no son seres metafísicos. Cada vez más y más científicos están de acuerdo con que los poderosísimos dragones del edén microscópico son un triunfo de la selección natural similar al de las ballenas.

No hay acuerdo sobre una única teoría evolutiva. Algunos virólogos opinan que los virus surgieron de elementos genéticos que ganaron la capacidad de moverse entre células. Otros prefieren pensar que son restos de organismos celulares, miembros mutilados de células muertas. Y hay un tercer grupo que opina que los virus son anteriores o que coevolucionaron con sus actuales huéspedes celulares. No hay pruebas para eliminar ninguna de las hipótesis y estas no se excluyen mutuamente, así que cabe también la posibilidad de que todas sean correctas. Cuanto menos se sabe sobre un tema, mayor es el número de hipótesis.

Los virus podrían ser virutas celulares, escombros de la evolución. Esta teoría está de acuerdo con la idea de que los virus no están vivos. Solo dentro de las células encuentran todo aquello que dejaron atrás cuando se formaron y que complementa las «partes perdidas» dándoles la capacidad para multiplicarse. Esta hipótesis sugiere que los virus se formaron con la aparición de las primeras células, de donde procederían. Si una cosa es cierta en biología es que nada es perfecto. Muchos efectos aparecen sin que estuvieran considerados en el plan maestro y es posible que la muerte de las primeras células originase, por azar, los primeros virus. Los investigadores que defienden esta teoría ven los virus como basura tóxica y ciega. Es triste pensar que «trozos informes» de células primitivas o modernas puedan matar a un individuo, a un grupo o a toda la humanidad.

La hipótesis que tal vez tiene más sentido desde el punto de vista de la teoría de la evolución propone que hace cuatro mil millones de años, antes de que apareciese el ADN, cuando el reino de la Tierra era el del ARN, cuando la materia inerte encontró una manera distinta de interactuar con el ambiente que la rodeaba, cuando por primera vez las moléculas tenían un efecto enzimático y podían pasar instrucciones sobre cómo ejecutar pequeñas funciones automultiplicándose, en el preciso momento de la evolución en el que nace la genética, ya existían virus.

Con el tiempo, los virus ARN fueron capaces de retrotranscribir ADN, producir la transición a otro mundo más estable y generar los primeros virus de ADN. Esto podría haber ocurrido antes de que se formase el primer organismo celular, ese ser seminal del que han evolucionado los demás, el llamado «último antepasado común universal». Los virus compuestos de ARN siguen siendo débiles, mientras que los virus que contienen ADN son estables y resistentes. Esta estabilidad es la razón por la que el ADN acabó triunfando en la primigenia competición para transmitir la información genética entre los dos ácidos nucleicos.

Hace poco menos de cuatro mil millones de años, el ARN inventó la genética y fue la molécula central de la vida, el «cristal aperiódico»; cientos de millones de años después, apareció el ADN, y quinientos millones de años más tarde, surgieron los antecesores de las bacterias.

Como se ha dicho muchas veces, un modo simple de definir un virus es explicar sus efectos nocivos: los virus son malas noticias envueltas en proteínas (según la cómica y precisa definición de Peter Medawar, pionero del trasplante de tejidos). Terribles noticias durante la infección de una sola célula, cuya maquinaria quedará al servicio del virus una vez infectada, y pavorosas noticias en el curso de una pandemia cuando su propagación ocasiona millones de muertos.

Las «malas noticias» están escritas en ARN o ADN y la célula infectada las «lee» de inmediato. El ácido nucleico invasor contiene las instrucciones precisas para que su anfitriona abandone sus propias tareas, incluso las más vitales, y se dedique obsesivamente a la fabricación de una copia tras otra del ácido nucleico invasor y proteínas alienígenas. Los mecanismos de replicación del ADN se alinean en cadenas de montaje que trabajan a un ritmo frenético para conseguir en un tiempo récord que millones de virus queden completamente ensamblados y listos para abandonar las unidades de producción. La fase del ciclo celular donde normalmente se replica el ADN se llama «fase S», y en las células normales precede a la fase de mitosis donde la célula se divide en dos. Una célula infectada por un virus entra engañada en fase S y nunca llegará a la mitosis. Embarazada de un ente terrible, no parirá dos células hijas, sino millones de dragones.

Las proteínas son el envoltorio del ADN o el ARN y la parte estructural del virus. Algunas colaboran en la fabricación de este, pero la mayoría son necesarias para formar la cáscara, cápsula o cápside, un cascarón que protegerá el ácido nucleico en el medio extracelular y que permitirá la infección de la siguiente célula. Un virus así formado, aislado de la célula, es «vida» virtual o latente.

En esas condiciones, los virus pueden «sobrevivir» en cualquier ambiente. Esa es su gran ventaja. Hay virus en la atmósfera y en las profundidades del océano. En el mar, ocurren 10^{23} —un uno seguido de veintitrés ceros— infecciones virales por segundo. Muchas de ellas en bacterias. Los virus eliminan el veinte por ciento de la biomasa microbiana oceánica diariamente. Las infecciones masivas estructuran las comunidades microbianas de los océanos y como resultado regulan los ciclos bioquímicos de nutrientes y energía, que las bacterias se han ocupado de iniciar y mantener. Los virus marinos también infectan organismos multicelulares y han producido, por ejemplo, en focas y estrellas de mar, epidemias que han amenazado con extinguir localmente sus especies. En nuestro intestino, paraíso bacteriano, los virus son más abundantes que las bacterias en una proporción de diez a uno. Los virus más comunes se llaman «fagos» y regulan el número y la calidad de las bacterias intestinales, por lo que cooperan en la producción o prevención de enfermedades relacionadas con la microbiota.

No hay lógica en la virosfera. Los virus, además de la depredación, parecen asumir otras obligaciones biológicas. Estas funciones, digamos sociales, son menos violentas, más impresionantes. La teoría de los juegos se ha aplicado para entender la biología de los virus y sus interacciones entre ellos y con las células que infectan. La interacción de un virus con una célula, a veces, no es un juego de suma cero, es decir, que no es imprescindible que la célula muera para que el virus viva. Los estudios de los genomas muestran que los virus participan en juegos de cooperación con los organismos que infectan. En estos casos, el parasitismo se convierte en una convivencia de beneficio mutuo que llamamos «simbiosis».

Según algunos autores, la participación de virus ayudó a las células procariotas o células sin núcleo a convertirse en eucariotas o células nucleadas. Las procariotas son, por ejemplo, las bacterias; y las eucariotas o nucleadas son las que forman entes multicelulares grandes y complejos como las plantas o los seres humanos. La formación de esas células se denomina «eucariogénesis» y consiste en la agrupación de otros organismos, entre ellos los virus, dentro de una bacteria.

Me he permitido llamar a este proceso, de pronunciación difícil, «la hipótesis de la matrioska biológica». Una matrioska es una muñeca rusa que se caracteriza por contener otras muñecas. Una célula nucleada se formó cuando aceptó que otro organismo se introdujese dentro de ella. Dentro de la matrioska normalmente hay más de una muñeca y en el interior de las células eucariotas hay más de un ser vivo.

La eucariogénesis viral sostiene que la infección por un virus dio lugar a la formación de un núcleo en una bacteria. Si los virus han participado en la formación del núcleo de las primeras células complejas, esto demostraría que han desempeñado un papel esencial en la evolución desde su comienzo. El padre de esta teoría es un científico llamado Philip John Livingstone Bell. Según Bell, el núcleo evolucionó a partir de un complejo virus de ADN. Este virus que infectó la bacteria se estableció de modo permanente dentro de ella y creó un núcleo al amalgamar su propio ADN con el genoma de la célula infectada.

Desde esta perspectiva que comenzamos a ver claramente, los virus empujaron la evolución del tronco común del árbol de la vida. Los virus podrían haber originado el sistema de replicación de ADN de los tres dominios celulares originales: arqueas, bacterias y eucariotas. Pero hay más: tal vez el linaje de virus gigantes o mimivirus podría representar otro dominio, el cuarto, de la vida. Sin virus no hay evolución.

Está claro que los virus se formaron de ARN primero y de ADN después. Pero ¿cómo se formaron los ácidos nucleicos en la Tierra? Esta pregunta implica otra: ¿cómo se formó la vida en la Tierra? Darwin pensaba que el origen de la vida había tenido lugar en un pequeño charco de aguas cálidas que contenía amoníaco y sulfatos, y al que alcanzó un relámpago. Estas ideas influyeron en Oparin y Haldane, quienes en los años veinte generaron la hipótesis de que la vida se formó como resultado de una evolución química, teoría apoyada por los clásicos experimentos de Miller y Urey, en los que la combinación de agua, metano, hidrógeno y amonio en un matraz sometido a una descarga eléctrica produjo aminoácidos. Estos experimentos los han reproducido durante años varios investigadores y han demostrado la veracidad de sus conclusiones e indicado lo fácil que es crear material orgánico partiendo de ciertos elementos químicos en presencia de energía exterior.

Con el paso del tiempo han ido apareciendo críticas a esta teoría. Pasar de una proteína a un ser vivo es complicado y requeriría tiempo. Pero la vida apareció en la Tierra casi inmediatamente después de su formación. No parece que seiscientos millones de años fuesen suficientes para producir seres vivos desde aminoácidos. Recientemente ha aparecido otra teoría del inicio de la vida en la Tierra que va ganando popularidad, la llamada panspermia —*pan*, «todo»; *esperma*, «semilla».

Esta teoría predice que la vida se creó en otro planeta donde probablemente la evolución química tuvo lugar bajo las mismas condiciones y el tiempo suficiente para crear vida. Desde ese punto o puntos originales de concepción, la vida se habría sembrado en otras regiones del universo, por ejemplo la Tierra. A favor de esta teoría está el hecho de que, justo después de la formación de nuestro planeta, hubo un período de bombardeo intenso de cometas que podrían haber transportado la vida desde otros mundos y sembrarla aquí. Los numerosos descubrimientos de material orgánico —incluyendo aminoácidos— en cometas y meteoritos apoyan esta teoría. Es también posible que los primeros virus y bacterias estuviesen formados por material orgánico llegado del espacio exterior o que tuviesen directamente un origen extraterrestre.

No sabemos si los microbios podrían soportar viajar por el espacio, pero se han descubierto formas de vida microbianas en la Tierra que pueden sobrevivir, incluso prosperar, en condiciones extremas de temperatura y presión, así como en condiciones de acidez, salinidad y alcalinidad consideradas letales hasta hace poco. Experimentos realizados por la NASA en el espacio exterior sugieren que las bacterias podrían superar las condiciones de un viaje dentro del sistema solar y reproducirse en la Tierra. Si las bacterias pueden viajar ahí afuera, es probable que los virus también, incluso dentro de estas. Una ventaja de no estar vivo es que nada puede matarte.

Los virus se mantienen estables en condiciones aeroespaciales. Una cantidad asombrosa de virus circula constantemente alrededor de la atmósfera. Llegan hasta esas alturas en pequeñas partículas de polvo del suelo y de gotas de mar. A esa altitud, es posible un transporte de largo recorrido, incluido el intercontinental. Quizá las nubes de arena que se originan en el Sáhara y que recorren Europa o, hace apenas unos días, sobrevolaban Houston hagan siembras de virus por dondequiera que pasan.

Entender los virus tal vez requiera comprender la biología del cosmos. Pero los viajes que nos llevarán a entender otras extrañas, inauditas y sorprendentes funciones de los virus no son excursiones a otros mundos. Se requiere un viaje al interior de nosotros mismos; un viaje cuyo sentido no es filosófico o espiritual, sino puramente biológico: para entender los virus hemos de aventurarnos a explorar la intimidad de nuestro ADN. En nuestro genoma se han encontrado pruebas importantes, incontestables, del papel primordial y clave que han jugado los virus en la evolución de la vida en la Tierra.

Si pudiésemos dar un paseo por nuestro genoma, con el ADN convertido en una avenida en línea recta sobre la que pudiésemos caminar, descubriríamos la belleza de nuestros genes. Consiguen que las neuronas piensen y duerman, codifican la inmunidad, previenen del cáncer. Caminamos sobre avenidas cuya superficie está cubierta de solo cuatro tipos de baldosas, pero que se repiten una y otra vez a lo largo de kilómetros hasta formar una arteria de mayor longitud que la avenida Diagonal de Barcelona, la Castellana o los Campos Elíseos, más larga incluso que la Gran Muralla china.

El ADN de una de nuestras células está constituido por tres mil millones de baldosas, que llamamos «nucleótidos». Y si juntásemos el ADN de todas las células de un ser humano y lo uniésemos en una sola cadena, en una sola línea recta, tendríamos un bulevar molecular con una longitud parecida al diámetro de la Vía Láctea. Hay suficiente ADN en nuestro cuerpo para trazar varias autopistas de ida y vuelta al Sol.

En este viaje molecular nos encontraríamos con genes que ya estaban presentes en animales de todo tipo. Algunos en los peces con cerebros que no pesan ni dos gramos, otros en reptiles, otros en mamíferos. Si pudiésemos observar a la vez el ADN de un primate no humano, repararíamos en el gran parecido entre ellos. Si comparásemos el ADN de una persona blanca con el de una negra o una oriental, no encontraríamos mayores diferencias: tendríamos que concluir que no hay base biológica para la perversa división de la humanidad en razas. Hay más diferencias entre los genomas de dos africanos negros que entre los genomas de los africanos negros comparados con los de los europeos blancos.

Ciertas baldosas del genoma tienen una textura un poco diferente a las demás. Nos agachamos sobre una de ellas para observarla mejor y vemos, con nitidez y turbación, que se trata del gen de un virus. Nos ponemos de pie asombrados y miramos hacia delante y hacia atrás, y podemos ver, perplejos, que nuestro genoma está salpicado de una multitud de secuencias virales. El tanto por ciento de estos genes es muy alto. El verso de Walt Whitman de «El canto de mí mismo» es biológicamente exacto, genéticamente preciso: contenemos multitudes. Incluyendo un hervidero de virus.

Tenemos entre veinte y treinta mil genes humanos que codifican proteínas. Poquísimos. Este dato fue una sorpresa: antes de que secuenciáramos nuestro genoma, se predecía un número mayor, entre cincuenta y cien mil. En cualquier caso, lo demás sería material despreciable. Pero en las vastas regiones del genoma que no codifican directamente proteínas, habitan los dragones del edén molecular. Son los llamados «virus endógenos», más de cien mil «genes», es decir: tenemos más genes de virus que «humanos». El Proyecto Genoma Humano no solo confirmó que había menos genes humanos; también demostró que existían auténticas minas de diamantes en la basura.

En el reino de la química, el carbono une a los seres vivos. En biología, el ADN es el común denominador. El carbono es el producto de la fusión de núcleos de helio en las estrellas y parte del ADN proviene de los microbios que dominan el planeta donde vivimos. Somos seres de carbono y ADN, una quimera prodigiosa de polvo de estrellas y ADN viral. Los virus han empujado la evolución que culminó en la creación de memoria, conciencia y pensamientos. Los más ínfimos organismos sobre la Tierra cabalgan el caballo ciego del proceso evolutivo. No nos engañemos: Darwin nunca dijo que la evolución se basase en la supervivencia del más fuerte.

¿Cómo es que hay ADN viral en nuestro genoma? Los retrovirus en ocasiones no matan la célula, sino que se integran en su genoma para vivir en forma de parásitos. No matan al organismo al que infectan, se alían con él. Se integran en su ADN, donde se les permite vivir a cambio de proveer nuevas y útiles funciones, algunas de ellas espectaculares. La incorporación de un retrovirus originó la placenta y después de esa infección los mamíferos dejaron de reproducirse mediante huevos. Mucho más tarde, la infección por varios virus, algunos de ellos localizados en el cromosoma Y, separó genéticamente al ser humano del chimpancé. Ahora mismo, la inserción de un retrovirus en koalas australianos está interfiriendo con su capacidad para sobrevivir, accionando la selección natural ante nuestros atónitos ojos.

Hemos aprendido a hacer en el laboratorio lo que los

retrovirus hicieron en el mundo silvestre, y lo llamamos «ingeniería genética». La manipulación genética hace tiempo que domina el laboratorio de los virus. Cualquier científico con un grado de formación en biología e interés por este tipo de investigación puede modificar virus. En mi trabajo me dedico a ello; mi laboratorio lo hace día sí, día también. Han pasado veinticinco años desde que nos volcamos en ello y los resultados aún no han dejado de maravillarme.

Hay virus que se modifican para generar vacunas, para destruir bacterias, para causas relacionadas con el bienestar de la humanidad. Pero este es un mundo que siempre ha tenido dos caras; un mundo en el que existe el mal y en el que algunos conspiran para matar. Tras las puertas cerradas de laboratorios pestilentes y secretos, grupos militares apoyados por enormes presupuestos se esfuerzan en transformar los virus en armas biológicas con fines de guerra abierta, guerrilla asimétrica o bioterrorismo. El premio gordo es la pandemia.

En la conquista de América, en la guerra de la independencia de Haití, en la guerra franco-americana y en la de Cuba, los virus tuvieron papeles decisivos diezmando las tropas y las poblaciones civiles de uno u otro bando. Mermar al enemigo, eso pretenden conseguir los Estados hostiles a la civilización y los terroristas de cualquier ralea. Existen los mercados negros de armas y existe también la «biología negra». La Organización Mundial de la Salud (OMS) advierte que la revolución genómica ha hecho que la biotecnología entre en una fase explosiva de crecimiento. Una ciencia secreta y lúgubre, misteriosa y criminal, manipula genéticamente gérmenes, incluyendo virus, para crear imparables armas de terror, dragones de diseño, virus furtivos que no responden a ningún tipo de tratamiento o para los que solo el Estado terrorista dispone de la vacuna.

Las armas biológicas son las armas atómicas de los pobres. Un laboratorio clandestino puede vender enfermedades a medida: despoblar una región, destruir un ejército, llevar un país a la pobreza, disparar una pandemia. Hace ya unos años visité, en Washington D. C., el laboratorio en el que se fabricaron las cepas de ántrax que se usaron en ataques bioterroristas domésticos contra políticos y personalidades de los medios de comunicación, aprovechando el momento psicológico del ataque a las Torres Gemelas de Nueva York, en 2001. Aquel laboratorio no era diferente de muchos otros que visité antes y después. Esa percepción de normalidad fue la que me llenó de horror.

La mayoría de los científicos tiene buenas intenciones; busca mejoras para la humanidad. Uno de los mejores científicos del pasado fue Louis Pasteur. De él tengo solo una queja: no descubrió los virus. Louis Pasteur, el inolvidable microbiólogo francés, es una de las mayores figuras de la ciencia, la biología y la medicina. Un hombre polifacético, multidimensional, prolífico y genial que fue capaz de hacer él solo el trabajo de miles de científicos. A él se debe la teoría de los gérmenes y el desarrollo de algunas de las armas que usamos para defendernos de ellos. Los métodos que describió, desde la pasteurización hasta las vacunas atenuadas, siguen siendo tan válidos hoy como revolucionarios fueron en su tiempo.

Pasteur produjo un *quantum leap* en el progreso de la medicina y la ciencia al demostrar que en el agua, la tierra, el polvo y el aire que respiramos hay gérmenes, y que esos seres invisibles son los que causan enfermedades. Uno de los momentos mágicos de la historia de la medicina se produjo el día en que Pasteur administró la vacuna de la rabia a un niño al que un perro rabioso había mordido catorce veces. Pasteur llevaba varios años investigando la rabia y estaba convencido de que había descubierto una vacuna eficaz. No la había probado en seres humanos y pensaba aplicársela a él mismo cuando el niño y su madre entraron en la consulta. Pasteur trató al niño y el pequeño paciente nunca presentó síntomas de la enfermedad.

Pasteur también demostró que la materia, por sí sola, no produce vida. Y con ello acabó de una vez con las teorías de la generación espontánea, que, desde Aristóteles, habían defendido los científicos de todos los tiempos. No hay generación espontánea, enfatizó Pasteur. *Omne vivum ex vivo*: «Toda la vida proviene de la vida». Este concepto daría lugar a la teoría de los gérmenes que el francés articularía junto a Koch, el microbiólogo que descubrió las bacterias que causan la tuberculosis y el cólera.

Los virus producen cáncer. Aproximadamente un veinte por ciento de los tumores los producen los virus. Un científico descubrió que la causa de una epidemia de cáncer en una granja de pollos de Nueva York era un agente filtrable que podía extraerse de los tumores. Cuando el líquido filtrado se inyectaba en pollos sanos, producía cáncer. El médico se llamaba Rous. Años después, en los setenta, Varmus y Bishop descubrieron, en la Universidad de California en San Francisco, que un gen del virus de Rous era el responsable de la producción del cáncer en los pollos debido a la activación de un gen homólogo al del virus en las células humanas. Al gen celular que producía cáncer se le llamó «oncogén». El descubrimiento de los oncogenes cambió para siempre nuestro entendimiento de la biología celular de los tumores. Desde entonces, el cáncer se considera propiamente una enfermedad de los genes. Este descubrimiento también ponía en contacto dos ciencias que parecían ser muy diferentes y cuyos objetos de estudio parecían encontrarse a mucha distancia el uno del otro: la virología y la oncología. Y desde entonces estas dos disciplinas han sido felices y comido muchísimas perdices.

El descubrimiento de que los virus producían tumores llevó a la identificación del virus del papiloma humano como causante del cáncer de cuello uterino. Estos conocimientos se emplearon con éxito para elaborar una vacuna contra los papilomavirus que podría llegar a hacer desaparecer el cáncer de útero y otros tumores producidos por este virus, como los de cabeza y cuello o rectales. Esta vacuna salvará un incontable número de vidas previniendo simultáneamente la infección por el virus y el desarrollo de un cáncer.

Volvamos de nuevo a la esencia de los virus depredadores, esas poderosas máquinas de matar. Introducidos artificialmente en una célula, matan sin que nada pueda evitarlo. Una rama experimental de la terapia contra el cáncer utiliza virus inteligentes para atacar los tumores. Los virus azuzados por el cirujano contra un tumor son los modernos perros de la guerra de la oncología, organismos brutales enfrentados a la bestia del cáncer. Combate de titanes.

Que las agencias reguladoras de fármacos hayan aceptado los virus como tratamiento del cáncer ha abierto una nueva era para muchos laboratorios, incluido el mío en el M. D. Anderson de Houston, que trabaja en este campo con varios virus destructores de tumores u «oncolíticos». En el año 2018, nuestro laboratorio publicó los resultados de un estudio clínico en fase I en el que utilizábamos un adenovirus modificado, llamado Delta-24, que habíamos manipulado para que distinguiese entre neuronas y células de cáncer.

El Delta-24 ha producido remisión completa de tumores y supervivencias superiores a los tres años en un pequeño porcentaje de pacientes que sufrían tumores cerebrales muy graves y cuyo pronóstico de vida se contaba en semanas. En esos pacientes, el resto de los tratamientos disponibles había fracasado. El mismo año que publicamos nuestro estudio, un grupo de trabajo completamente independiente publicó en la revista *The New England Journal of Medicine* resultados muy similares a los que habíamos publicado nosotros, pero utilizando un virus de la polio, que había sido genéticamente manipulado para que se multiplicase solo en los tumores.

Una de las pacientes tratadas con este virus fue Stephanie Lipscomb, una jovencísima estudiante de enfermería. Los neurocirujanos habían extirpado quirúrgicamente casi el cien por cien del tumor, pero la neoplasia se reprodujo de inmediato, como si fuese un monstruo renaciendo de sus cenizas. Un equipo de la Universidad de Duke ofreció a Stephanie la posibilidad de recibir un nuevo tratamiento experimental. Proponían algo increíble: infectar el tumor con el virus de la polio. Y una sola inyección del virus de la polio modificado consiguió lo imposible: destruyó por completo el tumor. Stephanie hace vida normal y lleva más de cinco años libre de cáncer.

El hombre domesticó las plantas hace diez mil años y, aproximadamente en ese mismo momento, hicimos lo propio con los primeros animales: las ovejas. Ese fue el inicio de la civilización agrícola y ganadera, y un punto de inflexión en nuestra civilización. La domesticación nos ayudó a convertirnos en animales modernos. El simio que abandonó el bosque y se convirtió en un primate carnívoro, en un cazador por necesidad, en un animal nómada, tenía ahora una cultura diferente. Cazar no era tan imprescindible y vagar en busca de presas no era del todo necesario. Podía asentarse, cuidar de los cultivos y del ganado. El primate carnívoro se convirtió en el hombre granjero y desde entonces no se ha detenido el proceso de domesticar cuanto nos rodea, ya sea materia, seres vivos o energías. Pero ¿estamos preparados para domesticar los virus?

Hemos comenzado a entender cómo podemos domarlos. Sería magnífico que estos primeros pasos, dados por los viroterapeutas, fuesen el origen de una nueva etapa del hombre como señor de la virosfera, que pudiéramos cultivar virus para utilizarlos en diferentes tareas. En el campo de la medicina se busca la construcción de nanorrobots que patrullen el cuerpo para reparar los daños causados por las enfermedades o la edad. ¿No sería más factible modificar un virus para que hiciera esas funciones? Los virus podrían utilizarse para la prevención de demencia o el retraso *sine die* de la vejez.

Otro aspecto de nuestra lucha es acabar con los virus prófugos, con los superasesinos. La indefensión ante los virus podría vencerse creando nuevos antivirales usando inteligencia artificial. No hablo de ciencia ficción ni de lo que ocurrirá dentro de diez años. En 2019, se descubrió por primera vez un antibiótico contra las superbacterias resistentes a los antibióticos convencionales usando técnicas de aprendizaje automático y aprendizaje profundo. Este fármaco, llamado halicina —un guiño a HAL, la computadora de *2001: Una odisea del espacio*—, no se parece en nada a los antibióticos convencionales y, por lo tanto, podría abrir otras avenidas para encontrar nuevos fármacos antivíricos. La COVID-19 ha dado lugar a que por primera vez se use inteligencia artificial para mejorar los tratamientos de la neumonía por coronavirus, al menos uno de los fármacos detectados por los algoritmos se está probando en estudios clínicos.

La pandemia que vendrá podría acabar con gran parte de la humanidad. No sería nuevo. Ya ha ocurrido en el pasado. Recientemente, la hipótesis de una hiperenfermedad vírica se postula como la causa de la extinción de la megafauna americana a finales de la última Edad de Hielo. Los virus transportados por el hombre y sus animales domésticos, como los perros, podrían haber producido varios ciclos de infección entre la fauna que no se había expuesto a esos patógenos. Una hiperenfermedad más horrible, causada por un virus de la familia de los herpes, podría haber erradicado a los neandertales. En este caso, se habría debido al fatal intercambio de virus entre estos y los *Homo sapiens*, ocurrido cuando se encontraron en Eurasia, después de la salida del sapiens de África.

Buscar soluciones a las pandemias es urgente. Los poderes político y religioso, sin embargo, podrían interponerse entre los científicos y las pandemias. El conflicto entre Iglesia y Ciencia, como apuntó Bertrand Russell, es la confrontación entre la autoridad religiosa y la observación científica. Un conflicto parecido existe entre el poder político y la observación. A quienes defienden el poder por el poder les molestan los hechos que contradicen las ideas peregrinas, supersticiones y falsedades prevalentes en las masas que los votan. Durante la pandemia de coronavirus, hemos observado acontecimientos tan ridículos como la politización del uso de las mascarillas en Estados Unidos. Y han sucedido cosas más graves a mayor escala administrativa en muchos otros países. Amparados por la excepcionalidad de la situación, autócratas y dictadores de todos los continentes aprobaron aceleradamente numerosas leyes con el objeto de disminuir las libertades de los ciudadanos, prevenir juicios en su contra y ampliar sus plazos de gobierno.

En Hungría, por ejemplo, se ha comenzado a gobernar por decreto; una nueva ley le otorgó al primer ministro el poder de eludir al Parlamento y suspender las leyes existentes, y el Gobierno ha suspendido elecciones y referéndums durante el período de emergencia. La corrupción infecta incluso democracias sólidas como la de Gran

Bretaña, donde el Gobierno se ha otorgado poderes sin precedentes para impedir la entrada de inmigrantes y también para arrestar a ciudadanos ingleses sin tener que justificarlo. En Sudamérica, Bolivia ha retrasado las elecciones a la presidencia, con lo que el Gobierno se asegura más tiempo en el poder; el presidente de Brasil ha incitado a un golpe de Estado encubierto para evitar que se impongan medidas sociales que obliguen al cierre de la economía —a pesar de llevar en julio un vergonzoso millón y medio de casos de infección por coronavirus—, y el Gobierno de Chile ha sacado el ejército a las plazas públicas para impedir las manifestaciones de la oposición. Israel ha decidido cerrar las salas de justicia, con lo que ha impedido que se celebren los juicios por corrupción que tiene pendientes el primer ministro. En Jordania se ha aprobado una nueva ley que permite al primer ministro perseguir a sus enemigos aduciendo que están diseminando rumores o que incitan al pánico. La invasión de la privacidad, con el control de teléfonos y cuentas bancarias, se ha ampliado en China, Corea y Singapur. Y estas situaciones son cada vez más frecuentes: los autócratas son una pandemia en sí mismos.

Durante la COVID-19 se ha producido un brutal incremento de la violencia doméstica en varios países. De ese aumento brutal tenemos informes y cifras vergonzosos tanto en España como en el Reino Unido. Pero ignoramos la situación en países de economías emergentes, donde las medidas tomadas para prevenir esta otra epidemia han sido nulas.

Las repercusiones sociales de la pandemia han tenido

un impacto negativo en la economía basada en producir y consumir. Por otro lado, este decrecimiento económico forzoso ha facilitado una victoria temporal en temas de cambio climático. Los satélites de la NASA han mostrado que las ciudades industriales, de Pekín a Milán, han experimentado descensos históricos de la polución debida a gases como el NO_2 y el CO_2, responsables del calentamiento global. El Mediterráneo ha alcanzado niveles de purificación que no se conocían desde el inicio de la era industrial: Venecia ha contemplado incrédula un rebrote de la vida marina que ha fascinado e ilusionado al mundo. La pandemia pone de manifiesto que, si se tomasen medidas enérgicas sobre el consumo de combustibles derivados del petróleo, podríamos recuperar un planeta que muere por asfixia. La economía de vista corta, del instante, del presente, sale cara en vidas futuras.

Ciencia equivale a progreso. La sociedad debería cantar al científico como el poeta canta al hombre. La ciencia nos ha hecho mejores, nos ha dado comodidades inimaginables, nos ha proporcionado sistemas y medios para conocer el mundo, relacionarnos con la gente de igual a igual, adquirir conocimientos impensables hace pocos años y nos ha librado de terribles enfermedades. La tecnología ha avanzado tanto que se ha confundido con la magia, ha superado con creces las ofertas de los charlatanes: un teléfono ofrece muchas más opciones que la telepatía, la teoría de la relatividad brinda predicciones que ningún astrólogo hubiese imaginado nunca, viajamos de Nueva York a Barcelona en horas y extirpamos tumores del cerebro. Los avances científicos nos han hecho mejores y más civilizados. La política, la religión y las pseudociencias se han mostrado inútiles para luchar contra la pandemia cuando no han sido un obstáculo. Durante la COVID-19, la ciencia ha prometido una vacuna que nos permitirá recuperar la normalidad. Los científicos nos salvarán de los virus.

La enorme complejidad de los virus, su inhumana magnitud en términos numéricos, el insoportable espectro de funciones biológicas, su críptico papel en la evolución de la vida los hace parecer imprevisibles, imposibles de controlar. Pero no es así. Como ocurre con la mecánica cuántica, en la biología de los virus también hay patrones y leyes, y, gracias a ellos, la humanidad, poco a poco, ha ido comprendiendo qué son los virus y cuál es su papel en la Tierra. Esta pandemia nos ha explicado mejor, aunque haya sido de una manera brutal, su relación con el hombre.

Algunos virus son terribles asesinos, monstruos imparables, y aun así hemos de evitar huir y quedarnos a luchar. No hay salida de la virosfera. La ciencia ha de encontrar los tendones de Aquiles comunes a los virus más peligrosos y minar los campos que utilizan los virus de los animales para saltar a nuestra yugular. La sabiduría y el conocimiento han de combinarse con las nuevas técnicas de inteligencia artificial para coordinar los esfuerzos globales y para diseñar fármacos y vacunas. Una muestra del fracaso del nacionalismo es la incapacidad de los países para abordar una pandemia por sí solos. Porque las pandemias pueden entenderse como un problema global de información y tecnología, instituciones supranacionales como la OMS son las únicas que pueden ofrecer soluciones reales a un planeta enfermo.

Se ha dicho que si el brote de una nueva infección es inevitable, que este acabe en una pandemia es opcional. Hemos de expandir nuestra conciencia para abarcar el vasto potencial destructor de los virus, porque la amenaza es tan enorme que escapa a la actual comprensión humana. No podemos permitir que una nueva pandemia vuelva a poner a nuestra especie de rodillas. En este momento, la sociedad ha de decidir entre apoyar a la ciencia o contemplar el colapso de la especie humana, he ahí el dilema.

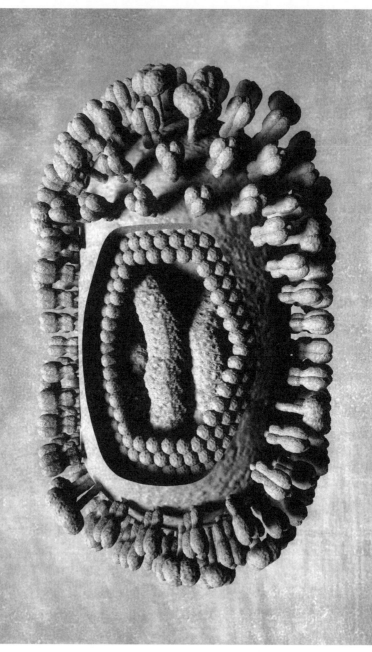

2

Dragones del Edén

Se dejó llevar por su asombro y admiración a pesar de saber que él era su presa.

RICHARD PRESTON

Los datos actuales no pueden ser más horribles: el terror microcósmico tiene una magnitud infinita. Los virus
pueblan la Tierra con una dominancia nunca vista e influyen en la evolución de la vida en el planeta. El examen y
la cuantificación de los virus en los principales hábitats
—océanos, tierra, atmósfera—, así como en los ambientes
más extremos, muestran que el mundo biológico, que
creemos nuestro, es sobre todo viral, tanto en la infinidad
numérica como en su pluralidad y diversidad.

Los virus son los agentes infecciosos más abundantes
del planeta. Hay más virus en la Tierra que estrellas en el

cielo. Un millón de virus en cada mililitro del agua de mar. En España, cerca de Granada, los científicos han calculado que hay cientos de millones de virus por metro cuadrado. Hay más virus en una persona que hombres en la Tierra. Si no éramos conscientes de que respirábamos inmersos en la virosfera, ahora las pandemias no paran de recordárnoslo. Somos una especie frágil de solo ocho mil millones de individuos viviendo en lo que Carl Zimmer llama «el planeta de los virus».[1] Si no lo remediamos, uno de ellos acabará con nosotros.

La mayoría de los virus son inocuos y una minoría tiene el terrible potencial de erradicar a la humanidad. Llevan milenios intentándolo. Podrían ser responsables incluso de extinciones de animales y de homínidos en la prehistoria. Desde que sabemos de su potencia para infectar y matar, lo habíamos sospechado. Ahora, por primera vez en el campo de la paleovirología, las técnicas avanzadas de secuenciación de ADN nos proporcionan pruebas de ello.

Ocurrió hace siete mil años, en lo que hoy es el centro de Alemania: un joven granjero de veinticinco años supo que le había llegado el momento y se tumbó en el suelo. Durante semanas la fatiga había ido apoderándose de él y no le permitía hacer los trabajos de la granja, había perdido el apetito y mucho peso, y tenía un dolor intenso debajo de las costillas que no mejoraba ni de día ni de noche.

1. Carl Zimmer es un columnista del *The New York Times* y autor de numerosos libros de divulgación científica. Ha publicado *Un planeta de virus*, donde defiende la relevancia de los virus en la Tierra.

Lo último que oyó fue el balido de una oveja y el ladrido de uno de los perros. Esta reconstrucción histórica de la muerte de un granjero en el Neolítico sería difícil de demostrar si no fuese porque los arqueólogos encontraron la granja, los paleontólogos determinaron sexo y edad por los huesos, y además de uno de los dientes del granjero Krause y Krause-Kyora extrajeron el ADN del virus de la hepatitis.

Han pasado siete mil años desde aquella muerte y seguimos completamente indefensos frente a ellos. Hay pacientes que mueren de hepatitis cada día. Los virus nos acechan desde la oscuridad de la ignorancia, como las fieras husmeaban al hombre prehistórico antes del descubrimiento del fuego: en nuestra indefensión, los virus son nuestros depredadores más letales. El avance de la civilización puede detenerlo una pandemia. Fantaseamos, ajenos al peligro real, sobre la revolución de las máquinas y la esclavitud del hombre por la inteligencia artificial, tenemos pesadillas con la singularidad tecnológica. Y, no obstante, es posible que muy pronto un virus asesine al setenta y cinco por ciento de la población mundial.

Las extinciones aparecen de forma periódica y cada varios millones de años se produce una masiva. ¿Qué es una extinción? El proceso ha de cumplir tres criterios: mundial, rápido —cientos de años— y debe desaparecer un tercio de las especies. Los científicos aceptan cinco extinciones mayores. La primera durante el Paleozoico; la segunda durante el Ordovícico, cuando desaparece el ochenta por ciento de las especies; en la tercera, durante el Devónico, hace más de trescientos millones de años, se extinguió el setenta y cinco por ciento de los animales. Pero la mayor extinción fue en el Pérmico, cuando desapareció más del noventa por ciento. La quinta, durante el período Cretácico, es la más famosa y culminó con la desaparición de los dinosaurios, un acontecimiento radical que allanó el camino para la ascensión al poder de los mamíferos, hasta entonces animales mayormente nocturnos que sentían terror por los gigantescos depredadores diurnos.

La futura y más que posible sexta extinción es el tema central del ensayo *La sexta extinción*, de Elizabeth Kolbert; no la ocasionará el choque con un meteorito. Tendrá un origen más local. Serán los desmanes de la civilización que han convertido la atmósfera en un basurero y que promueven un destructivo cambio climático. Este fenómeno afecta también a los mosquitos y a los virus que llevan consigo, que están extendiéndose rápidamente más allá de la limitada zona geográfica donde actuaban alcanzando cada vez más países en todo mundo.

Elizabeth Kolbert advierte de los peligros de una extinción como la que acabó con los mastodontes, que ocurrió al final de la Edad del Hielo, durante el Pleistoceno. Comenzó hace trece mil años y duró probablemente cuatrocientos. Si algunas de las extinciones mayores pueden justificarse por el choque de meteoros o cometas con la Tierra, no está claro que esa sea la causa de la extinción de la megafauna que dominaba América. Existen, al menos, cuatro teorías principales para justificar la extinción de los mamuts, tigres de dientes de sable, el arce irlandés y también los caballos.

Paul Martin fue un influyente geocientífico estadounidense que sugirió que el desarrollo del hombre cazador acabó con los animales más grandes. Esta hipótesis se basa en la capacidad del hombre para fabricar armas y cazar en equipo. Sabemos que nuestros antepasados eran inteligentes, habilidosos y cazadores, pero es difícil aceptar que la extinción de toda la megafauna se deba exclusivamente a un puñado de hombres armados con lanzas primitivas. No se han encontrado pruebas arqueológicas que apoyen esta teoría como, por ejemplo, fósiles que muestren los traumatismos óseos de la violencia de la caza; no hay pruebas de grupos de animales asesinados en serie por el hombre, que sugieran que los cazadores causaran la extinción de gran parte de la fauna.

La segunda teoría propone que la causa de la extinción fue la caída de meteoritos en América y Groenlandia hace trece mil años. Esta hipótesis se formuló en el año 2019 y mientras escribo se están reuniendo pruebas para intentar confirmarla o refutarla. Una de las mayores debilidades de esta propuesta es la ausencia de cráteres que aporten pruebas robustas de varios impactos. Sabemos que los cometas pueden chocar contra la Tierra sin dejar la cicatriz de un cráter, como quizá ocurrió en el caso de la explosión de Tunguska, en Siberia —donde las hipótesis de cometa y meteoro han ido alternándose con el paso de los años—, pero en aquel caso hubo testigos de la explosión, pudo examinarse la destrucción masiva de los árboles y la muerte de los renos, y no se produjo ninguna extinción ni de animales ni de plantas.

La tercera teoría propone que la causa de la extinción

fue el cambio climático. La Edad de Hielo y el final de esta supusieron cambios drásticos en los paisajes y la flora. Tal vez los grandes mamíferos no se adaptaron a los nuevos ecosistemas a pesar de que estos aparecieron de un modo gradual. Con todo, la mayoría de la megafauna había sobrevivido con éxito otras edades de hielo anteriores, ¿qué fue distinto en esta? La mayor diferencia con las anteriores fue que esta vez el retroceso de los glaciares coincidió con la expansión de un nuevo personaje: el hombre.

La cuarta teoría, propuesta por dos autores, MacPhee, experto en mamíferos, y Marx, un virólogo, sugiere que una pandemia aniquiló la megafauna. La exposición de una o varias especies a un nuevo patógeno puede resultar en una extinción. Tenemos muchos ejemplos de este fenómeno y algunos, como el de los conejos de Australia, muy bien documentados. Un colono inglés transportó conejos a Australia y desencadenó una plaga de estos animales. Durante más de un siglo, Australia sufrió las tropelías de miles de millones de conejos. Los granjeros, colonos, cazadores y biólogos fracasaron al intentar detenerlos con cacerías, trampas y venenos. En 1950, la infección con un mixomavirus condujo a una reducción drástica de la población de conejos, pero el control del número de individuos por el virus disminuyó con el tiempo. En 1995, otro virus se escapó de un laboratorio situado en una isla de la costa sur de Australia e infectó a las moscas. Cuando estas llegaron al continente, el virus erradicó el sesenta por ciento de los conejos. La propuesta de una infección como mecanismo de la evolución no molestaría a Darwin, quien en *El origen del hombre* reconoce que las infecciones contagiosas —dicho esto antes de los trabajos de Pasteur y Koch— son fuerzas poderosas en la selección natural de las especies superiores.

La teoría de MacPhee y Marx propone que el hombre primitivo y sus animales domésticos, como perros y pájaros, transportaron con ellos microbios a los que no habían estado expuestos la mayoría de los animales. La exposición a estos nuevos patógenos podría ser letal. Un virus que se transmitiese por el aire podría eliminar una cantidad enorme de animales en semanas y causar una pandemia en cuestión de meses o años. Si el virus circuló alrededor de la Tierra durante cuatrocientos años, infectando a las nuevas generaciones que no se habían expuesto, pueden haber exterminado un alto porcentaje de los animales de especies susceptibles de infección. Recordemos cómo afectó la viruela llevada por los conquistadores a las civilizaciones precolombinas. Esta enfermedad mató más que las armas de acero.

De hecho, la extinción de la megafauna se sigue de los primeros contactos de los hombres nómadas con los animales salvajes en diferentes partes del mundo. La hipótesis de que el hombre llevaba consigo patógenos letales para los animales y quizá otros homínidos explicaría que a donde llega el hombre primitivo le sigue como una sombra una extinción. Las nuevas tecnologías de secuenciación tal vez permitirán detectar patógenos en los fósiles de la megafauna americana.

No todo son acontecimientos espectaculares. Situadas entre las grandes, masivas desapariciones de especies, se esconden las extinciones de fondo, que constituyen ocasos de especies individuales. En estos casos, una especie desaparece mientras que a las otras no les afecta el proceso, sea cual fuese este. Cesare Emiliani propuso en una serie de artículos que la causa de las extinciones de fondo son las infecciones por virus. En este caso, por un virus que tiene especificidad por una especie, lo que causa la extinción de esta y mantiene intactas las demás. Para Emiliani, este proceso de extinción de fondo está relacionado con la evolución de las especies y favorece la supervivencia de unas y disminuye la preponderancia de otras.

A estas epidemias o extinciones de una especie puede favorecerles el cambio climático. La deforestación, por ejemplo, acerca a los animales salvajes al hombre propiciando la exposición a nuevos virus. El calentamiento global ha abierto caminos de contacto normalmente bloqueados entre animales. Un caso bien estudiado es una epidemia viral transmitida entre focas árticas y subárticas cuando el hielo que separaba a las dos poblaciones se derritió.

Las focas del sur estaban infectadas por un virus similar al que causa el moquillo en los perros (un virus ARN de la familia de los paramixovirus); el desbloqueo de la comunicación entre las dos colonias de focas permitió la infección de las colonias del norte. Las que no habían estado expuestas a este virus sufrieron una epidemia mortal de la que ya se han registrado varios brotes. Otros ejemplos de extinciones mediadas por virus incluyen la extinción del tigre de Tasmania, también debida a infecciones por el virus del moquillo de los perros; la extinción de un tipo de ave de

Hawái infectada por un poxvirus, y la epidemia causada por parvovirus que sufren las estrellas de mar.

Vista desde el espacio, la Tierra, con sus tonos azules y blancos, es un mundo de una belleza insuperable. Y vivir aquí en medio de una naturaleza tan fastuosa cuando los demás planetas son tan hostiles para la vida es un privilegio asombroso. Vivimos, a pesar del esfuerzo de la civilización por acabar con él, en un auténtico edén. Y aquí, con nosotros, para recordarnos nuestra mortalidad, están los virus. En el presente los virus son los aterradores dragones del edén. Llevan merodeándonos varios milenios y ya hace unos siglos que venimos documentando pandemias producidas por enfermedades infecciosas.

Durante la peste negra, los aterrados ciudadanos, buscando esperanza y certeza, se refugiaron en la astrología y la Biblia. Los charlatanes se enriquecieron con profecías, promesas de protección y buenos augurios. El miedo nublaba el sentido común y la gente no se hartaba del pánico. Daniel Defoe, en *Un diario del año de la peste*, cuenta que durante la peste negra los Gobiernos intentaron suprimir la literatura de ficción si hablaba de la epidemia. La restricción de la publicación de libros terroríficos resultó inútil: la realidad de la calle, sin necesidad de añadir ficción o imaginación enfermiza, era la causa del terror.

Hoy en día, los libros clásicos sobre pandemias siguen activos y algunos son auténticos superventas. En el siglo XX se han escrito novelas de epidemias que probablemente resistirán el examen del tiempo y lo mismo ocurrirá en el xxi. Durante la COVID-19 se agotaron las ediciones de *La peste*, de Albert Camus. El atractivo de estos libros es indudable, pero las causas del atractivo no están tan claras. Ingmar Bergman, director sueco, trató este tema en un diálogo de *El séptimo sello*, la película sueca que transcurre durante la peste negra.[2] Un caballero que regresa de las Cruzadas le pregunta a un artista por qué pinta *La danza de la muerte*:

—¿Cuál es la razón para pintar tales cuadros?
—Recordarles que morirán.
—No los hará más felices.
—¿Y por qué debemos hacerlos felices siempre? ¿Por qué no podemos asustarlos un poco?
—Porque cerrarán los ojos.
—Oh, créeme, mirarán.

La peste negra fue una pandemia. Es decir, una epidemia extendida por varios continentes y en la que los contagios no se deben solo a extranjeros, sino que son locales o domésticos. Las pandemias de las que hablaremos aquí se caracterizaron por una gran mortalidad. La peste bu-

2. *El séptimo sello* (1957) se ha convertido en un clásico. El personaje central es un caballero desilusionado y pensativo que regresa a Suecia después de luchar en las Cruzadas. La peste está acabando con todo. La Muerte reclama la vida del caballero, pero este retrasa la hora desafiándola a una partida de ajedrez. El caballero desea encontrar respuestas a algunas de las grandes preguntas de la vida y realizar al menos una hazaña, un acto de redención antes de morir. Gran admirador de Bergman, soy un jugador de ajedrez nefasto; no le duraría ocho movimientos a la Parca.

bónica no fue la primera en intentar destruir la humanidad, pero es la mejor documentada y lleva tatuado en su nombre el de la pestilencia: *Yersinia pestis*. De la peste negra o bubónica tenemos archivos históricos de varias fuentes y juntos proporcionan una descripción minuciosa de cuanto ocurrió.

Los antiguos griegos creían que Apolo y Ártemis disparaban flechas que producían epidemias. Implorar a Apolo podía salvarte de morir de una infección. Conocemos más detalles por la Biblia. Las plagas, de origen supernatural, diezmaban cosechas y mataban sin restricciones: «La muerte ha entrado por nuestras ventanas, ha entrado en nuestros palacios, para asesinar a los niños de las calles y a los jóvenes de las plazas» (Jeremías 9:21).

Durante la quinta plaga de Egipto se produjo una epidemia muy parecida a la viruela, prevalente en ese país desde hacía dos mil años, así que tenemos detalles, indicios de descripciones de epidemias, pero no poseemos datos históricos o geográficos verificados para ampliar esas afirmaciones. Esto cambió durante la peste negra.

Justiniano mandaba en el mundo desde Constantinopla y durante su mandato florecieron las artes, incluyendo la arquitectura. Justiniano nos ha dejado en herencia el templo de Sofía como un máximo exponente de la grandiosidad y la riqueza del momento. Grandeza y miseria juntas: en las tumbas de ese templo se encuentran enterradas víctimas de la peste.

Además de la arquitectura floreció la historia. A los historiadores, dedicados en gran medida a contar las batallas y los triunfos del Imperio romano, les sorprendieron las mareas de la peste. Un historiador y testigo presencial, Procopio, nos dejó reportajes detallados del origen, la extensión local de la enfermedad y hasta de los síntomas. Otros historiadores, como Juan de Éfeso, también contemporáneos, han corroborado sus escritos y ampliado los detalles.

La peste comenzó en Egipto en el año 541. Una historia de ratas y pulgas se originó probablemente en un puerto de mar y desde allí se extendió en varias direcciones, hacia Alejandría y Gaza, Jerusalén y Antioquía. Pronto llegaría a Constantinopla, sede de la corte de Justiniano. La pérdida de vidas sería tan grande que Procopio escribiría: «Sufrimos una plaga y la vida humana casi se extinguió». Una exageración basada en un dato escalofriante: la mortalidad pudo ser de miles por día.

Los enfermos comenzaban con fiebre baja, que no anunciaba lo que se avecinaba. Pronto aparecería la inflamación de los ganglios en las ingles y las axilas; los bubones, que dieron nombre a la enfermedad; seguían los vómitos negros —muerte negra—, el delirio, el coma y la muerte. La mortalidad superaba el cincuenta por ciento. Algunos ciudadanos salían de su casa con el nombre escrito en la ropa, por si morían en la calle, antes de regresar.

Durante la plaga, el papa Gregorio ordenó que se rezase sin tregua para conseguir la intercesión divina —el vicepresidente estadounidense Pence también pidió rezar durante la COVID-19—. Parte de sus órdenes fueron bendecir a cualquier persona que estornudara. «¡Jesús te bendiga!» Se pensaba que un estornudo era el primer síntoma de la plaga y la expresión ganó popularidad durante ese tiempo. «¡Jesús te bendiga!» Se ha mantenido hasta hoy. A pesar de la intercesión papal, ni rezos ni bendiciones surtieron el efecto deseado.

La plaga terminaría llegando a Roma y luego a las islas Británicas. Y regresaría ciclo tras ciclo a Constantinopla, al menos tres veces más en un período de cuarenta años. Y en Europa mantuvo en circulación su macabra danza durante más de un siglo.

No todos morían; Justiniano se contagió y se curó. Aun así, la importancia social de la plaga fue enorme y es probable que influyera en la caída de los reinos predominantes y el avance del imperio del islam, que acabó apoderándose de gran parte de los territorios que dominaba Justiniano y así exponiéndose a la plaga. Sultanes y sus familias víctimas de la peste yacen enterrados en la mezquita de Sofía, junto a aquellos a los que habían asesinado para arrebatarles su puesto.

Sabemos que la peste bubónica es una enfermedad causada por la bacteria *Yersinia pestis* y que nos contagiamos por la picadura de una pulga que antes parasitó una rata infectada. Los antibióticos modernos son eficaces para tratar la peste, sobre todo en etapas tempranas de la enfermedad. La peste no está erradicada por completo y persiste en regiones de Asia Central, el norte de China y países de América del Sur, donde se detectan brotes menores cada año. Una mala higiene y salud pública, y la falta de acceso a antibióticos son, en parte, responsables de la prevalencia de la enfermedad en esas áreas. Un equilibrio mayor de las economías en el mundo acabaría con ella.

La novela de la peste negra por excelencia es el *Deca-merón*, de Boccaccio. Siete mujeres y tres hombres se turnan para contar historias durante diez días mientras se esconden de la plaga. La estructura original y divertida de esta narración se ha imitado, por ejemplo, en *Los cuentos de Canterbury*, de Chaucer. Otra novela posterior que es mucho menos conocida por los lectores de hoy narra una pandemia imaginaria que acaba eliminado a toda la humanidad con la excepción de un hombre, se titula *El último hombre* y su autora es la creadora de *Frankenstein*, Mary Shelley.

El último hombre es la primera descripción de una pandemia donde toda la humanidad está bajo el ataque de lo que podría ser un virus. Nunca se había llevado una enfermedad imaginaria al grado de pandemia en la literatura universal. La epidemia dura varios años, desaparece en invierno y vuelve en primavera; cada ciclo aumenta la virulencia del virus. Ciudades en Asia, África y Europa se infectan. La civilización, incluyendo la cultura, el arte, la democracia, se destruye y los apetitos culturales desaparecen en los pocos supervivientes, preocupados solo por seguir respirando al día siguiente. El narrador, que se da cuenta de que es el último hombre vivo, decide escribir un libro, esa será *La historia del último hombre*. Es un libro inútil. No queda nadie que pueda leerlo. La cultura se ha hundido, el virus ha triunfado. Hay quien piensa que la plaga en *El último hombre* es la política...

El virus de la viruela ha tenido el potencial de eliminar a toda la población y puede que aún lo tenga. Este terrible virus ha estado con nosotros desde el principio de la historia y tal vez antes. Es probable que el primer hombre que sufrió la viruela se contagiara durante la conversión del primate carnívoro, aquel inicial simio desnudo, en el hombre granjero, hace diez mil años, porque el virus pudo haber saltado de animales de granja al hombre. El médico romano Galeno hizo una descripción de la enfermedad, que en aquellos tiempos llegó a conocerse como «la plaga de Galeno». La viruela se ceba en los niños con una tasa de mortalidad que puede llegar al noventa por ciento. En la Antigüedad, los padres esperaban a que los niños pasasen la viruela antes de ponerles un nombre.

Las hondas raíces en el pasado de la enfermedad justifican su vasta extensión geográfica. Originada probablemente en Egipto, la viruela se propagó a la India y otras regiones de Asia. Hasta el mundo occidental la hicieron llegar las expediciones bélicas romanas y tanto faraones como emperadores romanos murieron de viruela. Hay papiros que describen la enfermedad; se han detectado momias de pacientes que la sufrieron. Ramsés V es uno de los más estudiados, como lo fue el emperador y filósofo romano Marco Aurelio, autor de *Meditaciones*. En el siglo xx, la viruela mató a quinientos millones de personas.

Uno de los libros que mejor ha contado la historia de la viruela en América —y muchas otras— es *Armas, gérmenes y acero*, de Jared Diamond. Leerlo ayuda a entender cómo está compuesto el mundo actual. Para Diamond la cosa está clara:

Debido a que las enfermedades han sido las principales causas de muerte de los seres humanos, ellas han sido determinantes decisivos de la historia. Hasta la Segunda Guerra Mundial, más víctimas de la guerra murieron por microbios que por heridas de batalla. Todas esas historias militares que glorifican a los grandes generales simplifican en exceso una verdad que desinfla el ego: los ganadores de guerras pasadas no siempre fueron los ejércitos con los mejores generales y armamento, sino que a menudo fueron simplemente aquellos que contagiaban a sus enemigos con los gérmenes más virulentos.

La viruela, llevada por los españoles al continente americano, fue la primera pandemia documentada del Nuevo Mundo. El virus desembarcó en la isla de La Española durante el reinado de Carlos I y de allí navegó a Puerto Rico y luego al Imperio azteca, donde la enfermedad se hizo epidemia. El virus, que se acompañaba del sarampión y la difteria, viajaba con mayor velocidad que los barcos y los caballos, y llegó antes al Imperio inca que los conquistadores. Los microbios exportados por los españoles —más resistentes a la viruela al haber sufrido la viruela de las vacas; Pizarro había sido granjero en Extremadura— asesinaron a decenas de millones de nativos.

Los viajes internacionales, desde las expediciones de las legiones romanas, al comercio de Egipto con Asia y la conquista de las Américas, son imprescindibles para las pandemias. La COVID-19 salió de China hacia Tailandia primero y luego hacia Estados Unidos y Europa. Después viajó de Alemania a España, de Europa a Nueva York y a Corea del Sur, de Italia a la India. Los virus tienen pasaporte internacional. Cielos y mares extranjeros no los detienen. No juran bandera.

En ocasiones viajan con el conquistador y en otras se ponen del lado del oprimido. Cuando la fiebre amarilla masacró a cincuenta mil soldados franceses en Haití, Napoleón se retiró sin poder aplastar ni la revolución ni la abolición de la esclavitud ni la declaración de independencia de Francia. Debido a esa epidemia, harto del virus del otro lado del ignorante Atlántico, Napoleón decidió deshacerse de Luisiana, que vendió a los americanos por menos de tres céntimos el acre. El miedo al virus es un mal negocio.

Hoy podemos definir la viruela en pasado: se trataba de una enfermedad antigua causada por un virus. Los primeros síntomas incluían fiebre alta y un síndrome viral acompañado de cansancio. Luego, el virus producía una erupción típica que se veía, sobre todo, en la cara, los brazos y las piernas. Las ampollas o vesículas resultantes se llenaban de líquido transparente y pus. Muchas terminaban secándose para formar una costra, que al final se secaba y se caía, dejando cicatriz permanente. El virus de la viruela es de los más letales: moría hasta el treinta por ciento de los infectados. La erradicación de la enfermedad se declaró oficialmente en 1980 gracias a un programa de vacunación global dirigido por la OMS.

Una característica de la enfermedad son las horribles cicatrices, que desfiguran con frecuencia el rostro; en ocasiones, de modo espeluznante. Los escritores de fantasía, entre ellos un pionero del género, Edgar Allan Poe, han empleado estos cambios físicos producidos por los virus como un elemento de terror. Creo que estaremos de acuerdo en pensar que Poe escribiría un cuento de horror sobre una epidemia con desfiguración de rostro incluida.

El relato tiene un título muy Poe: «La máscara de la muerte roja». Durante una cruel epidemia en la Edad Media, las víctimas fallecen con un sangrado ubicuo a través de los poros, más intenso en la cara, lo que da a los enfermos el aspecto de llevar puesta una horrible máscara roja. Mientras los pobres mueren sin remedio, los ricos buscan escaparse de la plaga. Un grupo de aristócratas se encierra a cal y canto en un refugio amurallado, donde viven rodeados de lujo y vicio. Durante un baile de disfraces, una noche cerrada, se presenta un invitado cuya máscara es indistinguible del aspecto de una víctima de la muerte roja. De hecho, pronto sabremos que el visitante es la mismísima muerte roja. Ha encontrado a los ricos. Ninguno de los nobles vive para terminar la noche.

Esta idea clasista de que la pandemia afecta solo a los pobres tiene componentes de realidad. Durante la COVID-19, en Estados Unidos el número de casos y las muertes entre los negros e hispanos está siendo, en agosto de 2020, desproporcionadamente más alta que la de los blancos. La población negra tiene más enfermedades debilitantes, vive en peores condiciones y carece de seguro médico. Mientras tanto, los superricos escaparon de América hacia paraísos del hemisferio sur, como las islas Fiyi o Tahití, libres de coronavirus. Las minorías son los nuevos parias, por más que le pesen a Francis Fukuyama, afamado profesor de la Universidad de Stanford, las políticas identitarias.

Después de miles de años en la oscuridad, la ciencia explica cada día mejor el origen y la expansión de las pandemias. En el pasado, los astrólogos y su pseudociencia eran los «sabios» de las epidemias y su legado persiste en el lenguaje moderno. El virus de la gripe se llama *influenza* porque hace trescientos años el origen de la enfermedad se atribuyó a la «influencia» de las estrellas, y como al principio se pensó que podía ser una bacteria, esta también se llama influenza (*Haemophilus influenza*). La astrología ha infectado nuestro lenguaje con términos como *considerar* (con-sideral) o «consultar con las estrellas» y *desastre* (des-astro) o «mala estrella».

Otro caso de perversa nomenclatura, relacionado con el uso de *fake news* durante las pandemias, es el de la mal llamada «gripe española», que en 1918 arrasó el planeta. La gravísima enfermedad no se originó en la península Ibérica. Su nombre se debe a las circunstancias de la Primera Guerra Mundial. España no participaba en el conflicto y publicaba el número de fallecimientos durante la pandemia. Los países combatientes, mientras tanto, censuraban las cifras de las muertes por razones de estrategia. Si las noticias solo venían de España era porque se trataba de una gripe española. La desinformación no es un invento de la posverdad; ahora solo sufrimos otra epidemia de ella.

En el volumen *The Years of insight*, de la biografía de Franz Kafka, Reiner Stach cuenta la historia de los últimos años de la vida del genio. Stach se imagina a un Kafka con tuberculosis sufriendo la gripe y escupiendo sangre en la cama mientras la sociedad al otro lado de la ventana exige la independencia de Checoslovaquia del obsoleto Imperio austrohúngaro: «Hundirse en la fiebre como sujeto de la monarquía de los Habsburgo y despertarse de nuevo como ciudadano de una democracia checa: fue aterrador, pero también extraño». Kafka, que escribía en alemán, sobreviviría a la fiebre, pero no se adaptaría a Praga.

¡Una pena que Kafka nunca escribiera sobre la gripe española! Y no solo él, pocos escritores han cubierto esta pandemia; ningún miembro de lo que Hemingway llamó la Generación Perdida —Ernest Hemingway, Gertrude Stein, F. Scott Fitzgerald y T. S. Eliot— lo hizo. Una de las mejores obras de ficción al respecto es el cuento «Pálido caballo, pálido jinete», de Katherine Anne Porter, y para los que se enganchan a series de televisión la gripe española tiene su momento de protagonismo en el drama histórico inglés *Downton Abbey*, de Julian Fellowes. No voy a dar el nombre de los que enferman y los que mueren, pero me complació ver que la serie tuvo en cuenta un dato epidemiológico importante: durante la gripe morían los jóvenes.

La lucha contra la gripe de 1918 terminó años después con la producción de una vacuna eficaz. La historia de esa vacuna está repleta de aventuras intrépidas y sostenida perseverancia por parte de varios científicos. Y son también dos capítulos de la biografía de un hombre que, en su juventud y en su vejez, se enfrentó cara a cara con un virus que llevaba muerto más de treinta años. Su tesón consiguió que se «resucitase» el temible virus. Esta historia comienza en tierra de esquimales, en las remotas aldeas de Alaska, la patria de los inuit.

Brevig Mission es una pequeña aldea de Alaska que ha pasado a la historia de la medicina como el santuario donde se preservó el virus asesino de la gripe española, que infectó a un veinte por ciento de la población mundial, quinientos millones de personas, y mató a cincuenta millones de pacientes. En el otoño de 1918, ochenta nativos inuit vivían en Brevig Mission y en cinco días de aquel frío noviembre el monstruo entró a saco en la aldea y mató a setenta y dos vecinos. Los cadáveres se enterraron en una fosa común. La fosa se preservó en permafrost.

Treinta y tres años después, en 1951, Johan Hultin, que seguía cursos de doctorado en microbiología en Estados Unidos, sospechó que el permafrost había criopreservado cadáveres y virus en la fosa común de Brevig Mission. Peregrinó hasta allí con la intención de exhumar cadáveres, tomar tejido pulmonar y llevarlo de vuelta a la universidad, donde estaban preparados para extraer y cultivar el terrible virus.

Johan desenterró primero a una niña con un vestido azul y cintas rojas en el pelo. Más tarde consiguió tejido pulmonar de cuatro cadáveres más. Y se dispuso a volver a Iowa. En los comienzos de la década de los cincuenta, aquel no iba a ser un viaje rápido o fácil. Cada vez que terminaba una etapa y mientras esperaba el siguiente avión, Johan trataba de mantener congelados los tejidos cadavéricos rociándolos con el producto de un extintor de incendios. Sus intentos, aunque ingeniosos, fracasaron. Los tejidos llegaron en mal estado y las técnicas para aislar el germen eran bastante primitivas, así que no pudieron recuperar el virus.

Casi medio siglo después, en el año 1997, Johan leyó

un artículo en *Science* que le causó un tremendo *shock*. El informe se titulaba *Caracterización genética preliminar del virus de la «gripe española» de 1918* y contaba cómo un patólogo molecular había «resucitado» una parte del ARN del virus de los pulmones de un soldado. El militar había muerto de la gripe en un hospital en septiembre de 1918. Para sorpresa de Johan, una muestra de los pulmones del soldado se había congelado y, según decía la nota del archivo, preservado para futuros estudios.

La deslumbrante investigación iluminó el virus con una luz poderosa. Nadie lo había visto antes así. El asesino era un nuevo tipo de virus de influenza A y pertenecía, según este estudio, a un subgrupo de virus que curiosamente no provenían directamente de las aves: era un virus de humanos y cerdos. Una anomalía. El estudio parcial no proporcionaba datos suficientes para fabricar una vacuna.

Después de leer y releer el informe, Johan se decidió a escribir al patólogo. Quería preguntarle si estaría interesado en analizar muestras de los pulmones de los cadáveres de la tumba de Brevig Mission. El patólogo contestó rápidamente que sí y Johan decidió volver a viajar a Alaska. Acababa de cumplir setenta y dos años, pero aún tenía energía o recordaba la que había tenido en el pasado. Se pagó el viaje con su dinero y llevó consigo, como herramienta ideal para realizar las excavaciones, las tijeras de jardín de su mujer.

Los ancianos y las autoridades de la tribu recibieron bien a Johan; entendieron la importancia de lo que el explorador científico quería hacer. Johan desenterró el cuerpo conservado por el hielo de una mujer obesa y muy joven, de apenas veinte años, a la que llamó Lucy.[3] Esta vez iba mejor preparado que en el viaje anterior, conservó los tejidos en líquidos apropiados y se los envió sin perder ni un segundo a su colaborador. El patólogo tardó solo diez días en comunicarle que había virus preservado en las muestras de los pulmones de Lucy.

La secuencia del virus, ahora sí, fue capaz de identificar el gen HA, que más tarde sería clave para desarrollar una vacuna eficaz. El estudio volvió a mostrar otro dato importante: el virus de 1918 era un virus de mamíferos, diferente del de las gripes actuales, que es más parecido al de las aves.

En un estudio posterior, realizado también con las muestras de Lucy, se secuenció otro gen del virus, el NA. El virus era ahora Influenza A H1N1. Filogenéticamente, este NA conectaba el virus de los mamíferos con cepas de virus de las aves. Parecía que este virus de la gripe, como ocurre con los otros, se habría originado en aves y saltado a los mamíferos poco antes de la pandemia. El puzle de la cadena interespecie se resolvió. Todo tenía sentido.

3. Lucy fue también el nombre de una *Australopitecus afarensis* cuyo esqueleto fue, en el momento del descubrimiento, uno de los fósiles más completos. La bautizaron como Lucy porque los antropólogos estaban escuchando *Lucy in the Sky with Diamonds*, de los Beatles. Vivió hace más de tres millones de años y medía un metro de altura. Vi su esqueleto en una exhibición del Museo de la Ciencia de Houston y recuerdo bien la fragilidad de sus huesecillos. La Lucy exhumada en Alaska también era una mujercita de poca talla. La estatura de las dos ha elevado el nivel del conocimiento en dos áreas de la ciencia: la arqueología y la virología.

La secuencia total se completó en el año 2005, después de una década de sorprendentes descubrimientos. De inmediato, los científicos decidieron intentar algo extremadamente peligroso, pero que podría salvar millones de vidas en el futuro: «resucitar» el virus. No olvidemos que este era el monstruo que había asesinado a cincuenta millones de personas.

Una vez que el genoma del virus se secuenció, se obtuvo la información para poder reconstruir una versión del virus de 1918. Pero hacía falta que alguien pudiese crear plásmidos para cada uno de los ocho segmentos del virus. Esta tarea la realizaron Palese y Adolfo García-Sastre en la Facultad de Medicina Mount Sinai de Nueva York. Una vez terminada la construcción de los plásmidos que contenían la secuencia completa del virus, se pudo comenzar el proceso de resurrección.

La decisión de reconstruir el virus de la gripe pandémica más mortal del siglo xx podía suponer graves riesgos de salud para la humanidad, así que se tomaron precauciones extraordinarias. Los accidentes en los laboratorios de virus existen. Un accidente que ocasionase una fuga del virus tendría graves consecuencias. Las precauciones se llevaron al máximo: un único científico tendría permiso para reconstruirlo; este trabajaría solo y cuando los demás equipos hubiesen terminado su turno. La entrada requería huellas dactilares y los frigoríficos estaban protegidos por entradas de seguridad que solo se abrían con el escáner correcto del iris de sus ojos.

El experimento tuvo éxito. El virus se reconstruyó y revivió en cultivos celulares donde rápidamente demostró su capacidad para multiplicarse y convertirse en un asesino en serie. De hecho, los científicos comentaron que la constelación de los ocho genes juntos formaba un virus excepcionalmente virulento. Ningún otro virus de la gripe humana es tan letal.

Desde 1918, han existido tres pandemias ocasionadas por el virus de la gripe. Fueron en los años 1957, 1968 y 2009. La pandemia de H2N2 de 1957 y la pandemia de H3N2 de 1968 causaron aproximadamente un millón de muertes globales, mientras que la pandemia de H1N1 de 2009 sumó medio millón de muertes durante el primer año. La pandemia de 1918 sigue siendo una advertencia a la humanidad: si no se toman las medidas adecuadas, un virus puede borrar a la humanidad de la superficie de la Tierra. La gripe de las aves producida por el H5N5 ha infectado a seres humanos, pero no ha conseguido adaptarse y no se ha observado contagio entre personas. Mientras la H1N1 infecta las vías respiratorias altas, la H5N5 ataca los pulmones y es mucho más letal. Una pandemia de este virus sería una tragedia planetaria.

La gripe de 1911 tuvo su origen probablemente en Estados Unidos, pero una pandemia actual podría comenzar en Asia. Un ejemplo del origen y evolución de una pandemia del virus de la gripe podría resumirse en las siguientes cinco etapas:

1. El acontecimiento desencadenante sería la infección de un cerdo en una granja en Tailandia por un virus de las aves de corral (gallinas, patos). Hay granjas en el este de Asia donde el virus de la gripe durante un brote puede

matar al cien por cien de las aves de corral en millones de granjas, y en la estación del año con menos casos los granjeros encuentran cada mañana, al menos, un animal muerto. El virus de las aves infecta a un cerdo; primer paso.

2. Muchos de estos intentos de salto entre especies fracasan. El virus no «engancha» en las células del nuevo animal. Esto lleva a la destrucción del virus. Pero en este ejemplo, el virus adquiere la mutación necesaria —el virus de la gripe contiene ARN, es muy inestable y muta con facilidad—. Esa mutación permite al virus «asirse» a las células del cerdo. Ahora el cerdo es un animal que amplifica el nuevo virus. Este es el segundo paso.

3. El tercer paso requiere una combinación que es mucho más fácil de lo que parece: el granjero, que sufre la gripe humana, infecta al cerdo que tiene el virus procedente de las aves. Ahora el cerdo está infectado por el virus de las gallinas y por el virus del hombre. En su organismo, los dos virus se entremezclan (el ARN se recombina) y forman otro virus que es capaz de infectar al hombre. Este es el tercer paso.

4. En el cuarto paso, el granjero se infectará con el nuevo virus del cerdo e infectará a sus compañeros de trabajo y familiares. El virus se contagia muy rápidamente. Ninguno tiene defensas contra el nuevo virus. Una mañana, el campesino descubre decenas de pollos o patos muertos y él inicia fiebre alta y dificultad para respirar. Lo llevan al hospital local y allí muere de una neumonía de causa desconocida. El personal sanitario que lo trata también enferma, pero no conectan su fiebre con la neumonía del paciente al que han visitado hace dos semanas.

5. El granjero es el paciente cero de la pandemia, pero su muerte no dispara las señales de alarma. Pocos días después, un miembro de la familia, a pesar de no sentirse del todo bien, toma un avión y viaja a Tokio, donde se reúne con otros hombres de negocios en salas de conferencias y celebra el progreso del negocio en restaurantes y bares. Desde Tokio, sus socios viajan a Dubái y los socios de los socios, a Moscú. Se sospecha que se ha producido una pandemia por primera vez en un hospital de Vietnam. El médico que da la alerta muere de esta nueva enfermedad. El virus se transmite de hombre a hombre y por el aire, quinientos millones de personas se infectan en pocas semanas. Hay millones de víctimas mientras se lucha por tener una vacuna eficaz.

Cuando escribo estas líneas (agosto de 2020), Johan sigue activo con noventa y seis años de edad. Durante décadas ha dedicado su labor científica a detectar causas naturales de pandemias y actos de bioterrorismo. Sus estudios del permafrost tienen gran relevancia en estos dos campos. Una pandemia puede originarse también en regiones casi desiertas, que hasta hace poco parecían inocuas. En Siberia, la descongelación del permafrost debida al cambio climático está dejando expuestos los cadáveres de enfermos de viruela, que contienen como mínimo fragmentos de este virus letal. Los cadáveres de ganado y animales salvajes que estaban enterrados en permafrost contienen esporas de ántrax. Johan nos avisa de esta posibilidad: el cambio climático puede iniciar una pandemia. Él sabe que los virus son monstruos que pueden matar a cientos de millones de personas. También sabe que estar cerca de ellos nos da miedo. Su mensaje es claro: «No debemos vivir con miedo a secas, sino vivir con miedo y hacer todo lo posible para utilizarlo como el impulso necesario para protegernos».

En 1918, la población mundial era de mil ochocientos millones. Cien años después, la población mundial ha crecido hasta alcanzar casi los ocho mil millones. Las granjas también se han multiplicado. Un mayor número de huéspedes brinda mayores oportunidades para que los nuevos virus de la gripe aviar y porcina se propaguen, evolucionen y nos infecten. La globalización y el incremento exponencial de viajes internacionales han conseguido que incluso patógenos exóticos, como los virus del Ébola o el Zika, que antes afectaban a las aldeas remotas de África o Brasil, ahora hayan causado brotes en las zonas urbanas y que sean capaces de viajar de un continente a otro.

El modelo de la gripe no sirve para explicar otra pandemia: el sida. El virus del sida no se transmite por el aire o la saliva. La historia de su pandemia, de todos modos, comenzó también con una neumonía. En 1981, Michael Stuart Gottlieb contaba treinta y cuatro años de edad y, como muchos, tenía la sana ambición de ser alguien en su vida profesional, un sueño que pocos cumplen. La profesión de médico es tan exigente que la mayoría de los profesionales apenas puede levantar la cabeza de la rutina. Pero él no tardó mucho en conseguirlo: Gottlieb diagnosticó los primeros casos de neumonía en homosexuales que sufrían un síndrome de inmunodeficiencia que no era hereditario. Era una nueva enfermedad.

Las primeras descripciones de pacientes con sida muestran claramente la existencia de una enfermedad que deprime la inmunidad generando las condiciones ideales para que gérmenes inocuos en personas sanas se vuelvan virulentos. A continuación, incluyo un extracto del informe del Centro de Control de Enfermedades de Estados Unidos sobre los primeros cinco pacientes de sida, que he reducido y modificado para resaltar las características principales de los pacientes:

En el período de octubre de 1980 a mayo de 1981, cinco hombres, todos homosexuales activos, se trataron por neumonía por *Pneumocystis carinii* confirmada por biopsia en tres hospitales diferentes en Los Ángeles, California. Dos de los pacientes murieron. Los cinco pacientes tenían infección por citomegalovirus previa o actual, y candidiasis de mucosas.

Paciente 1: hombre, 33 años, previamente sano, neumonía por *P. carinii*. Murió el 3 de mayo 1980 y el examen *post mortem* mostró neumonía residual por *P. carinii*.

Paciente 2: hombre, 30 años, sano, neumonía por *P. carinii* en abril de 1981. Respondió al tratamiento, pero persistió la fiebre.

Paciente 3: hombre, 30 años, hospitalizado en febrero de 1981 por neumonía por *P. carinii*. Respondió al tratamiento.

Paciente 4: hombre de 29 años, neumonía por *P. carinii* en febrero de 1981. No respondió al tratamiento y murió en marzo.

Paciente 5: hombre, 36 años, visitado en abril de 1981 por fiebre, disnea y tos de 4 meses. Al ingreso se le diagnosticó neumonía por *P. carinii*.

Dos de los cinco informaron tener contactos homosexuales frecuentes con varias parejas. Los cinco informaron haber usado drogas inhalantes y uno declaró abuso de drogas por vía parenteral. Estas observaciones sugieren una disfunción inmune que predispone a los pacientes a infecciones oportunistas como la neumonía por *P. carinii*. El diagnóstico de infección por *P. carinii* debe formar parte del diagnóstico diferencial en hombres homosexuales previamente sanos con disnea y neumonía.

Este informe fue la primera chispa de una enfermedad desconocida que iba a hacer arder el mundo, una dolencia que aterrorizaba y avergonzaba a los integrantes de los grupos de riesgo. La vergüenza y el silencio consiguieron que el virus se moviese sigilosamente, asesinando a plena luz del día. Era una pandemia escondida detrás de muchas metáforas que hablaban de grupos estigmatizados; de prácticas de sexo inconfesables; de consumir sustancias ilegales; de sufrir algo que, como describiría Susan Sontag, era mucho más que una enfermedad. Los pacientes debían soportar, además del diagnóstico, en aquellos momentos letal, un injusto juicio moral. Para las buenas gentes reaccionarias, sus representantes políticos y quienes impartían homilías los domingos, los enfermos eran culpables de serlo y bien merecido lo tenían.

De 1981 a 1985, la actitud de las instituciones políticas

y religiosas frente a los casos de sida fue execrable y reprensible. En su libro *And the Band Played On*, un recuento de los cinco primeros años de la epidemia, Randy Shilts lo denuncia claramente: «La amarga verdad era que el sida no solo sucedió en Estados Unidos, sino que se permitió que sucediese. La historia de estos primeros cinco años de sida en Estados Unidos es un drama de fracaso nacional lleno de muertes innecesarias».

Ronald Reagan, presidente con actitudes rancias, se negó a hablar del sida y cuando lo hizo fue para preguntarse si se debería aceptar a los niños con sida en las escuelas. Consta en los archivos que su administración ignoró peticiones de muchos científicos para que se hiciese algo al respecto de la pandemia, que recortó los fondos destinados al sida sin piedad y que llegó a engañar a los comités del Congreso insistiendo en que los investigadores eran pedigüeños viciosos que ya disponían de lo que necesitaban y más. La historia del sida es la historia de una infamia.

Es difícil aceptar que una enfermedad viral no controlada pueda poner en riesgo a la mayoría de la población. Ni siquiera *And the Band Played On*, un libro de denuncia seria y crispada, llena de la indignación de quienes están cargados de razón y donde las conclusiones se sacan después de una investigación profunda —Shilts había hecho novecientas entrevistas en doce países—, hace justicia a la magnitud de la epidemia, porque el autor, centrado casi por completo en los homosexuales, deja fuera de los focos a los drogadictos, a sus parejas heterosexuales, a las prostitutas y a todos aquellos que enfermaron por transfusiones de sangre infectadas por el virus; por ejemplo, los hemofílicos. Susan Sontag criticó que el sida fuese una enfermedad de homosexuales: es solo una explicación que busca satisfacernos, ¿qué hacemos con todos los heterosexuales que sufren sida en África?

El silencio sobre la pandemia lo rompió, como si se tratase de un techo de cristal, Rock Hudson en julio de 1985. Con su valentía presentó al mundo la necesidad de mantenerse alerta no frente a una enfermedad que afectaba a los marginados, sino de una pandemia brutal que estaba poniendo en jaque a la humanidad. Su mensaje fue sencillo y claro: el virus había de salir a la luz. «No estoy contento de estar enfermo; no me siento contento de tener sida. Pero si eso está ayudando a otros, puedo al menos pensar que mi propia desgracia ha servido de algo».

Rock Hudson, prototipo del personaje varón heterosexual en la pantalla, rico y admirado, fue el primer famoso en declarar que era homosexual y sufría la enfermedad. Una noticia inesperada que causó una gran conmoción en la sociedad americana y mundial, y que dejaba claro que no sufrían la enfermedad marginados y parias, sino millonarias estrellas de cine y potentados. Rock Hudson abrió los ojos del mundo a una pandemia que el *statu quo* no deseaba, no quería aceptar. Y consiguió que el mundo diese un paso de gigante hacia el control de la enfermedad.

El virus del sida pasó de los animales al hombre en África, donde varias decenas de especies viven infectadas por el virus de la inmunodeficiencia de los simios desde hace diez millones de años. La variante del virus que infecta al chimpancé y el virus de la inmunodeficiencia humana (VIH) tienen un origen relativamente más reciente. El virus del chimpancé apareció hace aproximadamente veinte mil años y el miembro más joven del grupo, el VIH, lo hizo hace aproximadamente un siglo.

El análisis de las mutaciones en el genoma del VIH ha permitido rastrear al virus y viajar hacia atrás en su historia: es un virus originado por mutaciones del que infecta a los chimpancés, que pasó al hombre, probablemente a un cazador —la hipótesis del cazador se maneja también para explicar el origen del coronavirus; en este caso, un cazador de murciélagos—, a través del contacto con sangre infectada mientras manipulaba la carne del simio.

El hombre entra en contacto con nuevos virus al invadir la jungla, al rozarse con la vida salvaje. Un hábito atávico de aquel primate carnívoro que abandonó los bosques hace tres millones de años y que, como nos recuerda Morris en *El mono desnudo*, sigue latente bajo la fina capa de barniz del reciente refinamiento cultural. La genética del cazador aún puede con la cultura. Modificar esos hábitos, incluyendo la reforma de los mercados húmedos de China, donde el cazador vende sus trofeos vivos, cubiertos con sangre fresca, evitaría futuras pandemias. Erradicaríamos el MERS si el hombre del desierto dejase de interactuar con el camello.

Como era de prever, el salto del mono al hombre no ocurrió solo en un lugar. Hay un grupo O del VIH, por ejemplo, que saltó al hombre en Camerún, donde aún hoy afecta a decenas de miles de personas. Existen otros dos grupos, N y P, pero causan infección con poca frecuencia. El grupo M, del virus del Congo, es el culpable de la pandemia.

El origen de la pandemia del sida puede encontrarse en la vibrante Kinshasa de la década de los veinte, capital de la República Democrática del Congo. Kinshasa en 1920 era una ciudad palpitante, comunicada por redes de ferrocarril construidas por la industria y el Gobierno belga, que experimentaba un crecimiento exponencial de la población. Con la civilización llegaron sus males, incluyendo las enfermedades de transmisión sexual promovidas por una boyante prostitución y unos servicios de salud para los que esterilizar las agujas no era la prioridad máxima. Pronto el virus del sida viajaría por el semen, las agujas y el ferrocarril a ciudades vecinas, y desde allí al resto del mundo. Hoy la pandemia persiste debido a la falta de una vacuna eficaz. Treinta y siete millones de personas padecían sida en 2018. Por fortuna, muchos de ellos reciben tratamiento y pueden hacer una vida normal.

El tratamiento del sida ha sido posible gracias al extraordinario descubrimiento de dos científicos que aceptaron lo imposible y decidieron que el dogma central de la biología molecular, tal y como lo habían descrito Watson y Crick, tenía excepciones. Importantes excepciones. Pensar más allá de lo que se acepta como una norma, ver más allá, es una de las características de los genios. Se necesita valor para aceptar como posible lo que parece, a todas luces, una locura, y una gran inteligencia para poder destruir y volver a construir, con las nuevas pruebas, el marco racional de la realidad. A su actividad se la denomina «ciencia disruptiva», y al efecto de esta, «cambios de paradigma».

En *La estructura de las revoluciones científicas* —el inigualable ensayo de Kuhn—, se definen los cambios de paradigma. Según este autor, la ciencia experimenta fases alternas de calma y revolución. En los períodos de calma, la matriz disciplinaria se mantiene fija y se producen soluciones a los problemas planteados en ese paradigma. Durante una revolución científica se revisa la esencia de la matriz disciplinaria buscando la solución de problemas profundos que existían sin ser percibidos, antes del período de calma. La solución de uno de esos problemas es suficiente para destruir un dogma.

Durante la calma aparecen los paradigmas; por ejemplo, los cálculos de Ptolomeo sobre el universo: la Tierra ocupa el centro del sistema solar y el Sol gira alrededor de ella. Como paradigma también sería válido lo que se denominaba el «dogma central de la biología molecular», que marcaba una dirección obligatoria de los principales acontecimientos en la vida de una célula: ADN se convierte en ARN y después el ARN codifica las proteínas. Las aplicaciones de las teorías de Ptolomeo y el dogma central proponen explicaciones importantes que son válidas para muchas situaciones y así generan avances en las respectivas disciplinas.

Para Kuhn, uno de los más notables cambios de paradigma ocurrió cuando Copérnico colocó el Sol en el centro del sistema solar y desbancó el modelo erróneo de Ptolomeo. El Vaticano prohibió *De revolutionibus orbium coelestium*, el libro de Copérnico. En el caso del dogma central de la biología molecular —no analizado por Kuhn—, dos científicos demostraron que el orden de acontecimientos de una célula tenía dos direcciones: el ADN producía ARN, pero el ARN podía también revertir a ADN. Un pecado mortal de la biología molecular. ¡Herejía! ¡Herejía! Muchos se llevaron las manos a la cabeza. Pero era verdad: la autopista que conducía del núcleo al citoplasma era de ida y vuelta. Con el descubrimiento de Temin y Baltimore, el dogma dejó de serlo.

Trabajando de manera independiente, los dos científicos descubrieron la transcriptasa inversa, una enzima que, desafiando la imaginación del biólogo más audaz, sintetiza el ADN a partir del ARN. Ese descubrimiento surge de la observación de células infectadas por virus y, en particular, durante el estudio del proceso seguido por ciertos virus de ARN, llamados «retrovirus», que causan cáncer.

Temin fue el primero en entender que ese fenómeno era posible y Baltimore, el primero en demostrarlo. La aventura comenzó con un fracaso. Temin presentó su teoría sin datos suficientes y la comunidad científica la rechazó, como suele ocurrir con las propuestas que desafían descaradamente la sabiduría convencional sin reunir las pruebas que las apoyen. Como dice el cliché: afirmaciones extraordinarias requieren pruebas extraordinarias. Luego llegó lo que podía haber sido un triunfo en solitario: Baltimore tenía las pruebas e iba a publicarlas en un artículo, pero tuvo la enorme gentileza de comunicárselo antes a Temin.

Según cuenta la leyenda, Baltimore le explicó específicamente cómo había hecho los experimentos, abriendo la puerta a Temin para que resolviese él mismo el asunto a nivel experimental. Dicen que Temin, por una vez en su vida, no perdió mucho tiempo filosofando y se puso inmediatamente manos a la obra. Al final, Baltimore y Temin publicaron casi a la vez los artículos que demuestran la existencia de la increíble enzima: la transcriptasa inversa. Esta enzima transgresora de dogmas y tradiciones retrocopia ADN usando una plantilla de ARN. Por ello, los virus que usan esta estrategia se llaman retrovirus.

Si es verdad que los modelos están ahí para que alguien los refute, no lo es menos que los virus son grandes iconoclastas. El ADN viral retroformado de esta extraña manera completa su truco biológico integrándose en el genoma de la célula infectada. La transcriptasa inversa no es solo una herramienta para entender el mecanismo usado por los retrovirus, sino que tuvo aplicaciones prácticas: su descubrimiento permitió identificar el VIH, un virus adicto a la transcriptasa.

La inmensa creatividad de Temin y el talento intelectual y la extraordinaria generosidad de Baltimore recibieron el Premio Nobel de Medicina de 1975. Renato Dulbecco, un científico pionero de las investigaciones sobre las interacciones de virus y células, compartió el premio con los dos. Este Nobel se les concedió a los tres por sus descubrimientos sobre la interacción entre los virus tumorales y el material genético de la célula.

Cuando Baltimore y Temin imaginaron la transcriptasa inversa, sabían que sus teorías iban contra lo establecido. Y por si no lo sabían, muchos colegas no dudaron en recordárselo, sobre todo a Temin. La estructura científica es, después de todo, conservadora, enamorada de teoremas y conclusiones lapidarias. Y cuando esa tozudez no es contumacia, mantiene la ciencia en pie. Pero el avance supone remover los cimientos. Esto se conoce como «ciencia disruptiva».

En la mayoría de las ocasiones, no hay por qué llevarse a engaño, se ataca sin fundamento el paradigma. Los científicos que piensan más allá de lo demostrado caen con frecuencia en el error. Y es que las ideas, las que están de acuerdo y las que están en contra de los volátiles dogmas, deben someterse al fuego de los experimentos y las matemáticas. Y si los datos, repetidamente y de un modo reproducible, dan la razón al hereje, no hay que dudar entre preferir los humildes resultados de los experimentos a las letras doradas de los dogmas. La actitud de Temin y Baltimore constituye el núcleo, el corazón de la auténtica actividad científica, y es el genuino motor del avance de la ciencia. Porque la ciencia en estado puro es un proceso que se autocorrige constantemente, que lucha contra la inercia del reposo y el movimiento uniforme. La crítica, el escepticismo y la capacidad de soportar el dolor de aceptar las verdades más duras, aun cuando contradigan nuestra imaginación y nuestras ideas, son parte ineludible del proceso. Esa fluidez de las teorías, esos cambios de paradigma son los que producen avances del conocimiento como los descritos en *La estructura de las revoluciones científicas*.

El descubrimiento de la transcriptasa inversa dio lugar a un nuevo campo científico: la retrovirología, que estudia la influencia de los retrovirus en la evolución de las especies, intenta generar nuevos tratamientos contra enfermedades como el sida y facilita el estudio de vectores que se usan en otros campos de la biología y la medicina, como la terapia génica o la ingeniería de animales transgénicos. La transcriptasa inversa, a nivel más fundamental, borró la línea de separación entre virus y genes, porque una vez que el retrovirus se integra en el genoma de la célula huésped, el virus se convierte en genes. Un concepto profundo: en nuestro genoma, virus y genes son lo mismo.

La transcriptasa inversa se identificó en los setenta y el VIH se descubrió en los ochenta. En esa década, se habían optimizado las condiciones de cultivo de glóbulos blancos humanos y se sabía cómo infectarlos con retrovirus, metodologías imprescindibles para detectar la transcriptasa inversa. También habíamos aprendido a identificar virus, entre ellos los retrovirus, usando el microscopio electrónico. En conjunto, esos descubrimientos y adelantos metodológicos hicieron posible que, en 1983, Luc Montagnier, un virólogo francés, descubriese el VIH en un cultivo de glóbulos blancos de un homosexual de treinta y tres años de edad.

La presencia de la actividad de una transcriptasa inversa y el examen con el microscopio electrónico mostraron que Montagnier había aislado el retrovirus que causaba el sida. La fama potencial de este científico —era uno de los mayores avances médicos del siglo— la interrumpió inmediatamente Robert Gallo, quien intentó robarle los créditos del descubrimiento.

Gallo aisló el VIH de un grupo de pacientes y sugirió que podía ser la causa del sida. En esos estudios, el cuarenta y siete por ciento de los pacientes con presida o sida estaban infectados por el VIH, pero no se detectó infección por el virus en un grupo de cien heterosexuales que no tenían síntomas. Gallo y Montagnier compitieron en las siguientes publicaciones sobre VIH y sida; el científico estadounidense fue mucho más productivo e influyente.

Gallo se desmarcó de esta competición honesta y anunció en una rueda de prensa que había descubierto el virus que causaba el sida. Después, usando su influencia, consiguió infligirle una serie de humillaciones científicas y personales a su rival francés. Pero Montagnier no se vino abajo. Ya advierte el refranero que se coge antes a un mentiroso que a un cojo, y en uno de esos raros casos de justicia poética, unos análisis del virus de Gallo demostraron que el virus del VIH usado por él y el virus de Montagnier eran el mismo. Había gato encerrado.

Gallo había hecho trampa al obtener el virus del francés de un modo opaco, sin que su homólogo lo supiera, y lo había «redescubierto». El único virus de su laboratorio provenía de Francia. Un error en una publicación científica confirmó la felonía. El mundo científico se rasgó las vestiduras.

Montagnier, aun así, tenía las de perder. Era un pequeño pez luchando con un tiburón blanco de la virología. Cuando se comprendió que el desarrollo de un test para detectar el VIH iba a tener unas consideraciones económicas enormes, Montagnier sintió la mano poderosa de Francia posándosele suavemente sobre el hombro. No estaba solo, su país iba a sacar pecho por él. El Gobierno francés presentó una queja oficial al Gobierno estadounidense y ante la abundancia de pruebas, lo escucharon. En abril de 1984, el Centro de Control de Enfermedades de Estados Unidos indicó que el agente que causaba el sida era un virus descubierto por Montagnier. Abandonado por su país primero, Gallo fue también dado de lado por el mundo, y cuando el Premio Nobel de Medicina recayó en el descubrimiento del VIH, el estadounidense se quedó sin billete para Estocolmo.

Gallo, que sigue activo —lo estoy viendo ahora mismo en la televisión hablar sobre coronavirus—, pasará a la historia como un gran virólogo. Fue el primero en identificar el HTLV, uno de los virus que causan cáncer, y su grupo descubrió un nuevo virus del herpes humano, además de hacer otros muchos y grandes descubrimientos. Su historial no pasará limpio. Algunos lo verán como un ejemplo del científico egoísta y tramposo que recurre a cualquier método para vencer a un competidor, y que, para más inri, lo hace con un endiosamiento impropio de un hombre de ciencia.

El Premio Nobel del VIH fue una decisión correcta de la fundación sueca. No siempre ha sido así. La Academia sueca le otorgó el Premio Nobel a Selman Waksman, un influyente científico —acuñó el término «antibiótico»—, por descubrir la estreptomicina, el primer antibiótico útil contra la tuberculosis. Sin embargo, había sido Albert Schatz, un científico no conocido, quien había hecho el descubrimiento. Quizá la Fundación Nobel aprendió de aquello y no cayó de nuevo en la tentación con el caso del virus del sida, donde el pez grande no pudo comerse al chico.

El plagio, la apropiación indebida de créditos y la falsificación de datos están entre los mayores problemas de la actividad científica. No son frecuentes, pero deberían serlo menos aún. Aunque en algunos países constituyen delitos penales, en la mayoría estas acciones se convierten simplemente en anécdotas. Es enervante que en la mayoría de los casos los tramposos sigan ejerciendo su actividad como si nada hubiese pasado. Y muchas veces sin reconocer a las víctimas del plagio o a quienes robaron los créditos.

Últimamente, con la competición entre las naciones se dan más casos de «científico compensado». Ha ocurrido en mi institución, donde investigadores extranjeros mantenían, al mismo tiempo, un laboratorio abierto en su país, al que nutrían de información confidencial. Nada más ser despedidos, se mudaron a su patria, donde ocupan un puesto de relevancia en instituciones científicas de primera línea. En un caso reciente de espionaje, dos estudiantes chinos en Estados Unidos han intentado hackear compañías de biotecnología para obtener información confidencial sobre vacunas de la COVID-19 de forma fraudulenta. Su deportación a China probablemente resultará en puestos de trabajo bien remunerados. No es verdad que Roma no pague a traidores.

El VIH evoluciona con muchísima más velocidad que las células responsables de mantener la inmunidad. Esa discrepancia dificulta que el sistema inmune lo combata. Estas mutaciones son también un impedimento para el diseño de tratamientos que permanezcan efectivos frente a las nuevas «generaciones» del virus. La gran facilidad para mutar dificulta también la creación de una vacuna contra el sida.

En 1981 se describió la enfermedad; en 1983, Montagnier descubrió el virus; en 1985, Rock Hudson inició la recogida de fondos para luchar contra el sida; en 1987, se aprobó el primer fármaco para tratar el VIH, y en 1989, Susan Sontag publica *El sida y sus metáforas*, advirtiendo del riesgo de estigmatización; para entonces la enfermedad ya se había cobrado cuarenta mil vidas en Estados Unidos y no había alcanzado su pico.

Los medicamentos son bastante eficaces y han convertido el sida en una enfermedad crónica. El tratamiento mantiene la carga viral indetectable y los enfermos pueden vivir una vida normal sin que exista riesgo de transmisión sexual. En los últimos años, algunos pacientes, muy pocos, se han curado del virus.

Desgraciadamente, y a pesar de todos los progresos, aún siguen muriendo pacientes de sida, aunque el número de víctimas mortales se ha reducido a más de la mitad desde el pico de la pandemia en 2004. Aun así, tres cuartos de millón de personas padecerán sida este año y la mayoría vivirá en países de economías emergentes en África. En 2018, cuando había cerca de treinta y ocho millones de enfermos de sida en el mundo solo el setenta y nueve por ciento de ellos sabía que sufrían la enfermedad, el veintiuno por ciento restante no tenía acceso a los tests.

Con el paso de los años, pocas instituciones han entonado el *mea culpa*. Ni Gobiernos ni Iglesias han reconocido su desastrosa actitud frente al sida. La madre Teresa viajó a Nueva York en 1985 para inaugurar un hospital para enfermos de sida, una visita que inspiró el libro *Más grandes que el amor*, de Dominique Lapierre. Antes y después de este acto simbólico, el Vaticano cuestionó los consejos dados por las autoridades sanitarias sobre la necesidad de protegerse durante las relaciones sexuales. La palabra «condón», que probablemente salvó tantas vidas cuando no existía tratamiento del sida, revolvía las tripas a puritanos y beatos. El Vaticano, que no aceptaba la homosexualidad, se negó a recomendarlo públicamente: el sida era malo, pero los condones eran peores. Mientras tanto, las filas de clérigos ocultaban sus relaciones homosexuales y desplegaban una cobertura bien orquestada y defendida desde las más altas esferas sobre la rampante pedofilia, esa pandemia de las iglesias católicas. Ahora, la niebla creada por la religión y los políticos se ha ido y podemos ver con claridad qué ocurrió. La administración Reagan y el Vaticano acentuaron la discriminación y marginación de los enfermos de sida y fueron partícipes, cuando no artífices, de una actuación irresponsable que según algunos podría rayar en lo criminal.

Mientras luchábamos contra el sida y esperábamos una pandemia por el virus de la gripe, han sido otros tres virus los que han puesto en peligro a la humanidad: Zika, ébola y coronavirus. Estas tres infecciones tienen características propias, muy diferentes de las de la gripe, y demuestran el pleomorfismo de las pandemias virales, un factor que aumenta la dificultad de una detección precoz; por ejemplo, el virus del Zika se transmite por mosquitos;

el ébola, por contacto directo con fluidos de los pacientes, y el coronavirus, por las gotas de saliva en el aire o depositadas sobre objetos.

El virus del Zika se encontró por primera vez en la década de los cuarenta en África y veinte años más tarde se observó su presencia en Asia, pero alcanzó la primera página de los periódicos en 2015, durante una epidemia de microcefalia en Brasil. La microcefalia, una enfermedad de los bebés, que nacen con un cerebro reducido cuando se infecta una mujer embarazada, es un signo característico de la infección del virus del Zika. La epidemia de Brasil cedió, pero siguen detectándose casos, a veces en forma de brotes, en la India y el sudeste de Asia.

Peter Piot, el científico belga que participó en la identificación del virus, cuenta en *No hay tiempo que perder: una vida en busca de virus mortales* cómo el ébola obtuvo su nombre en la década de los setenta. Una noche tranquila, el equipo de virólogos decidió bautizar al virus mientras compartía un bourbon de Kentucky y examinaban un pequeño mapa de la región del Congo Belga. Al principio pensaron en Yambuku, la pequeña ciudad donde se había aislado; pero temiendo que eso tal vez llevase a su estigmatización, lo rechazaron. Había otros virus cuyo nombre era el del río que recorría el territorio infectado, así que buscaron un río cerca de Yambuku. Encontraron el río Negro y decidieron ponerle ese nombre, «Río Negro» o Ébola en lingala, la lengua que hablaban los nativos.

El reservorio animal del ébola son los murciélagos. Estos activos animales pueden infectar a otros, entre ellos los simios. La mejor hipótesis que tenemos sobre cómo se infectó por primera vez el hombre es la hipótesis del cazador —también propuesta para el VIH y para el SARS-CoV-2—. Según esta teoría, pendiente de confirmación, los nativos africanos se infectaron cazando simios. El cazador infectó a la familia y, si fue hospitalizado, al personal médico y otros pacientes. Los casos iniciales del brote africano de ébola, el mayor y más aterrador de la historia, se detectaron en el sudeste de Guinea en marzo de 2014. En los meses de verano del año 2014, el virus del Ébola se extendió por Guinea, Liberia y Sierra Leona a una velocidad exponencial. Dos años y medio después del descubrimiento del primer caso, el brote terminó con más de veintiocho mil casos y once mil víctimas mortales. En Estados Unidos se detectaron once pacientes de ébola —¡con once pacientes se pidió la dimisión del entonces presidente, Barack Obama! Hoy Estados Unidos tiene millones de casos de coronavirus y va camino de las doscientas mil muertes—. El 30 de septiembre de 2014 se diagnosticó el primer caso en América. Un varón que viajó desde África occidental a Dallas, Texas, y falleció el 8 de octubre de 2014. El ébola se detectó en otros países, entre ellos Nigeria, Senegal, la República de Malí, y en Europa: el Reino Unido, Italia y España. En Europa el número total de casos no llegó a diez.

En estos momentos persiste en la República Democrática del Congo un brote de ébola que comenzó en 2018. El control de la OMS de la enfermedad se enfrenta a enormes dificultades para su actuación en una región dominada por diferentes grupos armados. No obstante, el brote ha podido contenerse en esa área. Además de las

medidas epidemiológicas comunes a cualquier enfermedad contagiosa, incluyendo tests y seguimiento a los contactos, se promocionaron ceremonias y entierros seguros,
y vacunación a personas de alto riesgo, más de cien mil
vacunados —la agencia reguladora de medicamentos americana ha aprobado una vacuna en diciembre de 2019—, y
tratamiento experimental. Mientras tanto, los grupos armados han atacado a los equipos médicos, ha aumentado
la desconfianza de la población con respecto a los epidemiólogos, ha habido contagios en hospitales y persisten los
retrasos en la detección y la notificación. La única manera
de detener ese brote sería contando con el apoyo total de
fuerzas políticas y militares enfrentadas, algo prácticamente imposible. Mientras el brote persista, existirá la posibilidad de que se extienda como una epidemia hacia otras
regiones. La OMS es un mundo de héroes generosos y va-
lientes. Un tesoro mundial.

El ébola es un demonio conocido, pero la siguiente
pandemia se debió a un agente mucho menos nocivo, al
menos en apariencia. Una infección por un virus que causa normalmente una enfermedad leve: el catarro invernal
o resfriado. En 1964, June Almeida, hija de un conductor
de autobuses escocés, identificó y microfotografió el primer coronavirus humano con el microscopio electrónico
del hospital St. Thomas de Londres. La COVID-19 está
causada por un coronavirus, el SARS-CoV-2, un virus de
los murciélagos que a finales de 2019 infectó con éxito
a los seres humanos.

Hay libros que se reeditan y se venden como superventas durante las pandemias. Durante el coronavirus, *La*

peste, de Camus, fue uno de los libros más leídos, así que tenía razón el pintor de *El séptimo sello*: miraron y querían más. En la obra maestra de Camus,[4] los ciudadanos de una ciudad del norte de África afrontan dos peligros: un microbio y los otros seres humanos; unos te contagian y otros te despojan de lo necesario para vivir. Los hechos se producen en lenta avalancha, al principio alguna rata aparece muerta en las calles, luego aparecen más y después de que aparezcan los cadáveres de cientos de ratas muere el primer hombre; tras esto, en solo un día, mueren varias decenas de personas. En ese momento —como ocurrió en Wuhan—, las autoridades cierran la ciudad; sus habitantes no podrán escapar de la muerte.

4. No sé si admiro más al Albert Camus persona o al escritor. Camus ganó el Premio Nobel de Literatura en 1957 «por su importante producción literaria, que ilumina con una honestidad clarividente los problemas de la conciencia humana en nuestros tiempos». Su novela más conocida es *El extranjero*, monumento del existencialismo. Cuando ganó el Nobel, Camus escribió una carta inolvidable a su maestro de escuela:

> He esperado a que la conmoción que me ha rodeado estos días disminuyese un poco antes de hablarle desde el fondo de mi corazón. He recibido un honor demasiado grande, uno que no busqué ni solicité. Pero cuando escuché la noticia, mi primer pensamiento, después de mi madre, fue sobre usted. Sin usted, sin la mano cariñosa que extendió a aquel niño pobre que yo era, sin su enseñanza y ejemplo, nada de esto hubiera sucedido. No doy demasiada importancia a este tipo de honor. Pero al menos me da la oportunidad de decirle lo que ha sido y sigue siendo para mí, y asegurarle que sus esfuerzos, su trabajo y el corazón generoso con que lo hizo aún viven en uno de sus pequeños alumnos que, a pesar de los años, nunca ha dejado de ser un pupilo agradecido. Le mando un fuerte abrazo.

En *La peste*, las ratas representan el fascismo, un acierto para muchos, porque supone una buena analogía del nacimiento y la expansión del racismo y la xenofobia. A pesar de ello, algunos no apreciaron la elegancia de la alegoría. Para Simone de Beauvoir, compañera de Sartre y con el paso del tiempo enemiga política de Camus, a quien no podía tolerar su falta de compromiso con el Partido Comunista, representar el fascismo con un animal o un germen deshumaniza el fatídico movimiento social. El fascismo deja de ser un producto netamente humano para convertirse en algo que nos es ajeno y sucede de manera natural. Los nazis no eran bichos o virus; eran hombres. El fascismo es un producto del hombre. Una crítica brillante de una intelectual profunda —su obra maestra, el ensayo *El segundo sexo*, es un ensayo pionero del feminismo moderno, que ha retomado merecido reconocimiento recientemente—, pero no impide aceptar la genial alegoría de Camus: el fascismo es una plaga y puede prevenirse cuando las primeras ratas aparecen en las calles. El fascismo, al que atacaba Camus, y el comunismo, que defendía Beauvoir, son pestes. Como advierte Camus: nadie será libre mientras haya plagas. El virus de la mente más prevalente y extendido en la humanidad del siglo XXI es el del odio.

Nuestra falta de prevención nos trajo la pandemia de la COVID-19. No estábamos lo bastante alertas. En 2016, los científicos avisaron de que habían aislado un coronavirus de un murciélago que se parecía al que produjo el SARS. Pero nunca hicimos lo suficiente para desarrollar una vacuna. Debimos tomarnos más seriamente los dos avisos previos; tendríamos que haber sabido que el siguiente coronavirus causaría un desastre mayor que el SARS y el MERS juntos.

Descubrimos el origen animal de los coronavirus durante la epidemia del SARS, a principios de la década de 2000. Después llegó el MERS, causado por otro coronavirus que salta de los camellos al hombre. Tras la epidemia del SARS, un equipo de investigación internacional viajó a la provincia china de Guangdong, donde se suponía que había comenzado el primer brote, para averiguar el origen de la zoonosis. Allí parece que saltó desde un «mercado húmedo» a los hombres. En los mercados húmedos, animales domésticos y salvajes, vivos y muertos se amontonan, a veces formando pilas de jaulas o de carne, lo que genera las condiciones para lo que se ha dado en llamar un «contagio gravitacional imparable», donde las heces y la orina de los animales salvajes mojan constantemente otros animales domésticos y salvajes que se encuentran a su lado o bajo ellos. Esos mercados introducen los peligros de la naturaleza salvaje en el corazón de las ciudades.

En muchas regiones de Asia, incluyendo China y países vecinos, la prevalencia de coronavirus en animales salvajes es muy alta. Al principio, los detectives de virus creían que las civetas de las palmas eran el reservorio del virus. La civeta es un animal parecido a una marta o un tejón, parte de la fauna del sudeste de Asia, donde la cazan para comerla. Las civetas eran carne común en los mercados de Guangdong, donde atraían a muchos compradores; además, habían dado positivo para coronavirus.

En contra de esta teoría había un dato: las civetas no tenían anticuerpos contra el virus, lo que sugería que estos animales eran solo un intermediario, un animal de paso, eso sí, muy contagioso. En esos mismos mercados también se vendían murciélagos, que son ubicuos en las colinas rurales y agrícolas de la zona, donde sus habitantes cazan y comen murciélagos a diario; en ese momento, también se vendían en las jaulas en los mercados húmedos de Guangdong. Los murciélagos son un reservorio natural de los coronavirus.

¿Son tan importantes los murciélagos? Su número es apabullante. Hay mil cuatrocientas especies de murciélagos. Uno de cada cinco mamíferos es un murciélago. No sé si podemos darnos cuenta de lo que esto significa. Son rurales y urbanos, y sus mayores colonias predominan en las zonas donde se originan las pandemias. No nos lo parece porque permanecen invisibles, pero están en todos lados. En Texas, donde vivo, abundan los murciélagos de varios tipos. En San Antonio hay una cueva que está habitada por la mayor colonia de murciélagos del mundo. Cuando salen juntos al atardecer, las cadenas de televisión usan los radares de los meteorólogos para seguir la «nube». Parece que Austin cuenta con una de las mayores colonias urbanas de murciélagos.

Turistas y visitantes se colocan sobre el puente Ann W. Richards, en Austin, para esperar el atardecer. Llegado el momento, como si se tratase de un volcán, sucede una erupción de un millón y medio de murciélagos. Cuando los vi salir, grité con admiración y no fui el único. La cinética del espectáculo es asombrosa. Una avalancha voladora que emerge bajo tus pies y enseguida forma en el cielo una nube negra y de geometría cambiante. En Houston viven varias colonias repartidas por los puentes construidos sobre los canales de la ciudad. En España existen más de veinte tipos de murciélagos, que son muy frecuentes en pueblos, aldeas y también en las zonas urbanas, como Madrid y Barcelona. En Cataluña se han encontrado fósiles del murciélago más grande de Europa, que vivió allí hace diez mil años.

Los murciélagos transportan cantidades enormes de virus asesinos como el ébola, la rabia o el coronavirus sin sufrir ninguna enfermedad. Se piensa que ser un mamífero volador, el único, lo ha dotado con un sistema inmune diferente y muy potente que los protege contra los virus sin generar inflamaciones nocivas.

Los equipos internacionales de detectives de virus que viajaron a Guangdong recogieron muestras de sangre, orina y heces de los murciélagos que viven en las cuevas de la región y las analizaron. Descubrieron cuatro especies que portaban coronavirus similares a los que producían el SARS, y en uno de los grupos se aisló un coronavirus cuya genética era noventa por ciento similar al virus aislado de los pacientes con SARS. Como hubo diferentes brotes, se investigaron distintos lugares y en todos ellos se encontró el murciélago como transporte del coronavirus.

Ahora sabemos que los coronavirus han evolucionado junto con los murciélagos. Los murciélagos constituyen un laboratorio volante de coronavirus. En su cuerpo, los virus mutan, evolucionan, se recombinan; es decir, mezclan su ARN unos con otros creando nuevos virus constantemente. Cuando los virus del murciélago mutan, pueden adquirir propiedades diferentes, como la capacidad para infectar a otras especies, entre ellas los seres humanos. Y en esos otros animales el sistema inmune no puede hacerles frente y pueden generar enfermedades mortales.

Zheng-Li Shi, la viróloga que dirige un laboratorio en el recientemente construido Instituto de Virología de la ciudad de Wuhan, en China, ha publicado durante los últimos diez años varios artículos científicos que establecen la conexión entre coronavirus, murciélagos y hombres. Shi se dedica a investigar los murciélagos de las cuevas y minas abandonadas de la región de Yunnan, muy alejada de Wuhan. Llevó muestras de heces y sangre a su laboratorio, donde se detectó la infección por coronavirus. Una cepa tenía una homología, es decir, similitud del genoma del 96,2 por ciento con el SARS-CoV-2. Eso quiere decir que son dos virus diferentes y también que se parecen mucho.

Shi advirtió al mundo, hace tres años, de que era posible que se produjera una nueva pandemia similar al SARS. Su trabajo en este campo era muy apreciado por virólogos y expertos en pandemias, incluyendo la OMS. Durante la COVID-19 las cosas podrían haber dado un giro inesperado. El hecho de que la pandemia se iniciase en Wuhan, donde se encuentra el Instituto de Virología y el laboratorio donde Shi trabajaba con coronavirus, ha dado pie para especular que la epidemia puede tener su origen en un accidente de laboratorio. Apoya esta teoría el hecho de que los ciudadanos de Wuhan no comen murciélagos, así que los mamíferos voladores no estaban presentes en los mercados, y que de los primeros pacientes diagnosticados, solo la mitad había estado en contacto con el mercado. Algunos expertos, mientras descartan la idea de una guerra biológica o malicia, comentan que la investigación también conlleva un riesgo implícito: la posibilidad de que el propio laboratorio pueda facilitar la propagación de las mismas enfermedades que los científicos intentaban prevenir.

Los accidentes en laboratorios donde se investiga con virus no son imposibles. Se han publicado muchos casos de personal que, aun trabajando con las máximas medidas de seguridad, se han contagiado, con casos de múltiples infecciones involuntarias y exposiciones a microbios tan letales como las bacterias que producen el ántrax y la peste, y virus como el ébola, la polio y la viruela. Y en otro capítulo comentamos la fuga de un laboratorio de un virus que mató a más del sesenta por ciento de los conejos en Australia.

Cuando a Shi se le notificó que había una neumonía por virus en Wuhan, ella misma pensó que su laboratorio podía ser el origen del virus. Su laboratorio aisló y secuenció el SARS-CoV-2 y determinó que ese virus no se había estudiado en el Instituto de Virología. Para entonces, el virus había circulado en Wuhan durante siete semanas.

Los primeros cuarenta y un pacientes ofrecen claves sobre el origen del virus. Más de la mitad no tenían conexiones con el mercado. Uno de ellos mostró signos de enfermedad el 1 de diciembre; teniendo en cuenta un período de incubación de dos semanas, se podía haber contagiado dos semanas antes lejos del mercado. Quizá el virus lo llevó al mercado un humano ya infectado —hipótesis del cazador— y desde allí se propagó a otros dentro del mercado. Un brote de coronavirus que se produjo en junio de 2020 en un mercado de carne y pescado de Pekín sugiere que esta teoría es posible.

El nuevo coronavirus era un asesino clandestino y desconocido hasta que comenzó la pandemia. Al comienzo de la epidemia en Wuhan, una serie de aportaciones interdisciplinarias trazaron un retrato robot rápido y real. El virus comenzó a rastrearse por todo el mundo, se secuenciaron cientos y cientos de secuencias del coronavirus, se decodificaron y se colgaron en portales públicos de internet. El mundo pronto supo de la genética del virus. La generosidad propulsa la ciencia. Lo que no se comparte no es ciencia.

Los científicos, en mayo de 2020, mantienen que existen pocas pruebas de que el virus se originase en el laboratorio de Wuhan. La cepa aislada por Shi y el SARS-CoV-2 tienen, probablemente, un ancestro común, pero son escépticos respecto a que se haya identificado el lugar de origen de la pandemia. Pero en ciencia la ausencia de pruebas, sin embargo, no es prueba de ausencia. La administración americana ha presionado a la OMS para que reconozca el origen de la pandemia en el laboratorio chino de Wuhan. El secretario de Estado ha manifestado que hay pruebas de que así fue. Si China reconoce un origen accidental, podría tener que compensar daños a muchas naciones del mundo, así que nunca lo hará. El presidente Trump ha decidido cortar la financiación a la OMS, determinación que será efectiva en 2021. Esto supone un golpe económico terrible para esta estructura supranacional y para la sanidad del mundo en general. En resumen, China no aclara qué pasó en Wuhan, la administración Trump hace un papel paupérrimo en la lucha contra la pandemia —hay estadounidenses que aún no creen que el virus exista— y la OMS se ha escogido como chivo expiatorio.

Las combinaciones de las informaciones obtenidas con estudios genéticos, las imágenes de microscopio electrónico, los modelos de computadora y todo el cúmulo de estudios previos realizados con los otros coronavirus, incluyendo los que causan el constipado, el SARS y el MERS (Síndrome Respiratorio del Oriente Próximo), pusieron las bases para el desarrollo de medidas epidemiológicas de control, la búsqueda de nuevos fármacos o la extrapolación de fármacos diseñados para otras enfermedades como el ébola, la utilización de antiinflamatorios como los corticoides en los casos de enfermedad grave y la solución última: el diseño y la producción de una vacuna eficaz.

Las primeras fotos de un coronavirus humano las hizo y las publicó June Almeida poco después que otra revista científica las rechazase: «Solo son malas fotos del virus de la gripe». Nacida en Glasgow en 1930, June Almeida dejó el instituto a los dieciséis años y como su familia no tenía dinero para pagarle estudios universitarios, encontró trabajo en un laboratorio. Allí se enamoró de la vida de las científicas.

Poco después de casarse con un artista venezolano, emigró al Canadá y consiguió trabajo en un laboratorio de microscopía electrónica. Toronto era ideal para sus aspiraciones de convertirse en científica: el título universitario no era necesario para trabajar o para ser autora de artículos científicos sobre sus observaciones. Aprendió a fotografiar virus con el microscopio electrónico, una técnica todavía no muy popular. June fue la primera en fotografiar el virus de la rubeola, de cuya existencia se sabía, aunque nadie conocía cómo era en realidad.

Con el tiempo, un profesor del hospital universitario St. Thomas de Londres, que visitaba Toronto, la convenció para que volviese al Reino Unido. De vuelta a Europa, encontró que un virólogo llamado David Tyrrell, que había centrado sus investigaciones en encontrar la causa del constipado común, había puesto en marcha un departamento para diseñar nuevas técnicas con las que aislar, identificar y cultivar virus, sobre todo los que producían infecciones de vías respiratorias altas.

Cuando Tyrrell se topó con un virus difícil de mantener en cultivos en el laboratorio, solicitó la ayuda de June para fotografiarlo. June había mejorado la técnica microscópica al combinarla con la identificación del virus mediante anticuerpos, y en pocos días detectó y fotografió el virus. Ella fue la primera persona en ver la aureola que rodea la esfera; por esas imágenes Tyrrell y June pensaron que el virus poseía un halo similar al del sol, a la corona solar. Aunque publicaron juntos sus datos en la revista *Journal of General Virology* en el año 1967, no mencionaron el nombre «coronavirus»; eso requería un consenso entre los especialistas en el tema. June acabó con éxito su doctorado.

Tyrrell tardó un tiempo en convencer a los demás académicos de que se trataba de un nuevo tipo de virus. Pero pasados tres años, con la unanimidad de los máximos expertos, June y Tyrrell, junto a seis especialistas, publicaron en *Nature* el nuevo tipo de virus al que, basándose en las fotos de June, llamaron coronavirus.

La sociedad nunca le ofreció un podio a June Almeida y no solo porque fuera una mujer y sufriese las consecuencias del efecto Matilda.[5] Los coronavirus en las aves se habían descubierto previamente y pocos estaban interesados en un virus, otro más, que producía resfriado común. Después de todo, ¿qué importa un virus más? Sabemos que hay más estrellas en el cielo que granos de arena en las playas de la Tierra y que hay más virus en nuestro planeta que estrellas en el firmamento. El constipado no suele considerarse una enfermedad relevante, ni siquiera los más hipocondríacos lo hacen. No requiere ni diagnóstico ni cura urgente; no representa un problema grave para la sociedad y menos aún para la humanidad; al

5. Margaret Rossiter, profesora de Historia de la Ciencia de la Universidad de Cornell, publicó en 1993 un ensayo en el que definió el efecto Matilda como la negación de los méritos y falta de reconocimiento a la labor de las mujeres científicas. Rossiter utilizó el nombre de Matilda Joslyn Gage, sufragista y abolicionista americana que en un ensayo publicado en 1893, titulado *La mujer como inventora*, denunció la visón de la sociedad, regida por hombres, según la cual «la mujer no posee capacidad para inventar o trabajar como un ingeniero». Hay instituciones en las que el efecto Matilda se ha hecho notar, entre ellas algunas tan prestigiosas como la Fundación Nobel.

menos en apariencia. Después de todo, se cura solo y el resultado de un test diagnóstico convencional llegaría cuando el paciente ya estuviese curado.

Una cosa curiosa del coronavirus es que tiene uno de los ARN más largos de los virus, y eso atrajo la curiosidad de los biólogos moleculares, que sintieron curiosidad por su estructura, pero nunca con fines medicinales o epidemiológicos.

Mientras pasaban las décadas, June Almeida permanecía tranquila en ese mágico salón, prestigioso y etéreo, donde muchas científicas duermen el Sueño Eterno. En el año 2003, una conferencia para coronavirus estuvo a punto de cancelarse por falta de interés y audiencia. Y entonces llegó el SARS. Y las sirenas del SARS despertaron a los científicos. Se terminaron los bostezos de aburrimiento; había comenzado una pesadilla a gran escala. Los congresos de coronavirus anunciaron llenos hasta la bandera. Incluso grupos de investigación ajenos al tema se volcaron a trabajar en ello. El virus identificado por June Almeida, comentaban, podía erradicar nuestra especie. Esa vez gritaban desesperados: podría ser que fuese verdad que se acercaba el fin del mundo.

June Almeida, que hizo su descubrimiento hace más de cincuenta años, es un prototipo de investigadora en ciencia básica. Estudiaba la naturaleza sin pensar si sus observaciones podían tener repercusiones prácticas. La investigación básica produce resultados que tarde o temprano suelen tener aplicaciones médicas. Por eso, la ciencia básica nunca dejará de ser importante. Y porque existe ese lapso de tiempo entre el descubrimiento del científico y su aplicación, la ciencia básica es la cenicienta en los presupuestos de Estado. Esperemos que los políticos, sobre todo a quienes les gusta paralizar o reducir el gasto público, que invariablemente conlleva recortes a universidades, lo entiendan. Señores políticos: sin ciencia no hay futuro.

Boris Johnson, primer ministro del Reino Unido, despreció públicamente la gravedad de la COVID-19 contra la que, básicamente, no iban a hacer nada más que esperar a que se desarrollase una inmunidad de grupo, ha visto que su país se ha colocado entre los primeros en número de casos y de muertes. «Creo que no es momento para hacer comparaciones», contestó en el Parlamento cuando le preguntaron cómo era posible que el país con una de las mejores redes sanitarias del planeta estuviese sufriendo más que muchos otros, más pobres y pequeños. Boris Johnson tuvo mala suerte y lo ingresaron con pulmonía por SARS-CoV-2 en la UCI del hospital St. Thomas, donde June Almeida, cuarenta años antes, había microfotografiado el coronavirus. En el hospital, la ciencia, el cuidado y la dedicación de los emigrantes que lo atendieron salvaron la vida del defensor del Brexit, que acabó bautizando a su hija con el nombre de la doctora que llevó su caso. ¿Es esperar mucho que la caída del caballo de la política lo convierta ahora en un defensor a ultranza de la ciencia en su país y en la comunidad internacional?

Los coronavirus que causan el resfriado interactuaron con el hombre hace mucho tiempo. Son virus estacionales que nos hacen enfermar levemente en invierno y desaparecen con la primavera. Nos hemos convertido en su reservorio natural; somos, de alguna manera, sus nuevos murciélagos.

El virus del SARS está estrechamente relacionado con el nuevo SARS-CoV-2. Pero el del SARS no infecta las vías aéreas superiores, boca, nariz, faringe, como hace el SARS-CoV-2, sino que infecta los bronquios y los pulmones, y causa con frecuencia una neumonía muy grave, en un porcentaje alto de casos, mortal. La expansión de la epidemia de SARS se autolimitó porque junto a la gran mortalidad no existían enfermos asintomáticos o con síntomas que mantuviesen constantemente vías de contagio activas y difíciles de detectar. El coronavirus que causa el MERS, que saltó de los murciélagos a los camellos en los países árabes y que de los camellos saltó a los seres humanos en 2012, causa también una enfermedad grave, con una mortalidad más elevada incluso que el SARS; la presencia de camellos hace que los brotes se limiten a una región determinada. No parece que podamos llegar a la solución total del MERS: sin camellos como en los países árabes, no hay MERS.

El comportamiento de SARS-CoV-2 es una mezcla entre los coronavirus que causan el constipado y los que causan SARS y MERS, así que infecta la nariz, la boca y la faringe, y puede transmitirse con mucha facilidad. En algunos casos infecta los bronquios y los pulmones produciendo neumonías que a veces son graves y en ocasiones fatales. El SARS-CoV-2 contagia como el virus del resfriado y mata como los virus que producen neumonías. En Estados Unidos muere el cuatro por ciento de las personas ingresadas.

El receptor, es decir, el anclaje en la célula del coronavirus, es una proteína humana llamada ACE-2. Las células que tiene esta proteína permiten la entrada al SARS-CoV-2. Esta proteína está presente en muchas células del cuerpo y con más frecuencia en las de los pulmones y los riñones. Viniendo de fuera, es más fácil llegar a los pulmones que a ningún otro órgano, así que las infecciones más frecuentes son pulmonares.

El coronavirus es tan contagioso porque la saliva y el esputo de los pacientes contienen mucha carga viral, incluso antes de que se manifieste la enfermedad. Hay informes que sugieren que el contagio puede ser directamente a través del aire. El contagio producido por los infectados asintomáticos es un modo silencioso de extenderse rápidamente y dificulta mucho su control. Es un enemigo invisible que traspasa nuestras barreras sociales con gran facilidad y sin hacer ruido. Otro problema es que el virus se adapta a nuestro cuerpo y permanece en él durante semanas. Los pacientes que requieren hospitalización por una enfermedad grave pueden secretar virus por las vías respiratorias durante más de un mes. Otro aspecto importante para su alta contagiosidad es la capacidad para permanecer activo durante más de un día en muchos materiales, como el cartón, el plástico y el acero inoxidable.

En los casos graves de COVID-19, la enfermedad puede deberse a una reacción anómala del sistema inmunitario. La inmunidad inicial disparada contra el virus acaba encontrando otras dianas en tejidos normales o quizá la inflamación de la respuesta contra el virus es tan exagerada que acaba enfermando el pulmón y participando en la causa de la muerte del paciente. Un tipo de estas reacciones se llama «tormentas de interleucinas» y se las conoce por su gravedad. Por esta razón, los medicamentos antivirales tendrían más efecto en las fases iniciales, cuando todo el daño está causado exclusivamente por el virus. El remdesivir, que tiene un efecto contra el virus, aunque no sea curativo, es más potente cuando se les administra en las fases iniciales a los enfermos más graves. Este fármaco se había desarrollado contra el virus del Ébola, pero no funcionó, y ahora se ha reciclado con un cierto grado de éxito para tratar a enfermos de la COVID-19.

En cambio, en pacientes con neumonías graves, los fármacos con efecto antiinflamatorio, que disminuirían la tormenta de interleucinas, son más eficaces. El uso de dexametasona, un potente antiinflamatorio, disminuye la mortalidad en los casos de pulmonía de COVID-19 en un treinta por ciento. Lo interesante es que tanto el remdesivir como la dexametasona, aunque tienen diferentes efectos, están indicados en la misma población de pacientes (graves, con neumonía u otras complicaciones), así que sus efectos beneficiosos podrían sumar en el rescate a pacientes de las UCI o en la prevención de los ingresos.

La extravagante longitud del ARN del coronavirus podría llegar a ser una ventaja para producir fármacos antivirales. Los virus más pequeños no ofrecen dianas moleculares para los medicamentos, pero este no sería el caso del coronavirus. Otra debilidad de este virus, desde un punto de vista farmacológico, es que no parece mutar demasiado rápido. Sería fantástico que se mantuviese así, porque eso aumentaría las posibilidades de que una vacuna fuese eficaz para la mayoría de los individuos y de que se mantuviese útil en las siguientes vueltas del virus.

Los anticuerpos monoclonales generados contra el virus, llamados «inmunoglobulinas», probablemente estarán disponibles antes de que acabe 2020 y quizá sean los medicamentos más útiles para tratar a la población general.

Los esfuerzos para generar vacunas están muy avanzados mientras escribo esto en agosto de 2020. Se están probando varias tecnologías, entre ellas el uso de otros virus para transferir los antígenos del coronavirus contra los que se quiere disparar la inmunidad. Probablemente las proteínas de las espículas del virus son las mejores dianas por su importancia a la hora de la infección y por su baja mutabilidad. La vacuna podría utilizarse durante el primer semestre de 2021.

¿Cuál ha sido la evolución geográfica y política de la pandemia de la COVID-19? La COVID-19 comenzó de nuevo con el diagnóstico de una misteriosa neumonía en ciudadanos de Wuhan. Li Wenliang —como Gottlieb en la epidemia del sida— denunció la posibilidad de una epidemia, una enfermedad contagiosa y en ocasiones letal. Las autoridades políticas de China silenciaron sus mensajes en las redes sociales, los censuraron y él acabó muriendo infectado por el coronavirus. Una vez fallecido, las autoridades, como no podían con la población, se unieron a ella y lo convirtieron en un héroe.

Estudiar pandemias pasadas podría a ayudar a afrontar la próxima, pero cada una tiene sus propias características. Como comentamos antes, cada virus es diferente e infecta con variable virulencia a distintos grupos de la población, pudiendo ser más grave en niños —como la viruela—, en jóvenes —como la gripe española— o en ancianos —como la COVID-19—. Un experto en epidemias ha comentado, sin intentar ser irónico o sarcástico: «Si has visto una pandemia, has visto eso... una pandemia».

Sea cual sea el origen o la magnitud de la enfermedad, los héroes siempre serán los mismos. Decía Procopio que durante la peste bubónica la población tenía lástima de los enfermos y de los que los cuidaban. Los héroes trabajan y mueren agotados en los hospitales. Y, en muchas ocasiones, su trabajo y su valor quedan sin recompensa. La sociedad no está compuesta de admiradores y agradecidos, sino de ciegos egoístas.

En el *Ensayo sobre la ceguera*, un virus ciega a quienes infecta. Saramago narra en un cuento revolucionario —como casi todos los del portugués— el desprecio que tiene el Estado por los más vulnerables. La ceguera del hombre que le impide ver los problemas de los demás y buscar sociedades más justas es el tema central de la novela. Los gobernantes encarcelan a los enfermos en un manicomio, donde dejan que se maltraten entre ellos. La ceguera destruye la vida de todos, los deja sin familia y sin casa. Una vez que recobran la vista, razonan que quizá siempre estuvieron ciegos, que tal vez siguen ciegos porque se niegan a ver qué ocurre. Preguntado por *The Guardian* sobre el significado de su novela, Saramago lo explicaba así:

> No veo el barniz de la civilización, sino la sociedad como es. Con hambre, guerra, explotación, ya estamos

en el infierno. Con la catástrofe colectiva de la ceguera total, todo surge: positivo y negativo. Es un retrato de cómo somos. La clave es quién tiene el poder y quién no; quién controla el suministro de alimentos y explota al resto.

Las pandemias sacan a relucir héroes y verdugos. En el caso de la COVID-19, científicos y politicastros. La novela también muestra la fragilidad de la sociedad: una pandemia puede destruirla. Un virus puede doblegar la arrogancia del capitalismo con un arma marxista: la auténtica huelga general, la paralización de la producción. La COVID-19 ha puesto de manifiesto la grave, y en ocasiones criminal, incompetencia del credo nacionalista. Como sucede con otros grandes temas del presente —el cambio climático, la regulación de la inteligencia artificial, el control de las armas nucleares y la posibilidad de editar el genoma—, las pandemias no puede solucionarlas un país solo. Una nación sola ni siquiera puede defenderse a sí misma.

Las pandemias deberían, de una vez, unirnos, crear un solo país que ocupase la Tierra y cuyo Gobierno pudiese hacerse cargo de modo eficaz de aquellos problemas que aquejan a grandes fracciones del planeta. Podría ser que las pandemias nos hicieran ser más conscientes de que todos somos necesarios para salir adelante. ¡Ojalá nos hicieran ser más solidarios!

En el pasado, el hombre carecía de civilización y no conocía la existencia de virus. Pero estos ya modificaban la humanidad y las sociedades. Una pandemia viral contribuyó a la extinción de los homínidos hace setenta mil años. La extinción fue tan brutal que estuvo a punto de erradicar a la humanidad moderna antes de su comienzo: la población mundial quedó reducida a unos cuantos miles de hombres. Los supervivientes necesitaron miles de años para repoblar la Tierra. Este trágico acontecimiento histórico se ha confirmado por análisis de la variedad genética.

Como en cada extinción, existen varias teorías al respecto. La teoría más difundida postulaba que la causa de la extinción había sido la supererupción, categoría 8, de Toba, un volcán en Sumatra. Los materiales de esta erupción lanzados a la atmósfera habrían bloqueado la luz del sol, ocasionando una edad de hielo, que habría durado un milenio, y la cuasi extinción del hombre. Esta teoría se ha refutado, pues se han encontrado fósiles y utensilios del hombre de esa época en varias regiones del mundo. En 2010, Wolff y Greenwood, dos virólogos alemanes, basándose en la literatura científica y en datos sobre la evolución del hombre y de los virus, propusieron la hipótesis viral para justificar la extinción de los hombres. Aunque esta hipótesis está centrada en los neandertales, puede tener relevancia para los demás homos existentes en aquel momento.

Cuando los antepasados de los neandertales partieron de África hacia Europa, muchas decenas de miles de años antes que el *Homo sapiens*, los patógenos en su nuevo entorno eurasiático entrenaron lenta y gradualmente su sistema inmunitario. Por el contrario, los *Homo sapiens* continuaron coevolucionando con los virus de África.

Doscientos mil años después, los sapiens abandonaron África y llevaron consigo sus virus africanos. Y, entonces, se encontraron con los neandertales.

El primer contacto entre poblaciones separadas durante mucho tiempo puede ser devastador. La historia reciente de Europa y América es una muestra de cómo la introducción de los virus de la viruela y el sarampión en poblaciones inmunológicamente vírgenes condujo a la epidemia de proporciones desorbitantes y la casi extinción de los pueblos nativos. Es curioso que los genes de origen neandertal en nuestro cromosoma 3 aumenten el riesgo de padecer la COVID-19. Existen pruebas de que hubo intercambio de virus entre neandertales y sapiens. Basándose en esas premisas y datos de biología, virología y epidemiología, Wolff y Greenwood generaron la hipótesis de que fue un herpesvirus transportado por el sapiens el que causó la extinción de los neandertales.

La evolución de los neandertales hacia sapiens se propuso para justificar la desaparición de los primeros, pero el análisis de los fósiles refuta esta teoría. La superioridad intelectual del sapiens se menciona en ocasiones como la principal causa de extinción. No obstante, los descubrimientos recientes muestran que los neandertales eran capaces de manifestar un comportamiento que debe considerarse como humano moderno. La superioridad física estaba de parte de los neandertales, que, además, habían tenido tiempo para adaptarse al nuevo ecosistema. Observaciones como esas llevaron a Jared Diamond a proponer que la infección por un posible patógeno podría haber contribuido a la extinción de los neandertales en

El tercer chimpancé: la evolución y el futuro del animal humano. Además de la hipótesis del herpes, otros investigadores han propuesto otras enfermedades, incluyendo una encefalitis contagiosa causada por priones como el motivo de la extinción.

Wolff y Greenwood notaron que el origen evolutivo de varios virus potencialmente mortales se correlacionaba con los datos genéticos y paleontológicos del primer contacto de sapiens y neandertales. Así que proponen que los sapiens introdujeron un agente infeccioso, derivado del África oriental, en la población de los neandertales.

Para ser la némesis de los neandertales, un virus debería cumplir ciertos requisitos:

1. Tendría que ser un patógeno frecuente en África y haber infectado a los sapiens antes de que se extendiesen hacia Europa.

2. No debería depender de ser transportado por un artrópodo, porque mosquitos y similares vectores podrían no seguir al sapiens en regiones más frías.

3. Causaría enfermedades crónicas.

4. Debería transmitirse por contacto social.

5. Sería importante que el virus existiese aún en África.

Sin esas condiciones, el virus habría fracasado en su horrible misión. Aplicando estos criterios y la cronología de la evolución de los virus, varios agentes quedaron excluidos. Por ejemplo, los que requieren transmisión sexual o a través de fluidos corporales (como los retrovirus), y los que no producen una infección crónica (el virus de la rubeola), los que requieren un vector (el virus del Nilo Occidental y el de la fiebre amarilla) o simplemente los que saltaron a los humanos después de la extinción de los neandertales (el virus de la viruela apareció probablemente con el hombre granjero, hace dieciséis mil años. Este desfase también se aplica a los virus del dengue y la gripe A).

Después de examinar una serie de virus candidatos, Wolff y Greenwood concluyeron que el sospechoso número uno es el virus del herpes. Hay numerosos herpesvirus, pero los mejores candidatos serían el virus de la varicela zóster, el citomegalovirus humano, el herpesvirus humano 6 y el virus de Epstein-Barr. Todos están activos en África en este momento.

Según esta hipótesis, un herpesvirus africano transportado por enfermos crónicos de sapiens a Europa infectó a los neandertales durante el esperado intercambio de patógenos, causando la epidemia herpética que los extinguió. Wolff y Greenwood sugieren que esa misma teoría podría extenderse teóricamente a extinciones de otros homos que convivían con el sapiens, como el *H. floresiensis*.

Los huéspedes recientes del planeta de los virus vivimos a su merced. Las olas de la COVID-19, tan difíciles de evitar y de contener, son solo la avanzadilla, los exploradores de las ingentes legiones de la pandemia que vendrá. Aumentar nuestra comprensión de los virus y prepararnos para diagnosticar el siguiente brote y prevenir su expansión ofrecería un pequeño rayo de esperanza.

Escribo en medio de la pandemia cuando la intensidad del presente nos impide concentrarnos en el futuro. Si levanto la vista de la pantalla del ordenador, imagino al virus de la COVID-19 llevando la ominosa pancarta: «El fin del mundo se acerca»; como el pelirrojo en la novela gráfica *Watchmen*. Las conductas absurdas de algunos políticos estadounidenses me sacan de quicio. En Texas, algunos ciudadanos no creen que el virus exista o que sea una amenaza real. No practican el «distanciamiento social» ni usan mascarillas. Una portada de *The New Yorker* (9 de marzo de 2020) muestra a Trump con una máscara que le cubre los ojos en lugar de la boca. Este coronavirus ha destruido familias en medio del desconocimiento y la desinformación. En las playas y en las discotecas, el fin del mundo ha sorprendido a jóvenes inconscientes bailando. La danza macabra. Los trabajadores esenciales han sido los más afectados por el impacto del virus; el virus ha matado a cientos de personas en las industrias cárnicas, por ejemplo. La sociedad ha cerrado los ojos ante el desastre de las residencias de ancianos, en las que se ha abandonado a los residentes que se presumía injustamente que estaban ya transitando esa senda oscura. Ha sido la sociedad, y no solo los efectos estocásticos y las interacciones biológicas del virus, la que ha determinado la demografía de las víctimas de la pandemia COVID-19.

En estos momentos de tinieblas y muertes hemos de seguir a quienes llevan la antorcha de la verdad. Dejémonos guiar por ese faro de luz blanca que, como tantas otras veces, en mitad de otra noche del conocimiento, ha encendido la ciencia.

3

Parásitos y evolución

La vida no se impuso en el mundo luchando, sino colaborando.

Lynn Margulis

«Parásito» es una palabra de procedencia griega que significa «el que come al lado de otro». Un parásito de la antigüedad griega clásica era un joven que podía sentarse a comer en los banquetes, pero no estaba en la lista de invitados. Solía tratarse de un varón ilegítimo y pobre, que conseguía pagar su comida entreteniendo a los invitados, adulándolos y sufriendo humillaciones.

Los virus son parásitos estrictos, para comer han de colarse en la célula sin invitación. No ser invitado al banquete quizá les quite protagonismo, pero el parasitismo es la forma de vida más frecuente en la Tierra: el ochenta por ciento de los seres vivos son parásitos. Los ácaros son un ejemplo ilustrativo: el diez por ciento del peso de una almohada usada durante unos meses son ácaros vivos, sus deposiciones y los cadáveres de ácaros muertos.

Los parásitos parecen pensar, como en la canción de Janis Joplin, que la libertad es sinónimo de no tener nada más que perder. Renunciando a los focos de la fama, dejando el liderazgo a las criaturas que habitan, los parásitos vuelan bajo, con humildad, y prefieren, más que ser dueños de un pisito, alquilar una pequeña habitación en un palacio. No les importa compartirla.

El truco está en realizar funciones que hacen más fuertes, hábiles o mejor preparados para sobrevivir a quienes los acogen. Convierten la luz en energía, protegen los huevos, comunican las neuronas. En algunos casos ayudan a su anfitrión a resistir la presión de la selección natural o artificial, en otros casos los ayudan a evolucionar. En algunos están activos; en otros, latentes. Todos trabajan. Nadie come gratis.

Hay organismos de alquiler de todos los tamaños. Los más ínfimos, antiguos, abundantes y relevantes son los virus. Cuando un virus no mata, en ocasiones deja vivir y en otras facilita que su huésped viva mejor. Hay una amplia gama de prestaciones para quienes los adoptan.

Hace aproximadamente tres mil quinientos millones de años aparecieron células con un ADN circular flotando libremente. Son células procariotas (*pro*, «antes»; *cario*, «núcleo»), es decir «antes de tener núcleo». Y se necesitaron dos mil millones de años más desde que aparecieron las bacterias para que se originasen células como las nuestras: más complejas, donde el ADN se encuentra resguardado, empaquetado tras la membrana del núcleo, y que son capaces de formar seres multicelulares como las gigantes secuoyas y la majestuosa ballena azul. Esas células nucleadas se llaman «eucariotas» (*eu*, «normal»; *cario*, «núcleo»). ¿Cómo ocurrió esa revolución? ¿Cómo la célula más primitiva, sin núcleo, capaz de formar colonias, pero no otros organismos, pudo convertirse en una más compleja nucleada —eucariota—, capaz de crear organismos multicelulares? La teoría más aceptada mantiene que ese cambio ciclópeo en la evolución se debió al parasitismo.

La teoría del Big Bang postula que el origen del universo ocurrió durante la explosión,[1] hace aproximadamente catorce mil millones de años, de una masa inconcebiblemente densa, parecida a un agujero negro supercargado, a la que Carl Sagan en *Cosmos* llamó «huevo cósmico». Un universo que, propulsado por la enigmática energía negra, sigue en expansión. Sabemos que ocurrió la explosión porque hemos podido detectar un fondo cósmico de radiaciones, una especie de reliquia de la radiación en forma de microondas originadas en el momento de la explosión primordial.

La teoría del Big Bang es poderosa porque unifica toda la historia del cosmos dándole un inicio concreto. Además, permite también explicarnos qué sucede en el

---

1. El Big Bang fue, probablemente, *big*, pero no *bang* en el sentido coloquial de explosión. De hecho, podemos estar seguros de que, al no existir aire, no hubo ruido.

presente y predice lo que seguirá pasando, al menos en el futuro próximo. Si la existencia del universo fuese una película, pasándola hacia atrás, comenzando hoy, nos llevaría catorce mil millones de años llegar al momento del Big Bang y desde allí podríamos volver a pasar la película hacia delante hasta este mismo segundo. Todo está explicado y conectado.

En biología, el modelo que trata de explicar la vida desde su aparición en la Tierra hasta el momento actual es la teoría de la evolución. Y si la evolución fuese una película y pudiésemos dar marcha atrás desde hoy hasta hace cuatro mil millones de años, deberíamos encontrarnos con un solo ser vivo del que todos los demás provienen. Es decir, todos los organismos vivos en la Tierra —la rosa y la secuoya, la hormiga y la ballena, el ornitorrinco y el simio desnudo— proceden del mismo ancestro: el último antepasado común, del que han evolucionado los demás. Ha sido un proceso de expansión que ha durado cuatro mil millones de años. Esta hipótesis la propuso Darwin en *El origen de las especies*: «Por lo tanto, infiero por analogía que todos los seres que alguna vez han vivido en esta tierra han descendido de una forma primordial, en la cual la vida respiró por primera vez». Un hecho que Darwin encontraba tan unificador como fascinante: «Hay grandeza en esta visión de la vida, con sus diversos poderes, que ha sido originalmente inspirada en algunas formas o en una sola».

El rebobinado de la película de la vida en la Tierra durante estos cuatro mil millones de años nos llevaría a encontrar en algún momento al primer ser orgánico del que todos los demás provenimos, como el rebobinado de la película del cosmos nos lleva al estallido del huevo cósmico. La evolución de la vida en la Tierra es análoga a la expansión del universo en el cosmos. La teoría de la evolución encuentra el orden en lo que antes solo podía definirse como un caos sin leyes imposible de interpretar. La evolución sigue siendo una de las herramientas más poderosas de los biólogos para explicar la vida y muestra que todo evolucionó de lo que podríamos llamar «óvulo biológico».

Los biólogos piensan que el motor de la diversidad de las especies producida por la evolución son las mutaciones del ADN. Mínimos cambios que producen grandes diferencias, cuya acumulación genera reptiles, aves o mamíferos. El genoma de un hombre moderno y el de un chimpancé difiere en un 0,1 por ciento. Es una diferencia mínima que, a pesar de ello, produce un cambio más que notable. Cada característica de cada organismo es el resultado de una mutación genética. Si esta se produce en células germinales, la nueva variante genética se propaga a través de la reproducción. Es fácil entender cómo una mutación que permite que un organismo se alimente, mate o se reproduzca de manera más efectiva podría hacer que el animal mutante se volviera más abundante con el tiempo. Los biólogos aceptan la teoría de las mutaciones como motor de la evolución gradual. No obstante, al comienzo de la vida, los cambios fueron demasiado bruscos, demasiado extremos e inmediatos, es decir, sin intermediarios, por lo que no parece que las mutaciones del ADN pudieran justificarlos.

Es difícil, por ejemplo, justificar que una secuencia lenta y en serie de cambios, guiada por mutaciones, pueda transformar una célula sin núcleo en otra con núcleo y, además, con organelas u orgánulos. ¿Qué cambio de un solo nucleótido podría causar ese efecto? Si esto hubiera sido así, se habrían encontrado toda una serie de células intermedias entre las procariotas y las eucariotas que mostrarían la secuencia de cambios progresivos que llevaron a la formación de una membrana interna, donde pudiera protegerse un ADN diferente del de las mitocondrias (organelas celulares que contienen ADN circular) y lineal. No existen células intermedias que hayan sobrevivido hasta nuestros días como «eslabones perdidos», organismos, por ejemplo, con un núcleo similar a un eucariota, pero sin cromosomas lineales, que indicase una adquisición paso a paso de las distintivas características eucariotas. No ha sido así: no hay ningún elemento celular intermedio; el cambio fue excepcionalmente brusco.

Si la evolución clásica no justifica los cambios de procariota a eucariota, ¿cómo se justifican entonces? Hay una respuesta alternativa a Darwin y que no tiene nada que ver con las mutaciones del ADN. Una réplica de alguna manera herética, pero que tiene mucho sentido y es consistente con las observaciones de la naturaleza. Esta tesis implica parasitismo. Es la teoría de la endosimbiosis —cooperación desde dentro—: dos organismos cooperan para dar un salto evolutivo. El núcleo es un parásito.

La endosimbiosis se propuso por primera vez hace más de un siglo para explicar los cloroplastos. Los cloroplastos son los generadores de energía de las células de las plantas. Estas organelas transforman la luz solar en azúcar mediante un proceso llamado «fotosíntesis». La fotosíntesis consiste en la activación de una «molécula verde», llamada clorofila (del griego *chloros*, «verde»; *phyllon*, «hoja») por la luz solar. Los cloroplastos son auténticas placas solares instaladas en las células. La clorofila es tan abundante en las plantas que es responsable de su color.

Además de las células de las plantas, unas bacterias llamadas «cianobacterias» tienen capacidad de fotosíntesis. Las cianobacterias son placas solares sin instalar. La teoría de la endosimbiosis propone que una célula primitiva habría internalizado a una cianobacteria para obtener energía solar. Esta teoría implica que la absorción de una célula por otra generaría una estructura simbiótica con características distintas a las de los organismos por separado. Este sería un ejemplo de cómo la endosimbiosis permitiría evolucionar a través de cambios bruscos, sin mutaciones del ADN, de un modo muy diferente al propuesto por el neodarwinismo.

La comunidad científica rechazó la idea de la endosimbiosis, que llevaba la contraria a Darwin. Después de todo, había costado mucho sentar en un pedestal a Darwin como para bajarlo de allí sin pelear, solo para explicar uno o dos fenómenos concretos. La teoría cayó en el olvido, pero se resistió a morir.

Ahora que sabemos que la internalización de un organismo en una bacteria puede conferirle atribuciones, funciones y ventajas de las que carecía antes de la aceptación del parásito, estamos psicológicamente preparados para centrarnos en otra hipótesis, que podría ser incluso más radical: el modelo viral del núcleo.

Este modelo propone que la infección de una célula sin núcleo, como una bacteria, por un virus ocasionó la formación de una célula con núcleo, capaz de formar organismos multicelulares. Esta teoría es la denominada «eucariogénesis viral» y la formuló el científico australiano Philip John Livingstone Bell.

En el año 2001, Bell publicó un artículo en *Journal of Molecular Evolution* en el que proponía por primera vez el papel protagonista de los virus en uno de los saltos más complejos de la evolución celular. Hace casi cuatro mil millones de años aparecieron las células procariotas, que incluyen las bacterias; son los primeros organismos vivos de la Tierra. Como hemos comentado, las procariotas son las células más simples, carecen de núcleo y el ADN circular flota en su interior sin que esté protegido por una membrana. En estas células, la producción de ARN y la síntesis de proteínas —dos funciones diferentes que requieren mecanismos moleculares distintos— suceden en el mismo compartimento, no hay una habitación separada para cada una de ellas.

Dos mil millones de años después, la Tierra está repleta de células eucariotas, con su membrana nuclear y su núcleo definido con el cuartel general del ADN. El citoplasma, que está al otro lado de la membrana, es la factoría de las proteínas, cuyos manuales de trabajo lleva hasta allí el ARN desde el núcleo. Estas células son similares a las que componen los organismos multicelulares complejos, entre ellos los seres humanos.

Según Bell, el núcleo eucariota evolucionó a partir de un complejo virus de ADN que una célula procariota, como una bacteria o una arquea, aceptó en una relación simbiótica. El virus que infectó la célula primitiva se estableció de modo permanente dentro de esta y participó en la generación de un núcleo al formar una mezcla de su propio genoma y del de la célula huésped, formando una célula nucleada «eucariota». Hay observaciones que apoyan esta teoría. Por ejemplo, hay rasgos muy característicos del núcleo eucariota que parecen derivados de un predecesor viral, como la presencia de cromosomas lineales —los cromosomas bacterianos son circulares— y la separación de la formación de ARN de la síntesis de proteínas.

En su nivel más simple, la teoría de la eucariogénesis viral propone que la célula eucariota desciende de un mundo procariota, del que conserva el citoplasma, y un núcleo creado por un virus. La idea de que el núcleo de una célula eucariota podría provenir de un virus que infectó una bacteria es difícil de entender a primera vista. ¿Cómo un virus compuesto de ácido nucleico y proteína podría generar un núcleo con membrana? Pero no podemos pensar que todos los virus son iguales y que tienen solamente una cápside y un ácido nucleico. Eso sería generalizar demasiado. El descubrimiento de los virus gigantes, con el embrión de una membrana nuclear, se llevó a cabo hace menos de veinte años. Los megavirus magnifican las posibles funciones de los virus y apoyan la teoría de Bell.

Es posible que los circavirus sean los virus más pequeños. Estas miniaturas tienen solo dos genes: uno para formar la cápside y otro para replicarse. Muchos asumían que ese era el ejemplo paradigmático de un virus y hasta comienzos de la década de 2000 era una teoría bastante sólida. La identificación de los virus gigantes en 2003 dio al traste con estas generalizaciones. Estos virus son extraordinariamente complejos y tan sofisticados como algunas bacterias, podría decirse.

Los virus nucleocitoplásmicos grandes de ADN incluyen entre otros a los mimivirus y los megavirus. El mimivirus fue el primero de estos virus gigantes en ser identificado y su descubrimiento ha hecho entender a los virólogos que los microscópicos dragones del edén pueden ser mucho más sofisticados de lo que se pensaba, que la evolución de los virus es posible y que tal vez participaron en la evolución de las células.

Un joven, después de tomar un baño en un lago en Estados Unidos, muere debido a una neumonía y una encefalitis; la causa de la enfermedad es una ameba. En algunos casos es una *Naegleria fowleri*, una bacteria que causa una encefalitis tan grave que el germen ha merecido el nombre de «devoradora de cerebros». En otros casos la ameba es una *Acanthamoeba polyphaga*, que produce neumonías graves. La muerte del joven bañista ocurre en la década de los setenta, se identifica la ameba en las secreciones pulmonares. Dentro de la ameba se observan pequeños gérmenes que se tiñen con una tinción para bacterias llamada Gram. Se piensa que la ameba está infectada por bacterias Gram positivas. Treinta años después, en 2003, en los lavados pulmonares de otro joven que también sufre una neumonía por ameba, el microscopio electrónico descubre que los parásitos de la ameba, tan grandes como bacterias, son, en realidad, virus. ¡Virus gigantes! El techo de cristal de la nomenclatura y taxonomía de los virus se resquebrajó. La teoría de «pocos genes y menos proteínas» salta en pedazos, destrozada en un solo golpe por el Goliat de los virus.

Debido al contexto de su descubrimiento, se ha sugerido que los mimivirus podían estar envueltos en la evolución de la enfermedad producida por las amebas infectadas. Algunos datos apuntan en esa dirección. Los pacientes con neumonía por ameba tienen anticuerpos contra mimivirus, lo que demuestra que hay una interacción del virus con la persona infectada. Los mimivirus han podido aislarse de los lavados de los alveolos pulmonares de pacientes con neumonía y de las heces, o sea, que no son partículas inertes, sino que se multiplican durante la infección, aunque podrían hacerlo dentro de las amebas, porque estos gigantes no infectan células humanas. Y existen pacientes con neumonías causadas por amebas que no están infectadas por mimivirus.

¿Cuál es la función de los mimivirus en las amebas? ¿Son estas más virulentas o menos cuando están infectadas por mimivirus? ¿Se trata solo de una infección destructora y no de una simbiosis? Hoy por hoy, seguimos buscando respuestas para esas preguntas.

La definición de virus implica que son elementos infecciosos filtrables, eso quiere decir que su tamaño les permite atravesar filtros especiales de porcelana con unos poros que no permiten el paso de las bacterias. Este método, que ayudó al descubrimiento de los virus, impidió que se descubrieran los virus gigantes porque, debido a su enorme tamaño, no son filtrables. El gran tamaño de estos virus —quinientos nanómetros de diámetro *versus* treinta nanómetros de los poliovirus— es el resultado de la complejidad de su genoma y estructura.

Los mimivirus son genéticamente mucho más complejos que los virus «normales» y tienen capacidades atribuidas a los organismos celulares. Por ejemplo, los mimivirus expresan más de mil genes y las funciones de sus proteínas están involucradas en traducción, transcripción y procesamiento del ADN y el ARN. Para realizar estas funciones, el resto de los virus necesita enzimas celulares, pero no los mimivirus, que pueden utilizar sus propias enzimas.

Los mimivirus tienen un origen discutido y una evolución turbulenta, como mínimo. Algunos autores defienden que provienen de virus más pequeños y otros científicos proponen que parten de células eucariotas. El hecho es que, sea cual sea el origen y la evolución, los mimivirus tienen características comunes con las bacterias, sobre todo con las rickettsias. Esas características comunes originaron el nombre de mimivirus, o virus «imitador de microbios». Los mimivirus y las rickettsias tienen aproximadamente el mismo número de genes codificadores de proteínas, poseen una membrana, son parásitos obligados y los dos son capaces de multiplicarse en las amebas. ¿Son demasiadas coincidencias?

El análisis filogenético de los genes de mimivirus y rickettsias demostró algo muy interesante: sus antepasados existían antes de que apareciesen las células multinucleadas, eucariotas. Si aceptamos que tuvo que haber un precursor protobacteriano de la rickettsia que por endosimbiosis podría haber evolucionado hacia la creación de las eucariotas, no se puede desechar la idea de que, por analogía, el antepasado de un mimivirus, organismo igualmente complejo, pudiese estar relacionado con el origen de las eucariotas y por el mismo mecanismo de endosimbiosis.

La eucariogénesis viral propone que el ADN lineal vírico incrementó su complejidad hasta acabar siendo el ADN del núcleo, mientras que el ADN de una rickettsia acabaría siendo el ADN circular mitocondrial. Como resultado de estos procesos, las eucariotas terminaron con dos genomas que se replican independientemente, el genoma mitocondrial de la rickettsia, muy reducido, y el genoma viral-nuclear del mimivirus, muy expandido.

En 1781, William Herschel descubrió el último planeta gigante: Urano. Robert von Beringe descubrió en 1903 los gorilas de montaña,[2] animales de un tamaño enorme que hasta entonces se consideraban fantasías de los nativos, mitos tribales. El descubrimiento en el siglo XXI de la existencia de virus gigantes, como el mimivirus, que po-

2. Estos pacíficos megasimios son piezas importantes en el ecosistema de los bosques tropicales. El estudio que de ellos hizo Diane Fossey, uno de los tres «ángeles» de Leakey, iluminó también el campo de la evolución de los primates y el del hombre. La asesinaron en Ruanda en 1985. Las otras dos «trimates» son Jane Goodall —86 años de edad—, que estudió los chimpancés y es una defensora del medio ambiente, y Biruté Galdikas —74 años de edad—, que se centró en los orangutanes y ejerce como abogada en la lucha a favor de la conservación de la jungla tropical.

dría haber sido otro mito en el reino animal, sugiere que aún queda mucho por aprender sobre los virus, que no conocemos ni siquiera al nivel más fundamental.

Además de los virus, las bacterias también contribuyeron a la formación de las células eucariotas. Esto requirió la interacción de varios organismos. Una científica valiente con una enorme capacidad de síntesis defendió esta teoría: Lynn Margulis.

Lynn Margulis fue la primera mujer del astrofísico Carl Sagan, autor de *Cosmos*, y desarrolló su carrera como bióloga especializada en la evolución. Una científica con una visión propia de la biología no tenía miedo a llevar la contraria a quienes defendían teorías tan demostradas como la evolución. Probablemente sus dos contribuciones científicas más importantes son la teoría que explica el origen de las mitocondrias y la hipótesis de Gaia, elaborada con James Lovelock.

Según Margulis, las mitocondrias, unas organelas de las células nucleadas de los animales que son el equivalente de los cloroplastos en las células de las plantas, descienden de protobacterias que hace mucho tiempo entraron en una relación simbiótica con las células eucariotas. Es decir, las mitocondrias fueron bacterias que aceptaron vivir dentro de otras células. Como hemos mencionado, esta teoría se formuló años atrás para explicar el origen de los cloroplastos. Podríamos decir que las mitocondrias cumplen en las células animales funciones similares a las que llevan a cabo los cloroplastos en las plantas. Las dos organelas producen energía química, los cloroplastos utilizando la luz y las mitocondrias digiriendo el azúcar.

La teoría postula que las mitocondrias evolucionaron a partir de bacterias, probablemente relacionadas con rickettsias, y el cloroplasto evolucionó a partir de la internalización de otras bacterias, cianobacterias. Esta hipótesis la han confirmado los estudios de genética y microestructura que demuestran la similitud de las mitocondrias y los cloroplastos con las bacterias.

La idea de que la célula eucariota es una colonia de microorganismos la sugirió por primera vez en la década de 1920 el biólogo estadounidense Ivan Wallin. Años después, fueron los trabajos científicos de Lynn Margulis los que consiguieron crear un marco de razonamiento y evidencia muy convincente, y en el momento actual la endosimbiosis se explica en los libros de texto.

En 1981, Margulis publicó *Simbiosis en la evolución celular*, donde propuso que la célula nucleada está formada por organismos externos devorados por una bacteria y aceptados como parásitos. La bacteria y los parásitos habrían desarrollado una interacción mutuamente beneficiosa o «simbiosis». Con el tiempo, la relación del organismo con sus parásitos acabó siendo una simbiosis forzosa. A partir de entonces, ni los parásitos ni la célula que los acoge podrían sobrevivir el uno sin el otro.

Margulis fue más allá de los cloroplastos y las mitocondrias, y sugirió el origen por endosimbiosis de otras organelas celulares. Para ella, las espiroquetas flageladas aportaron sus flagelos y cilios cuando otras células las asimilaron. Este mismo proceso habría dado lugar a los peroxisomas. Pero a diferencia de las mitocondrias, los cilios y los peroxisomas carecen de ADN propio y no muestran similitudes ultraestructurales con las bacterias. La falta de ADN podría explicarse porque el genoma inicial de las espiroquetas podría haberse transferido al ADN de la célula receptora. La falta de pruebas podría estar justificada, pero sin pruebas no hay conclusiones válidas.

El problema que tienen los darwinistas puros con la endosimbiosis es que este proceso sería una manera particular de evolucionar, que podría tener tanta fuerza como la evolución generada por las mutaciones del ADN y la posterior adaptación al medio ambiente o más. Pero el concepto de simbiosis tiene otras implicaciones. Según Margulis, la vida no triunfó en el mundo luchando —no hay supervivencia del más fuerte—, sino a través de la cooperación, la interacción y la dependencia mutua entre organismos vivos. «No hay competencia, hay cooperación», grita Margulis a los evolucionistas. La competición, enfatizada por Darwin como un proceso impulsor de la evolución, sería una visión incompleta del proceso evolutivo.

En su libro *El juego de lo posible*, el biólogo francés François Jacob comenta que los organismos vivos son estructuras históricas: creaciones de la historia, literalmente. No representan un producto de ingeniería perfecta, sino una mezcolanza de conjuntos dispares unidos cuando y donde surge la oportunidad.

Este razonamiento apoya las ideas de Bell y Margulis. Y Jacob «insiste» en darles argumentos: «Ya sean inanimados o vivos, los entes encontrados en la Tierra son siempre organizaciones o sistemas. En su nivel, cada sistema usa como ingredientes algunos sistemas de niveles más simples».

Como piensan Margulis y Bell, además de la evolución a pequeños pasos, a veces se unen conjuntos dispares, como una bacteria y un virus, y forman un nuevo organismo biológico. O en palabras de Jacob: «La evolución no produce innovación desde cero. Trabaja con lo que ya existe, ya sea transformando un sistema para darle una nueva función o combinando varios sistemas para producir uno más complejo».

En ocasiones, la formación de sistemas más complejos es una ventaja evolutiva y, a veces, supone un salto tremendo hacia la formación de organismos más sofisticados. Pero los sistemas simples son necesarios para construir los siguientes. No hay evolución sin virus.

Margulis daba una gran importancia al papel de los microorganismos en la configuración de la Tierra como un planeta lleno de vida. Por ejemplo, las células eucariotas dependen en general de un flujo positivo de oxígeno, así que probablemente necesitaron que las cianobacterias proliferaran y produjeran suficiente oxígeno. En favor de esta teoría hay —si me permitís un retruécano fácil—, pruebas sólidas como rocas: los estromatolitos —definidos por el geólogo alemán Ernst Kalkowsky en una publicación científica en 1908— son rocas creadas por cianobacterias; algunos de ellos tienen más de tres mil millones de años de antigüedad.

Los estromatolitos —*estroma*, en griego, «lámina» y *litos*, «piedra»; estromatolitos: «piedras laminadas»— son fósiles peculiares. No son los restos esqueléticos de un organismo en particular, como los trilobites o las amonitas; son estructuras rocosas formadas por biosedimentos calcáreos resultantes de la captura de sedimentos sumada a las secreciones de las cianobacterias. Por lo tanto, son una fotografía de las bacterias primitivas en acción, que modifican la superficie de la Tierra. Para Margulis, los estromatolitos representaban la interfaz entre la biología y la geología, e involucraban a las bacterias en la arquitectura material del planeta. Los estromatolitos serían una simbiosis asimétrica entre piedras y rocas, la muestra de un consorcio entre materia y vida.

Estas fabulosas construcciones no pertenecen solo al más remoto pasado, algunas aún están en marcha, como los producidos por algas de agua salada en Shark Bay, en el oeste de Australia; en la Pampa del Tamarugal, en Chile; en Lagoa Salgada, en Brasil, o en los cayos de Exuma, en las Bahamas. Margulis pensaba que los estromatolitos eran una prueba evidente de cómo las bacterias influían y aún estarían influyendo positivamente en las condiciones necesarias para el mantenimiento de la vida en la Tierra. Porque todos los seres vivos contribuyen a la vida.

Entre los grandes misterios de hoy en día, como la naturaleza del tiempo, de la conciencia y el pensamiento o el origen del universo, se encuentra el concepto fundamental de vida. Una cosa es cierta: la simbiosis define a los organismos vivos, incluyéndonos a nosotros. El parasitismo de nuestro cuerpo por virus y bacterias existe a muchos niveles: desde el largo y espacioso túnel del intestino y el extenso mapa de nuestra epidermis hasta el invisible paisaje de las células y las moléculas. Estamos hechos de otros, somos como las rocas del mar, que, batidas por las olas del tiempo, están repletas de vidas propias y ajenas al mismo tiempo.

Nuestro arrogante ácido nucleico de seres intelectualmente superiores, que se resiste a aceptar que seguimos siendo simios desnudos, contiene paradójicamente más ADN de parásitos que de humanos. Si la genética define la vida, algún día tendremos que aceptar que al nivel más elemental y profundo estamos construidos por parásitos. Si los estromatolitos son más microbios que rocas, nosotros somos más microbios que humanos.

Los virus son parásitos estrictos. En muchas ocasiones, la infección de una célula por un virus lleva a su completa destrucción una vez agotada su energía, exhausta su maquinaria por una psicosis maníaca enfocada en multiplicar al parásito. En otras ocasiones, los virus son útiles para la célula o el organismo al que infectan. No es infrecuente que los parásitos colaboren entre sí para sobrevivir y multiplicarse conjuntamente en un proceso llamado «coevolución». Un organismo adopta un virus y adquiere una nueva función, se hace más fuerte, tiene ventajas frente a sus competidores no infectados. A veces, solo se puede celebrar el banquete si el virus se queda a cenar.

Un tipo de avispa parásita pone sus huevos en milpiés, donde madurarán hasta convertirse en individuos adultos. Si bien la mecánica de la inyección de los huevos e incluso la capacidad de la avispa para paralizar a su víctima están bien desarrolladas y no le ofrecen mayor dificultad, el milpiés tiene un arma secreta para defenderse del invasor. Un escudo frente a la avispa: el sistema inmune del milpiés destruiría los huevos de la avispa cortando así su ciclo reproductivo.

Estas avispas han coevolucionado durante cien millones de años con un virus. Un virus, incorporado en su genoma en forma de provirus, que se multiplica únicamente en el ovario del insecto y que, una vez que abandona su alcoba en el ADN, se inyecta junto a los huevos en las entrañas del milpiés. Este polidnavirus no se replica en el milpiés; su única función es evitar que el sistema inmune del animal parasitado rechace los huevos de la avispa. El virus, junto al crecimiento de las larvas de la avispa, acaba causando la muerte de un animal al que capturó un equipo de dos parásitos que trabajaban juntos. Antes de morir, el interior del milpiés servirá de fuente de alimentación para las larvas parásitas, que devorarán el milpiés de dentro afuera para abrirse una salida. Observar los horrores de la naturaleza no es profesión para corazones débiles. El trabajo vital de protección de los huevos hecho por el virus se compensa permitiéndole vivir en el genoma de la avispa.

La avispa no es el único organismo vivo cuyo negocio se beneficia de la cooperación con un virus. Desde hace tiempo se sabe que los parásitos no se escapan a ser parasitados. Se sabía que los virus infectaban parásitos, pero no se les había asociado ninguna enfermedad concreta y no se les dio una importancia mayor: eran «curiosidades evolutivas». Poco a poco, la investigación de virus de ARN en parásitos documentó las importantes funciones biológicas, manifiestas durante la evolución con el huésped. Estas asociaciones resultan en la disminución o el aumento de la virulencia del organismo parasitado.

Un virus llamado *Cryphonectria hypovirus 1* es un buen ejemplo de esta simbiosis. El virus limita seriamente la capacidad de ciertos hongos (*Cryphonectria*) para causar enfermedades en los árboles. Por este efecto, estos virus se han utilizado como un elemento de control biológico de la infección por hongos en los bosques de Europa. No siempre el virus doma y reduce a su huésped: varios virus de la familia *totiviridae*, por ejemplo, se han implicado en el aumento de la virulencia de los protozoos que parasitan animales vertebrados.

La leishmaniasis es una enfermedad causada por un parásito, un protozoo flagelado unicelular llamado «leishmania», que se transmite por la picadura de un mosquito. La leishmaniasis tiene una distribución geográfica amplia y predomina en grandes regiones de Asia, África y Sudamérica. La enfermedad tiene dos formas de presentación, una cutánea, que solo afecta a la piel, y otra visceral o Kala Azar («fiebre negra» en hindi), que infiltra múltiples órganos y que es mortal si no se trata. Hay fósiles conservados en ámbar que indican que ya había leishmanias hace cien millones de años, durante el período Mesozoico, en la región del Paleártico. Las leishmanias han infectado al hombre desde hace más de tres mil años. Los antiguos sabían de la enfermedad. Hay archivos médicos de leishmaniasis en la biblioteca del rey asirio Asurbanipal, setecientos años antes de Cristo. En la Edad Media, Avicena, médico y filósofo persa, era el experto mundial en leishmaniasis. En su *Canon de Medicina*, una enciclopedia médica de catorce volúmenes escrita en el siglo XI, Avicena describió la forma cutánea y recetas herbales para paliar los síntomas. Más de un millón de personas están enfermas de leishmaniasis en el mundo.

La leishmania fue un parásito de los insectos que evolucionó para convertirse en un parásito de animales vertebrados y, con el tiempo, de los humanos. Ahora sabemos que esta evolución fue probablemente mediada por un virus de ARN de la familia de los bunyavirus, que infectan a los artrópodos y transmiten los mosquitos.

En 2018 se descubrió que la infección de la leishmania por un virus aumenta la gravedad de la enfermedad debido a una mayor tendencia a extenderse a varios órganos. Es posible que el virus desvíe la inmunidad —como en el caso del virus de la avispa parasitoide— del huésped al presentarse como un señuelo para la respuesta inmune del animal parasitado. Este dato tiene valor práctico: estos pacientes podrían necesitar dosis del tratamiento más altas y durante más tiempo.

El virus podría proporcionar otras ventajas mucho más relevantes para los protozoos. La infección ha permitido un salto evolutivo en la leishmania al adquirir la capacidad de parasitar animales vertebrados, incluidos los seres humanos. Las leishmanias primitivas, no infectadas por virus, no infectaban a animales vertebrados. El virus proporcionó el avance evolutivo necesario para ello.

Los virus pueden encontrarse en todos los ambientes de la Tierra, pero su importancia es, quizá, más evidente en los océanos, donde son, con mucho, los patógenos más abundantes. En ese ecosistema, los virus constituyen el reservorio de la mayor parte de la diversidad genética. Hay diez veces más virus que bacterias en el mar. Como mencionamos en el capítulo 1, cada segundo ocurren 10^{23} (un uno seguido de veintitrés ceros) infecciones virales; muchas de ellas se dan en bacterias y eliminan el veinte por ciento de la biomasa microbiana oceánica diariamente. Mediante la eliminación masiva de bacterias, los virus estructuran las comunidades microbianas de los océanos y como resultado regulan los ciclos biogeoquímicos de nutrientes y energía iniciados y mantenidos por las bacterias. Pero los virus marinos no distinguen de tamaños y también infectan organismos multicelulares.

Las infecciones por virus afectan a la mayoría de los animales marinos y conllevan una mortalidad significativa. Un virus parecido al que causa el sarampión mató decenas de miles de focas portuarias europeas en el norte del océano Atlántico en el año 2002. En 2003, un virus mató tantas estrellas de mar en la costa del Pacífico que se piensa que constituye la mayor epidemia de animales marinos registrada en la historia. En 2010, una ballena varada en la isla hawaiana de Maui sufría una enfermedad mortal producida por un virus muy virulento, que mata delfines y otros mamíferos marinos. Muchos peces se infectan con un virus similar al de la rabia. Los virus marinos son asesinos en serie mucho más inquietantes y eficaces que los tiburones.

Las infecciones por virus, como las actividades de los tiburones, modulan la composición de los ecosistemas marinos, pero en el caso de los virus hay fenómenos añadidos, de relevancia teleológica: los virus tienen la propiedad exclusiva de introducir información genética nueva al infectar un organismo; muchos de esos genes se los arrancaron al anfitrión anterior. Este mecanismo de robar y donar ADN impulsa la evolución de huésped y virus.

En 2020 se publicó, en *Nature Microbiology*, el descubrimiento de profagos en la bacteria más abundante del océano y probablemente del planeta. Los *pro-fagos* son *pro-virus* que viven de forma latente —«dormidos»— dentro de las bacterias infectadas. Estos virus se despiertan cuando los sensores de las bacterias detectan que las condiciones marinas no facilitan el crecimiento bacteriano; entonces, los provirus se transforman en virus activos, se multiplican y matan a la bacteria. Cuando la bacteria muere, el virus se lleva consigo material genético bacteriano que introducirá en la siguiente célula que infecte.

Pero abandonemos el mar para regresar al simio desnudo. Nuestro cuerpo es una jungla repleta de micromonstruos diversos, incluidos ácaros y bacterias. Las técnicas de secuenciación de ADN más avanzadas han permitido por primera vez la identificación en serie de los virus que nos habitan. Estos procedimientos se aplican desde hace pocos años y han identificado que coexistimos con un enjambre de virus al que llamamos «viroma». El viroma humano es la colección de todos los virus que nos habitan. Su historia no supera la década.

Un hormiguero de virus camina con nosotros cada día. También lo hacen treinta y ocho trillones de bacterias, pero los virus son más abundantes. Diez veces más. El viroma humano podría incluir unos trescientos ochenta trillones de virus. Miles de millones de virus colonizan el intestino, la piel, los recodos de nuestra anatomía y cada nicho ecológico de nuestro cuerpo. En una persona hay más virus que seres humanos han pisado la superficie de la Tierra.

Tenemos una visión muy fragmentada de cómo los virus interactúan entre sí y la forma en que se relacionan con los otros microbios. No tenemos datos para describir con precisión el viroma ni para conocer su significancia, pero intuimos, basándonos en las observaciones hechas sobre las bacterias, que los cambios en el viroma tienen consecuencias significativas para la salud.

El viroma humano incluye los virus que infectan nuestras células y nuestras bacterias. Los virus eucariotas claramente tienen efectos importantes en la salud humana, que van desde infecciones crónicas o agudas leves y autolimitadas hasta aquellas con consecuencias graves o fatales, como las fiebres hemorrágicas o el cáncer. Los virus procariotas también pueden influir en la salud humana al afectar a la estructura y función de la comunidad bacteriana.

El intestino es séptico. Es esa fábrica de bacterias y virus donde los patógenos proliferan, se multiplican y se autorregulan, que constituye un sistema dinámico que cambia con la dieta y los antibióticos. Los métodos de secuenciación avanzados han demostrado que las heces humanas contienen diez mil millones de virus por gramo. No hay duda de que los virus son un componente importante de las comunidades microbianas intestinales humanas. Los más frecuentes en las heces son los bacteriófagos, virus que infectan y destruyen bacterias.

Muy pocos de los virus que parasitan nuestro sistema gastrointestinal están catalogados. Es un universo por descubrir. El análisis de las bacterias revela sus intentos de defensa usando sistemas de protección CRISPR —que cortan como lo haría una tijera el ADN del virus— activados contra el ácido nucleico de los fagos. Sabemos también que el viroma de un individuo permanece estable con el paso del tiempo, pero que, a diferencia de las bacterias intestinales, cuyas poblaciones pueden compararse entre individuos, nuestros virus son personales, diferentes en cada muestra examinada. No existe un solo viroma con pequeñas variaciones, existen muchos tipos diferentes de viroma.

No hay que profundizar para darse cuenta de que otro órgano con abundantes virus es la piel. Los virus residentes en la piel son parásitos benignos. En condiciones normales ayudan a prevenir infecciones dañinas, mantienen la inmunidad cutánea adecuada y favorecen la cicatrización de heridas, pero en ciertas circunstancias esos mismos virus pueden ser nuestros peores enemigos. El parásito viral mejor estudiado de la piel es el virus del papiloma humano, que causa verrugas comunes y tumores.

Normalmente, la piel está contaminada por un gran número de virus de las cepas benignas de papilomavirus, que desempeñan un papel muy importante para mantener las cepas cancerígenas alejadas mediante la ocupación del espacio y el disparo de la respuesta inmune sobre antígenos comunes con sus peligrosos compañeros. Como ocurre en el intestino, algunos experimentos de secuenciación masiva han detectado una enorme cantidad de otros virus de los que no teníamos conocimiento. Más del noventa por ciento de los virus de la piel son «materia oscura viral»: material genético sin clasificación taxonómica, secuencias de ADN o ARN, cuyo significado funcional desconocemos por completo. El viroma cutáneo es un territorio que permanece inexplorado.

Como en el intestino, en la piel abundan los fagos, que matan a las bacterias o coexisten con ellas, y podrían ser los más comunes en nuestra superficie cutánea. Los bacteriófagos tienen poderes inquietantes: pueden volver las bacterias resistentes a los antibióticos y también tienen la capacidad de aumentar su virulencia. El viroma de la piel no es homogéneo y varía considerablemente según el sitio del cuerpo. Sometido a mucho estrés, tiene una existencia y una composición dinámica, y sus características se modifican en respuesta a las rutinas del día, como las horas de exposición al sol.

Fuera de los dos mayores reservorios, intestino y piel, se han encontrado virus en todos los rincones internos de nuestro cuerpo: en los pulmones, en la orina y en la sangre. Y si hay virus en la sangre, eso quiere decir que probablemente los hay en todos los órganos del cuerpo. Tenemos virus en los tejidos sanos y tenemos virus que parasitan los tumores, como el citomegalovirus, que vive dentro de los tumores malignos del cerebro.

El tremendo auge de la microbiota intestinal en los últimos años está plenamente justificado. La importancia de las bacterias intestinales es fácil de entender cuando se acepta que producen sustancias que pueden tener efecto en muchos órganos del cuerpo. Las bacterias que parasitan el sistema gastrointestinal regulan la digestión de lo que comemos y también están en conexión directa con nuestras funciones intelectuales.

A pesar de que el cerebro es un órgano aislado, protegido del resto del cuerpo por la barrera hematoencefálica, las bacterias del intestino tendrían una relación cercana con el sistema nervioso entérico que, con más de quinientos millones de neuronas, ha conseguido alzarse con el pomposo nombre de «el segundo cerebro». Además, aunque las bacterias instaladas en el intestino no pueden cruzar la barrera hematoencefálica en condiciones normales, consiguen activar las neuronas del cerebro a través de la producción de sustancias químicas —neuropéptidos— que afectan directamente a su funcionamiento, tanto de las neuronas del vecino sistema entérico como las lejanas del sistema nervioso central. Una las sustancias producidas por las bacterias intestinales es la serotonina. Esta tiene un efecto local y regula, a través de las neuronas intestinales, el peristaltismo o movimiento de los intestinos, y además interviene en el control de las emociones, los estados de ánimo y la regulación del sueño. En el aspecto patológico, los niveles bajos de serotonina se relacionan con la depresión. La depresión parece una enfermedad tan humana que resulta difícil aceptar que el ochenta por ciento de la serotonina que usan las neuronas sea de producción bacteriana, intestinal.

Si el viroma controla las bacterias intestinales, podría tener también relevancia en las funciones fisiológicas y en la prevención de enfermedades. Quizá la regulación de las poblaciones de bacterias por los fagos selecciona positivamente la población de bacterias que produce serotonina o, al contrario, podría producir descensos en la serotonina creando condiciones favorecedoras de enfermedades mentales. Composiciones diferentes de bacterias y virus se han relacionado con el curso de otras enfermedades mentales, como la esquizofrenia. Sin embargo, no se conoce exactamente la significancia de estas observaciones.

En el presente, el estudio del viroma se encuentra en estado embrionario. Nadie sabe por qué tenemos tantos virus, cuáles son sus funciones y cómo podríamos utilizarlos en nuestro propio beneficio. Los científicos están aún bajo el *shock* numérico, algo parecido a lo que les sucedió a los astrónomos cuando en 1924 Edwin Hubble descubrió que la Vía Láctea no era «la galaxia», sino una más, y que había miles de millones de galaxias. De momento están cautivos del número. Los árboles no les dejan ver el bosque.

Si el poder está en la magnitud de los números, el viroma ha de ser una herramienta poderosa si conseguimos aprender a manejarla. Poco a poco, iremos conociendo la naturaleza y el significado de cada árbol, y tal vez podamos diseñar estrategias para cortar las malas hierbas y fomentar el crecimiento de virus que nos mantengan física y psíquicamente saludables. Sería bueno poder domesticar estos reyes del micromundo, estos nanoprodigios que deambulan con nosotros.

La simbiosis bien entendida comenzó con el último antepasado común y se ha extendido a todo el planeta. Junto con la de la endosimbiosis, Lynn Margulis fue una defensora de la teoría de Gaia. Ahí encontró la base para elevar sus descubrimientos bacterianos a la globalidad del planeta. Al fin y al cabo, la Tierra es simplemente el organismo mayor dentro del cual todos los demás somos parásitos.

La hipótesis de Gaia sugiere que la biota —la suma de toda la vida en la Tierra— funciona como un solo ser vivo. No es una buena metáfora, es una teoría que ofrece predicciones. Por ejemplo, nuestro planeta es un organismo vivo porque tiene la capacidad de autorregularse. Gaia sirve para estudiar cómo funciona la Tierra a nivel físico y biológico, más allá de la suma de las vidas y la materia que la componen.

La teoría de Gaia la propuso James Lovelock. El nombre se lo planteó un buen amigo suyo, William Golding, autor de *El señor de las moscas* y premio nobel de Literatura en el año 1983. Cuando Lovelock le contó la teoría, Golding pensó que necesitaba un nombre que hiciese mérito a su grandeza. Gaia es el alma y la personificación de la Tierra en la mitología griega. Es pegadizo, como un eslogan de buen marketing. Pero Lovelock no sabe si ese título disminuyó la percepción de sobriedad de la teoría científica.

Lovelock debe su fama como científico al invento del detector de captura de electrones, que permitió detectar la presencia de ciertos contaminantes en la atmósfera. Este detector se convirtió en una de las máquinas más sensibles, fáciles de transportar y capaces de hallar sustancias presentes en la atmósfera a concentraciones tan bajas como partículas por billón. Fue el primer dispositivo sensible a la composición de la polución que permitía cuantificar la contaminación atmosférica.

Los datos sobre la presencia de clorofluorocarbonos en la atmósfera demostrados con el detector de Lovelock inspiraron la formulación de Sherwood Rowland y Mario Molina de una teoría sobre el agujero de ozono —los clorofluorocarbonos en la atmósfera destruyen la capa de ozono—, que recibió el Premio Nobel de Química en 1995. Los resultados obtenidos con el detector también fueron cruciales para el nacimiento de las ciencias ambientales y la política ecológica. El trabajo de Lovelock a finales de la década de los cincuenta inspiró a Rachel Carson para escribir *Primavera silenciosa*, publicado en 1962 y considerado precursor del movimiento ecologista político.

Lovelock desarrolló la hipótesis de Gaia mientras diseñaba instrumentos científicos para la NASA. Según esta, la Tierra es poco menos que un organismo vivo, un ser que controla la atmósfera y la biosfera. Para Lovelock y Margulis, la atmósfera terrestre es una prueba incontestable de que la Tierra está viva. Los marcadores atmosféricos de vida muestran un desequilibrio en las concentraciones de los gases atmosféricos principales. De hecho, según explicó Margulis en sus conferencias para la NASA, esos estudios ayudarían a identificar otros planetas «vivos».

La teoría de Gaia propone, entre otras cosas, que las nubes sobre el mar las producen las algas microscópicas que viven en la superficie del agua. Esas nubes actúan como un escudo frente a los rayos del sol y sin ellas, la Tierra podría tener temperaturas hasta diez grados más altas. Otro ejemplo es la regulación a la baja de los niveles de dióxido de carbono en la atmósfera, que serían mucho más altos si no existiesen los microorganismos que se ocupan de extraerlo del aire. El oxígeno en la atmósfera es también demasiado alto para estar justificado por las reacciones químicas; la única explicación de su exceso es la constante producción por organismos vivos en la superficie terrestre. Otros temas relacionados con la hipótesis incluyen cómo la biosfera y la evolución de los organismos también afectan a la salinidad del agua de mar, el mantenimiento de la hidrosfera y otras variables ambientales que facilitan la habitabilidad del planeta.

La hipótesis de Gaia se criticó inicialmente por ser teleológica y por ir contra los principios de la selección natural. Margulis y Lovelock sugieren que la teoría de la evolución biológica darwiniana es incompleta. Para Darwin, la Tierra era, esencialmente, un escenario inerte, que no influía en la vida, cuyos cambios de ambiente obligaban a las especies maleables y flexibles a adaptarse. Margulis y Lovelock propusieron que la evolución no se da sobre una Tierra muerta, sino en el contexto de un organismo global vivo compuesto por la biosfera y la materia —y hay materia constituida por seres vivos, como los arrecifes de coral; acantilados de piedra caliza, deltas, pantanos y pilas de guano de murciélago, además de los ya comentados estromatolitos—.

La vida se adapta al cambio ambiental, se moldea a través de la selección natural, como propuso Darwin, aceptan Margulis y Lovelock, pero coevoluciona con el medio ambiente. El aire que todos los animales respiran ha sido, por ejemplo, oxigenado por Gaia. La vida y la

Tierra se han formado mutuamente durante su coevolución.

El tiempo ha atemperado las críticas a Gaia no por cansancio, sino por refinamientos posteriores de la teoría y, en gran parte, por el tremendo incremento en la diversidad de las ciencias que estudian el medio ambiente. El estudio de los factores que afectan al clima alineó parte de la teoría con ideas examinadas en nuevas disciplinas científicas como la ecología, la ciencia de la Tierra y la biogeoquímica.

Margulis dedica el octavo y último capítulo de su libro, *El planeta simbiótico*, publicado en 1998, a la teoría de Lovelock. Allí define a Gaia: una serie de ecosistemas que interactúan y que componen un único ecosistema global en la superficie de la Tierra. Y punto. Para Margulis, como no podía ser de otro modo, Gaia es solo una gran simbiosis vista desde el espacio. Un concepto que conecta directamente su teoría de la simbiosis con la teoría de Gaia.

¿Cuál es el actual papel del hombre, ese parásito de Gaia? Debería ser su sistema nervioso, su cerebro. La humanidad en su conjunto con su inteligencia genética y extragenética debería ser el encéfalo de Gaia. Lovelock no está de acuerdo. Para él, la humanidad no es más que una infección que afecta al planeta: somos demasiados y actuamos sin control. Como ocurre con los parásitos de nuestro cuerpo, si atentamos contra la simbiosis del planeta, este acabará activando su sistema inmune contra nosotros. No somos más que virus, *Homo virus*, y la causa de una enfermedad llamada poliantroponemia. Corremos el riesgo de perecer a manos de una desinfección global. Quizá los virus que vigilan los habitantes del mar y las bacterias de nuestro intestino acaben regulando nuestro número. Hemos llegado hace poco al banquete de Gaia, no nos han invitado y no está claro que nos dejen quedarnos a cenar.

Lynn Margulis falleció de una hemorragia cerebral en 2011. Durante su vida en defensa de teorías tan innovadoras como la endosimbiosis y Gaia, exasperó, inspiró, frustró y alentó a muchos biólogos. Su carrera está llena de ejemplos de lo que se ha dado en llamar «ciencia disruptiva», que rompe con lo anterior y es altamente innovadora, un surtidor de nuevas ideas, un «agujero de gusano» en la «matrix» de la ciencia convencional. El sociobiólogo E. O. Wilson la honró como la pensadora sintética con más éxitos de la biología moderna. Y *Science* la etiquetó de bióloga rebelde. En Oxford debatió con Richard Dawkins, acostumbrado a los debates públicos, y otros científicos neodarwinistas para defender sus teorías antidarwinianas. Los defensores de las corrientes predominantes del pensamiento nunca la amilanaron. Margulis comenzó así una de sus conferencias:

—¿Hay aquí algún biólogo real? Ya sabéis, biólogos moleculares. —Algunos en la audiencia levantaron la mano.

—Genial —dijo riendo—, esto no os va a gustar nada de nada.

4

Origen cósmico

No estamos solos. Es la terrorífica revelación de muchas novelas de ciencia ficción, ocurre en la película reciente *The Vast of Night*, de Andrew Patterson, y también en la clásica novela *La guerra de los mundos*, de
H. G. Wells. Algunas observaciones del planeta Marte
con telescopios poco potentes fomentaron muchas teorías sobre los hombrecillos verdes que lo habitaban debido a que daban la falsa impresión de la existencia de
canales artificiales, que sugerían la presencia de una civilización en el planeta rojo. La llegada de la nave *Mariner*
4 a la cercanía de Marte demostró que no había tales ca-

nales. Los hombrecillos verdes, de todos modos, volverían al ataque.

En noviembre de 1967, Jocelyn Bell, una estudiante de doctorado en la Universidad de Cambridge, en Inglaterra, exploraba el universo usando un radiotelescopio cuando detectó un objeto que parecía parpadear exactamente cada 1,3 segundos en un patrón que se repetía día tras día. Un comportamiento preciso y determinado que no cuadraba con el resto de sus observaciones, las cuales eran normalmente erráticas y en frecuencias muy diversas. ¿Cuál podía ser el origen de la señal? Bell y Anthony Hewish, director del proyecto, se atrevieron a pensar que la señal podían estar emitiéndola seres inteligentes.

¿Una civilización extraterrestre estaba intentando comunicarse con otros seres inteligentes que tuviesen una tecnología capaz de diseccionar la señal del fondo anárquico de ruidos producidos por los astros y sus interacciones? Pocos descubrimientos podrían ser más extraordinarios y más relevantes para la especie humana que detectar vida en otros mundos. Podemos entender, sin duda, el grado de ilusión, esperanza y nerviosismo que debieron de causar aquellas señales y la primera intención de aceptar su origen inteligente. Jocelyn etiquetó la señal «LGM1», Little Green Men 1 u Hombrecillos Verdes 1.

Sin embargo, las señales no provenían de ninguna civilización; se debían a un fenómeno que no era conocido. Fue la primera detección de un púlsar: el producto del colapso de un sol, las cenizas de una supernova, un objeto cósmico relacionado con las estrellas de neutrones, que al girar emite una señal parecida a la luz de un faro. Esa propiedad de emitir «pulsos» regulares de ondas sugirió su nombre. Desde su descubrimiento, los púlsares han sido útiles para entender el ciclo de vida de las estrellas y la teoría de la gravedad de Albert Einstein. Y pueden tener una aplicación más práctica: una nave espacial podría orientarse en el espacio calculando su posición con respecto a varios púlsares, como si fueran un «GPS» para viajes interestelares.

Teorizar acerca de que existe vida en otros rincones del universo parece menos descabellado que pensar que no hay vida en algunos de los sistemas de los billones y billones de estrellas. El día antes de morir en la hoguera en el año 1600, Giordano Bruno, un dominico italiano y cosmólogo teórico, manifestó ante la Inquisición que no necesitaba ni deseaba retractarse de sus ideas. El pecado de Bruno fue que su pensamiento excediera los cánones y, entre una multitud de teorías, haber defendido la existencia de otros planetas habitados:

> En el espacio hay innumerables constelaciones, soles y planetas; solo vemos los soles porque dan luz; los planetas permanecen invisibles, porque son pequeños y oscuros. También hay innumerables tierras dando vueltas alrededor de sus soles, ni menos ni más habitadas que nuestra Tierra.

Para muchos pensadores, sobre todo de corrientes ateas, la biografía y muerte de Bruno representa la lucha continua por liberar la filosofía y la ciencia de las restricciones impuestas por las iglesias oficiales del mundo. Este punto de vista sobre el dominico se personalizó en una estatua de bronce del escultor masón Ettore Ferrari levantada en 1889. La estatua, erigida en el mismo lugar donde quemaron a Bruno, mira directamente al Vaticano. Quizá esa mirada mantenida tuvo algo que ver cuando el papa Juan Pablo II pidió disculpas por la ejecución del dominico. No sabemos si tuvo influencia que un cráter lunar y dos asteroides lleven su nombre.

Cada pocos días se descubre un sistema solar en el que alguno de los planetas se mantiene a una distancia «habitable» de la estrella, en unas condiciones similares a las que permitieron el origen de la vida en la Tierra. Diferentes programas de la NASA están buscando vida inteligente, definida en este caso como seres capaces de emitir comunicaciones que pueden detectarse por radiotelescopio. En los Pioneer y los Voyager mandamos un mensaje de saludo a los posibles extraterrestres.[1]

1. Los viajes espaciales a través del sistema solar tuvieron un momento de máximo apogeo con los proyectos Voyager, dos sondas espaciales no tripuladas que viajarían de un planeta a otro, con una sola carga de combustible, propulsadas por la gravedad de cada planeta (una vez resuelto el problema de los tres cuerpos: predecir cómo la gravedad del Sol y de un planeta influyen en la trayectoria de una nave espacial). Se planearon en los años setenta, cuando varios planetas se encontraban más cerca unos de otros, y así pudieron visitar Júpiter en 1979, Saturno en 1981, Urano en 1986 y, uno de ellos, Neptuno en 1989. Una misión muy ambiciosa para la que la NASA no disponía de suficientes fondos. Había que vender el proyecto al público y al Congreso. Entre las vías de marketing que utilizó la NASA, la que resultó más eficaz fue la sugerencia de un joven astrofísico, Carl Sagan: cada Voyager debería llevar un mensaje de saludo a posibles civilizaciones extraterrestres. El contenido del mensaje

En este momento, la mayoría de los científicos piensa que podría haber vida, o que la hubo en el pasado, en otros lugares del universo. El inmenso número de galaxias, de soles, de estrellas de todo tipo, así como los descubrimientos cada vez más frecuentes de alguno de los cuarenta mil millones de planetas que posiblemente se encuentran en órbitas «habitables» de sus soles, sugieren que la posibilidad de vida en otros planetas merece una investigación. El paradigma emergente es que la vida no es un fenómeno local y único, sino cósmico.

Consideremos, como muchos científicos, que la vida surgió en la Tierra sin ayuda del exterior. ¿Cómo se originó?, ¿es esto posible? Sabemos que somos polvo de estrellas, que los átomos que componen virus, plantas y animales son los mismos que definen la estructura de los planetas, las estrellas y las galaxias. Somos seres de carbono, pero ¿cómo es posible que los átomos presentes en las estrellas originen la vida? Una de las teorías más aceptadas es que su combinación produce sustancias orgánicas. Esta es la hipótesis del «caldo primordial».

La vida habría comenzado en un «caldo químico» de

---

consistiría en un saludo en muchos idiomas, música, coordenadas cósmicas, fórmulas matemáticas, el electroencefalograma de una mujer enamorada e imágenes para mostrar la diversidad de la vida en la Tierra y la gran variedad de culturas. En otras palabras: un canto de amor al planeta y un homenaje a la humanidad. Sagan sabía mejor que nadie que la posibilidad de que una civilización encontrase estos discos eran muy bajas y probablemente no le importaba mucho. Aquel mensaje de cooperación, de unión de los seres humanos, aquel canto a la ciencia estaba destinado a otro público: Carl Sagan envió aquel espléndido mensaje a sus conciudadanos humanos.

productos orgánicos de la Tierra. Una acumulación de moléculas orgánicas mezcladas que probablemente incluían agua, ácido cianhídrico, amoníaco y metano, que recibió la energía necesaria para las reacciones químicas de rayos solares y relámpagos. Así estimulada, la reacción daría origen a la formación de productos orgánicos. Multitud de reacciones químicas durante millones de años llevarían a la formación de materia orgánica cada vez más compleja.

Stanley Miller y Harold Urey realizaron en 1959 unos estudios que constituyen el experimento clásico del origen químico de la vida. Estos dos investigadores prepararon una sopa primordial artificial, un caldo constituido por elementos químicos que se supone que podrían existir al principio de la vida y sometieron la mezcla a descargas eléctricas. En ese experimento de Frankenstein, Miller y Urey consiguieron producir los principales bloques moleculares de la vida: aminoácidos y azúcares. El experimento de Miller y Urey se reivindicó en otros posteriores llevados a cabo por varios grupos. Durante las décadas de 1970 y 1980, los astrobiólogos y astrofísicos, incluido el físico estadounidense Carl Sagan, consiguieron formar aminoácidos mediante irradiación ultravioleta de onda larga de una mezcla de metano, amoníaco, agua y sulfuro de hidrógeno. Este experimento sugirió que la luz ultravioleta que bombardea la atmósfera primitiva podría ser mucho más eficaz que los relámpagos, o la electricidad usada por Miller y Urey, para formar compuestos orgánicos. De hecho, en el experimento clásico de Miller y Urey se formó un pequeño grupo de aminoácidos, pero en estudios posteriores se consiguió formar una veintena. Es asombroso que los aminoácidos, particularmente los aminoácidos biológicamente abundantes, puedan desarrollarse con tanta facilidad.

Los experimentos de Miller y Urey y sus seguidores modernos sugieren que la vida se originó en la Tierra. No hace falta ir más lejos, el caldo primordial muestra que se pueden seguir de modo lógico los pasos químicos necesarios para que la materia inorgánica se transforme en orgánica. El proceso es tan fácil que nadie debería tener la más mínima duda de qué llevó a la formación de vida hace tres mil quinientos o cuatro mil millones de años.

La hipótesis puede ser cierta, puede que así haya ocurrido. Una de las mayores críticas a esta teoría sostiene que la cronología no está tan clara. Después de todo, pasar de un aminoácido o un azúcar a generar bacterias o virus es extraordinariamente complicado. Hay demasiada complejidad en los microorganismos y no se formaron bacterias o virus en el caldo primitivo. Si fuese posible la transición de aminoácidos y azúcares a microorganismos, el tiempo necesario para que eso ocurriese sería mucho mayor del que disponían en la Tierra para conseguirlo. Sabemos que la vida en la Tierra comenzó muy rápido después de su formación. Antes de que pasasen unos cientos de millones de años ya había bacterias.

Los investigadores del origen de la vida en la Tierra, de acuerdo con Darwin, sostienen que la sopa primordial se formó en los charcos de los pantanos —los cráteres antiguos sirvieron para crear enormes minilagos— o en los océanos durante la interacción accidental de átomos.

Fuese donde fuese, la primera molécula compleja que apareció en ese ambiente fue el ARN.

El ARN primero y después el ADN son el equivalente al cristal aperiódico que intuye Erwin Schrödinger en *¿Qué es la vida?*, publicado en 1944. Este libro es el sumario de una serie de conferencias que Schrödinger impartió en Dublín. El autor genera la hipótesis de que el origen de la vida reside en un cristal aperiódico, una molécula capaz de transportar información y de transmitirla. Esta molécula primigenia, como el ARN, une la física con la biología. Este concepto no convenció al físico danés Niels Bohr, inventor del modelo moderno del átomo; no obstante, fue una fuente de inspiración permanente para James Watson en su búsqueda de la estructura del ADN. Por decirlo de alguna manera, Schrödinger le había dicho a Watson qué tenía que buscar o que lo que buscaba era cierto y tendría, si lo encontraba, tanta importancia como él pensaba.

En aquellos charcos sucios, en medio de un cráter o en el océano, lo que se coció en el caldo primordial no fue probablemente ADN, sino ARN, y dio lugar a un mundo de ARN. No parece que haya dudas sobre ello. Hay fuertes razones para pensar así. El ARN se formó antes que el ADN, porque el ARN tiene funciones de enzima, es decir, porque puede modificar otras moléculas y a sí mismo. La actividad enzimática se considera indispensable para la vida y el ADN no tiene funciones enzimáticas. Al principio, pues, la vida biológica se heredó a través del ARN. Es con él como nace la genética.

Con el ARN comenzó el egoísmo, nació el instinto de

supervivencia, la búsqueda de la inmortalidad: el deseo de mantenernos vivos eternamente. Porque el ARN constituye el primer intento del mecanismo que permite pasar las características más útiles de una generación a la siguiente. El ARN es la primera nave molecular en la que la vida, recordando el pasado, se abre paso hacia el futuro. Con el ARN se inicia el tiempo biológico. Por primera vez la Tierra tiene un momento inicial. El ARN hace que exista un momento presente, un pasado inamovible y un futuro potencial, y que los tres estén conectados por un hilo de ARN.

Un instrumento flexible y voluble, el ARN, muta sin dificultad, incrementando su diversidad durante las primeras automultiplicaciones hace más de tres mil millones de años. Las mutaciones implican que en el ARN no solo viaja el pasado en forma de herencia, sino también el embrión de un futuro espectro de seres vivos. El ARN aprende a modificar otros ARN, a tener con ellos una interacción enzimática. De todo ese universo que constituía la generación de las primeras moléculas de la vida, según Schrödinger, el único ejemplo que persiste son los virus ARN; ellos son los testigos vivos de aquel monográfico mundo desaparecido, son los telegramas moleculares de un pasado olvidado, ecos que emergen del abismo atávico.

El mundo del ARN inestable dio paso al estable ADN. El ADN es una molécula que, conservando la oportunidad de acumular mutaciones con cada automultiplicación, es mucho más estable, capaz de soportar mejor los cambios de temperatura y de sobrevivir en condiciones extremas. Esta estabilidad probablemente le proporcionó una ventaja evolutiva respecto al ARN. Y con el ADN la vida encontró el que ha sido el vehículo definitivo de la herencia hasta nuestros días, un mecanismo que ha guiado la herencia en las primitivas bacterias y que sigue guiándola en los hombres del presente. El ADN le robó al ARN la esencia de la vida, la naturaleza del tiempo.

El ADN es tan central al entendimiento de la biología que se ha sugerido que todos los seres vivos son solo la efímera máquina que guarda, preserva y transmite el ADN. Esta es la terriblemente popular teoría del «gen egoísta», formulada brillantemente por Richard Dawkins en el libro *El gen egoísta*, publicado en 1976. Dawkins es un biólogo neodarwinista inglés que ha dividido su carrera en dos grandes avenidas. Una parte de su tiempo la dedica al estudio y la defensa de la evolución como único medio válido para la explicación de la vida en la Tierra. La otra mitad está enfocada a combatir la existencia de un dios creador y padre que inició y mantiene la vida en la Tierra. Sus libros de ciencia y sus libros en defensa del ateísmo —sorprendentes y provocadores— han triunfado por igual y son superventas en muchos países del mundo.

La evolución es un hecho tangible y demostrable, mientras que un dios creador es simplemente una alucinación, una fantasía humana. La evolución creó al hombre y el hombre creó a dios a su imagen y semejanza. Según Dawkins, la religión es una de las actividades más polarizadoras y destructivas del hombre, un movimiento que solo se mantiene cuando los hombres abandonan la razón y se acogen a la fe. La fe en dios, para Dawkins, es un «virus del cerebro» que afecta a generaciones de mentes jóvenes en las que perpetúa valores morales obsoletos y dudosos.

Con las cuatro letras de los ácidos nucleicos, la Naturaleza concibió el tiempo biológico y su deseo de ser eterna. El gen es inmortal, explica Dawkins; de hecho, no deberíamos llamarlos genes, sino genes inmortales. Los genes se reproducen generación tras generación con gran fidelidad. Genes en animales de hoy en día existieron hace cientos de millones de años. Algunos de aquellos seres biológicos se extinguieron, pero los genes siguen tan vivos como entonces.

Y con ese abecedario de la inmortalidad se escribieron los virus. Cuando examinamos el planeta, no tenemos por qué ver animales y plantas, animáculos microscópicos, seres humanos; podemos eliminar cuerpos y células y comprender que todos juntos somos poco menos que el *pool* de ADN de la Tierra. Eliminada la percepción borrosa producida por los organismos en ese tejido exclusivo de ADN, un virus no es diferente de cuanto está hecho de ADN. Si solo viésemos ADN, el concepto de vida —esa etiqueta poco fiable— desaparecería y no habría una diferencia fundamental entre el simio desnudo y un virus. Los dos son, en palabras de Dawkins, «máquinas de supervivencia» para la información genética que contienen. Solo somos herramientas que transmiten ADN, lo más variado posible, a futuras generaciones. Cada cual lo hace a su modo. Nadie tiene la patente.

Por lo que sabemos, los virus podrían haber surgido durante el mundo del ARN y así ser anteriores incluso al ADN. Habrían nacido como pequeños fragmentos de

ARN sin funciones concretas hasta que más tarde, después del mundo del ADN, en el momento en que aparecen «entes con membrana», el virus descubre su *modus vivendi*: el de un parásito. Un parásito letal y capaz de coevolucionar con las primeras células procariotas.

Podría ser, por otro lado, que la formación de los virus se hubiese producido después de la formación de las células y que su ARN o su ADN fuesen simplemente el resultado de la muerte celular, desechos celulares, que conservaron secuencias fragmentadas de ARN o ADN suficientes para formar la concha de proteínas que protegía su ácido nucleico y les permitiría infectar otras células.

Por selección natural, los fragmentos de ARN o ADN que codificaban proteínas que permitían domesticar la célula infectada y favorecían su multiplicación adquirieron una ventaja evolutiva con respecto a los demás, incapaces de sacarle partido a la célula infectada. Los virus demasiado eficaces en este procedimiento tampoco triunfaron; eran solo asesinos estériles. El truco no es el asesinato ni el secuestro exprés; el truco es secuestrar y mantener la célula viva y en cautividad el mayor tiempo posible.

Estos desechos celulares no estarían vivos ni muertos. Serían entes inertes flotando fuera de las células, piratas listos para transformar un civilizado y pacífico transatlántico celular en un velero bergantín que, destruido el botín de las bodegas, acabarían estrellando, borrachos de vida y multiplicados por millones en una orgía molecular, contra los arrecifes de la costa de un organismo multicelular o de una colonia bacteriana, a menos que los guardacostas del sistema inmune reconociesen la bandera pirata

ondeando en la cubierta de la célula infectada y la destru-
yesen con misiles guiados por láser, llamados «anticuerpos» o «carros de combate altamente especializados»: los
glóbulos blancos.

Otra de las teorías del origen de la vida en la Tierra,
la exogénesis (*exo*, «exterior»; *génesis*, «origen») postula la
llegada a nuestro planeta de bacterias y virus a través de
un viaje interplanetario. Esta tesis elimina de un plumazo
toda la teoría necesaria para justificar el arduo, lento y
largo camino que separa un aminoácido de la creación de
una bacteria. En la Tierra nunca habría habido vida espontánea, como demostró Pasteur: toda la vida viene de
la vida. Una conclusión mantenida y expresada de otro
modo por el patólogo alemán precursor de la hipótesis
celular, Rudolph Virchow: *Omnis cellula e cellula*, todas
las células provienen de otras células.

La teoría de la exogénesis propone que la vida no se
creó de la nada en la Tierra, sino que llegó de otro punto
del universo. Según esta hipótesis, los cometas y otros
objetos cósmicos no solo podrían haber influido en la
generación de vida en la Tierra, sino que la habrían transportado desde otros confines extraatmosféricos a nuestro
planeta. Esta teoría no resuelve el origen de la vida en el
universo, pero sí el origen de la vida en la Tierra.

La posibilidad de la exogénesis la expresó por primera vez Anaxágoras, el filósofo griego presocrático. Este
entendía que la vida existía en el universo y se depositó
en forma de semillas —*sperma* en griego— en el planeta.
Este filósofo comprendió hace dos mil quinientos años
que el universo está lleno de posibilidades de vida, un

pensamiento que los científicos han probado en las últimas decenas de años: en el universo abunda el material orgánico, los bloques con los que se construye la vida.

Si bacterias o virus llegaron a la Tierra desde otros mundos, tuvieron que soportar las condiciones extremas de un viaje interplanetario. No se sabe con certeza si los microbios podrían permanecer vivos en el espacio. Hay datos que sugieren que sería posible. En la Tierra se han descubierto formas de vida microbianas que pueden sobrevivir e incluso prosperar en condiciones extremas de alta y baja temperatura, y durante cambios de presión, condiciones de acidez, salinidad, alcalinidad y concentraciones de metales pesados que se consideraban incompatibles con la vida hasta hace poco.

La idea de gérmenes extraterrestres y el problema que pueden presentar para los viajes espaciales se explotó en la novela *La amenaza de Andrómeda*, que inició el ciclo de los populares *technothrillers* de Michael Crichton (*Parque Jurásico* es el más conocido). *La amenaza de Andrómeda* comienza con una miniepidemia causada por un germen extraterrestre que ha entrado en nuestra atmósfera ayudado por un satélite. Se comporta como un virus, pero su naturaleza es diferente a la de los virus y bacterias de la Tierra. Crichton comenta en el epílogo de su novela que los Gobiernos ruso y estadounidense habían suspendido durante unos días las actividades aeroespaciales e insinúa que no se sabe por qué. Pero el lector que acaba de terminar *La amenaza de Andrómeda* comprende que lo que se cuenta en la novela podría ser real y estar ocurriendo mientras sostiene el libro en las manos.

En nuestro planeta, uno de los ecosistemas más extremos son las regiones de ventilación hidrotermal del fondo marino. Carentes de la luz del sol y de la mayoría de la energía química usada por la vida en la superficie terrestre, en ese ambiente hostil sobreviven sorprendentemente microorganismos. Esto sugiere que esos gérmenes podrían soportar las condiciones extremas de un viaje espacial. En la década de los setenta, los cosmólogos Hoyle y Wickramasinghe demostraron que existían materiales orgánicos en el espacio interestelar y propusieron que era posible que ADN, bacterias y virus pudieran viajar a través del universo si estaban protegidos de la radiación por la masa de un meteorito o un cometa.

Diferentes grupos de investigadores han identificado bacterias a una altitud de cuarenta kilómetros sobre la superficie terrestre, lo que indica la posibilidad de que los microorganismos puedan sobrevivir en el espacio. Una cantidad asombrosa de virus circulan alrededor de la atmósfera de la Tierra y caen de ella. Las pequeñas partículas de polvo y las salpicaduras del mar arrastran las bacterias y los virus a la atmósfera. Los virus tienden a engancharse a partículas orgánicas más pequeñas y ligeras suspendidas en el aire y el gas, lo que significa que pueden permanecer flotando durante un tiempo. A esa altitud, las partículas están sujetas a transporte de largo alcance, a diferencia de las que se encuentran en zonas más bajas en la atmósfera. Los virus pueden viajar miles de kilómetros antes de ser depositados de nuevo en la superficie de la Tierra.

La continua existencia de virus en la atmósfera, así como su capacidad de viajar grandes distancias a esa altura antes de volver a caer sobre la Tierra, explicaría por qué se encuentran virus genéticamente similares en entornos muy diferentes de todo el mundo. Un virus puede alcanzar la atmósfera en un continente y ser depositado en otro. Las bacterias y los virus, por lo general, se depositan de regreso a la Tierra a través de la lluvia. Una recogida de datos en las montañas de Sierra Nevada, en España, mostró que se depositaban miles de millones de virus y decenas de millones de bacterias por metro cuadrado y día. Las tasas de deposición de virus fueron de nueve a cuatrocientas veces mayores que las de las bacterias.

Algunas religiones orientales lo han mantenido y ahora lo sugieren también los datos científicos: parece inevitable pensar que toda la galaxia sea una única biosfera conectada. Preguntarse por la existencia de vida parece naíf, es más realista preguntar dónde se encuentra la vida extraterrestre. Este pensamiento lo resumió Enrico Fermi, el físico italiano, inventor entre otras cosas del reactor de fisión nuclear, con una lacónica pregunta: ¿Dónde están todos? Superada la duda sobre si existe o no más vida en el universo, ahora la cuestión es encontrar esa vida.

Suponiendo que exista vida en otro lugar, podríamos aventurarnos a pensar: ¿tiene la vida en el universo un único origen y se sembró en otros planetas? Esa es la idea defendida por la panspermia. Es posible que en nuestro sistema solar haya existido vida antes de que esta brotase o aterrizase en la Tierra. Muchos científicos piensan que pudo haber llegado a la Tierra transferida desde Marte cuando este estaba habitado —sugerido por las muchas pruebas de que hubo abundante agua— y coincidiendo con la formación de la Tierra. La formación de Marte ocurrió entre cien y quinientos millones de años antes que la de la Tierra y, por lo tanto, la vida pudo aparecer antes incluso de que se enfriase la superficie de nuestro planeta. El choque de un meteorito con Marte pudo haber lanzado al espacio rocas llenas de organismos y algunas pudieron llegar hasta nosotros.

Marte no es el único origen posible. La vida pudo haber llegado desde puntos más alejados, situados fuera del sistema solar. Un cometa podría haber transportado material orgánico o incluso microbios desde mucho más lejos. El intenso bombardeo de cometas sufrido por la Tierra durante su formación sugiere que esta teoría es posible. Los cometas bombardearon la Tierra hace entre cuatro mil y tres mil millones de años, coincidiendo con la aparición de la vida.

Según la teoría del bombardeo intenso tardío o *late heavy bombardment*, el sistema solar se sometió a muchas salvas de asteroides y cometas hace aproximadamente cuatro mil millones de años. El bombardeo habría sido tan violento y la actividad volcánica tan extendida e intensa que cualquier intento anterior de evolución de vida en la Tierra habría fallado en ese momento. Al mismo tiempo, uno de los cometas —procedente de nuestro sistema solar o de más allá— pudo haber traído vida al planeta.

Los cometas pudieron haber traído vida a la Tierra y es posible que sigan haciéndolo en el presente. Las noches de julio, descansaba de escribir para buscar en el cielo texano del crepúsculo el cometa Neowise. Neowise se descubrió en marzo de 2020 y era visible sin prismáticos. La idea de la siembra no se me iba de la cabeza. Los cometas interesaron a Carl Sagan y a su segunda mujer, Ann Druyan. Veamos qué decía Carl Sagan sobre los cometas en *Cosmos*:

> En muchas noches despejadas, si observas el cielo y tienes paciencia, verás un meteorito solitario brillando unos segundos allá arriba. Algunas noches, en los mismos días de cada año, puede contemplarse una lluvia de meteoritos, un espectáculo de fuegos artificiales naturales, un entretenimiento en los cielos.

Y luego añadía:

> Los meteoritos son los restos de los cometas. Viejos cometas, calentados por la repetida aproximación al Sol, se rompen, se evaporan y se desintegran. Los escombros se extienden para llenar la órbita cometaria. Cuando la órbita se cruza con la de la Tierra, cae un enjambre de meteoritos.

Hoy es 11 de agosto de 2020. Esta noche es el pico de la lluvia de meteoros de las perseidas. Es la siembra del cometa Swift-Tuttle. Es un espectáculo impresionante. Saldré a medianoche y miraré hacia el norte; no creo que haya suerte en Houston, pues la contaminación lumínica es muy importante y hay luna.

Un enjambre de meteoritos puede ser varias toneladas de material cósmico, incluyendo material orgánico. Ocurrió así en el pasado y sigue ocurriendo esta noche. Cada visita de un cometa es una siembra de material interestelar, quizá de productos de otros mundos donde florece la vida, donde otros seres inteligentes se preguntan si los cometas comunican su mundo con otras civilizaciones. Estos viajeros siderales pueden haber sembrado la vida en el cosmos del mismo modo que las abejas polinizan las flores en primavera.

Una definición igualmente atractiva, aunque menos poética, de los cometas la brinda la NASA. Según la agencia espacial, los cometas son bolas de nieve cósmica, gases congelados, rocas y polvo que giran alrededor del Sol. Cuando se congelan tienen el tamaño de una pequeña ciudad, y cuando la órbita de un cometa pasa cerca del Sol, el cometa se calienta y arroja polvo y gases desarrollando una cabeza ingente, que puede llegar a tener un tamaño mayor que la Tierra. El polvo y los gases, además, forman una cola que se extiende lejos del Sol a lo largo de millones de kilómetros.

Existen miles de millones de cometas orbitando alrededor del Sol y la mayoría proviene de los vecindarios del cinturón de Kuiper —tardan menos de doscientos años en dar la vuelta alrededor del Sol— y de la más distante nube de Oort —tardan más de doscientos años en dar una vuelta completa, a veces treinta millones de años—. Existen también cometas fuera del sistema solar que orbitan otras estrellas en la Vía Láctea; son los llamados «exocometas».

Los experimentos preliminares que intentaban comprobar si bacterias o virus podrían sobrevivir a un viaje interplanetario sugirieron que era posible. Las bacterias cultivadas en la Estación Espacial Internacional sobrevivieron a la exposición al vacío y la radiación ultravioleta. Prueba de ello es que cuando se transportaron de vuelta a la Tierra pudieron crecer y multiplicarse, incluso cuando las condiciones de cultivo imitaban el suelo marciano.

Los experimentos realizados por la NASA demuestran que es factible el viaje interplanetario de microbios. Supongamos que, durante el trayecto, las bacterias o los virus extraterrestres sufriesen daños en el ADN; eso no impediría que los desechos de ácidos nucleicos que contuvieran instrucciones para formar seres vivos pudieran germinar en un ambiente donde ya existía ARN o ADN. Parece obvio que si células o virus, en cualquier estado de conservación, lloviesen desde el espacio exterior, esto aumentaría las posibilidades de que la vida apareciese o evolucionase en la Tierra. La llegada de ARN primitivo a una Tierra con la superficie fría podría adelantar el calendario de la evolución en muchos años.

Según la teoría de Hoyle-Wickramasinghe, mencionada con anterioridad, el tráfico de cometas en las regiones externas del sistema solar hace tres o cuatro mil millones de años habría provocado la exportación de bacterias, ácidos nucleicos y virus al espacio interestelar. Ahora sabemos algo que ellos no pudieron estudiar por falta de tecnología: las partículas que caen a la Tierra con cada cometa que visita nuestro vecindario tienen características, en el espectrómetro de masas, indiferenciables de partículas de material orgánico de la Tierra.

Puede ser que los cometas no contuvieran vida y que,

por lo tanto, no la transportaran, pero es difícil rechazar la posibilidad de que hayan traído agua y compuestos orgánicos a la Tierra. Los contenidos de materiales orgánicos en estos objetos apoyan los datos a favor de un papel de los cometas u otros objetos extraterrestres en la siembra de vida en la Tierra. Según varios informes de la NASA, Stardust fue la primera misión espacial de la agencia dedicada a la exploración de un cometa y la primera misión robótica diseñada para obtener y transportar de vuelta al planeta azul material extraterrestre desde fuera de la órbita de la Luna.

La nave espacial Stardust se lanzó el 7 de febrero de 1999 y su objetivo principal fue recolectar muestras de polvo y carbón durante su encuentro más cercano con el cometa Wild 2 —el nombre de su descubridor suizo—, que se produjo en enero del año 2004. Después de casi cuatro años de viaje espacial, la nave recolectó polvo del cometa y polvo interestelar en una sustancia llamada «aerogel». Dos años después, las muestras regresaron a la Tierra en una cápsula de retorno que aterrizó en el desierto de Utah. Algunos de los materiales incluían restos de la formación del sistema solar. Se espera que el análisis de tales materiales produzca importantes conocimientos sobre la evolución del Sol, de sus planetas y sobre el origen de la vida misma. Esa misión identificó, en el polvo del cometa que siembra la Tierra, la presencia de aminoácidos.

Todo ello sugiere que el origen extraterrestre o la evolución de la vida incipiente pudo experimentar un gran empuje hacia delante con la llegada de material ya prefabricado, incluyendo ácidos nucleicos primitivos en forma de paleovirus. Por todo ello, la NASA está interesada en detectar la presencia de ácidos nucleicos, ADN y ARN, fuera de la Tierra y, por razones obvias, Marte es el objetivo prioritario.

Christopher Carr es el investigador principal del proyecto Búsqueda de Genomas Extraterrestres desarrollado junto al Departamento de Ciencias de la Tierra, Atmosféricas y Planetarias en el MIT y el Massachusetts General Hospital. Este programa multidisciplinario integra conceptos de biología, geología y astrofísica para intentar comprender cómo evolucionó la vida en el universo. Carr y su equipo han inventado instrumentos resistentes a la radiación para detectar ADN durante vuelos espaciales.

La instrumentación de la Búsqueda de Genomas Extraterrestres comenzó a desarrollarse en el año 2005 y ha culminado en la secuenciación de ácidos nucleicos mediante nanoporos. En esta técnica, las cadenas de ADN viajan a través de agujeros de tamaño nanométrico y la secuencia de bases se detecta a través de los cambios producidos en una corriente iónica.

La secuenciación de ácidos nucleicos mediante nanoporos se probó en el laboratorio utilizando tierra que imitaba el polvo de Marte. En el control del experimento estas muestras no contenían microbios y los tests se «infectaron» con diferentes cantidades conocidas de esporas de la bacteria *Bacillus subtilis*. Las bacterias en forma de esporas son muy resistentes a condiciones extremas, como por ejemplo situaciones de poco oxígeno, y podrían sobrevivir en el vacío y en el suelo de Marte. Aunque en un laboratorio en la Tierra la secuenciación de ADN se hace comúnmente con microgramos, el equipo de la Búsqueda de Genomas Extraterrestres detectó ADN en la escala de una parte por mil millones, lo que sugiere que la vida basada en ADN se detectaría. Este proceso permitirá a los científicos determinar si la vida en Marte está relacionada con la vida en la Tierra, lo que demostraría que la vida basada en organismos construidos por carbono no es un proceso terrestre sino uno universal, que podría darse en otros lugares del cosmos.

Esta metodología de secuenciación avanzada de ADN se utiliza para controlar y rastrear los brotes de virus del Ébola, entre otras aplicaciones biomédicas. El equipo de la NASA de protección planetaria también podría usar la Búsqueda de Genomas Extraterrestres para minimizar la contaminación terrestre del universo y detectar contaminación en las naves que regresan a nuestro planeta desde el espacio.

¿Por qué buscar ADN como marcador de vida? Carr lo tiene muy claro:

> Podríamos decidir buscar la vida como algo desconocido. Pero creo que es importante comenzar buscando la vida tal como la conocemos: extraer las propiedades de la vida y las características de la vida, y considerar si deberíamos buscar esa vida, tal como la conocemos, en el contexto de la búsqueda más allá de la Tierra.

Está claro que su grupo piensa que la vida en la Tierra se originó por exogénesis, que la hipótesis de la panspermia puede ser cierta.

Una teoría ampliamente aceptada, la panspermia, propone que la síntesis de compuestos orgánicos complejos, como las bases de los ácidos nucleicos, se produjo temprano en la historia del sistema solar. Esta síntesis tuvo lugar dentro de la seminal nebulosa solar a partir de la cual se formaron todos los planetas. La transferencia de esta materia orgánica pudieron compartirla varios cuerpos celestes y después varios planetas dentro del sistema planetario a través de meteoritos o cometas o litopanspermia. Este diálogo vital interplanetario es el objeto del estudio de la NASA.

Ahora que hemos repasado varias ideas y teorías interesantes y extraordinarias, podemos resumir la panspermia así:

1. La vida en la Tierra aparece muy pronto después de su formación, lo cual implica que determinados procesos químicos autóctonos, que comenzaron de cero y tuvieron un desarrollo lento, podrían no haber tenido suficiente tiempo para evolucionar hacia un organismo vivo —de un aminoácido a una bacteria hay un trecho—.

2. La vida aparece después del cese del bombardeo intenso de la Tierra por meteoros, trozos de otros planetas y cometas hace como mínimo 3,5 millones de años. Este bombardeo habría destruido cualquier intento de vida previo y facilitado la siembra de productos orgánicos desde el exterior. No por nada este período de evolución de la Tierra se llama Hadean o Infierno.

3. Hay meteoritos marcianos en la Tierra. Muchos con contenido orgánico, incluyendo aminoácidos forma-

dos fuera de nuestro planeta. Los meteoritos pudieron sembrar vida en la Tierra.

4. Hay meteoritos de otros orígenes que contienen materiales orgánicos.

5. Se han encontrado aminoácidos en cometas. Los cometas también pudieron haber sembrado vida en nuestro planeta.

6. Existe un número asombroso de planetas habitables: cuarenta mil millones. Este número astronómico indica que la existencia de vida exclusivamente en la Tierra sería una anomalía.

7. Hay planetas mucho más antiguos que la Tierra donde la vida pudo haber tenido tiempo suficiente para evolucionar desde la materia por primera vez o se dieron condiciones más favorables para la vida desde el comienzo.

8. La vida en otros lugares no tiene por qué estar constituida de carbono, pero, por razones obvias, tendría un interés extraordinario que así lo fuese.

9. Si hay ADN en el espacio exterior, probablemente habrá virus. La existencia de ADN y ARN constituye, normalmente, una prueba robusta de la existencia de virus.

Lo interesante de esta teoría es que la Tierra no sería el único planeta receptor de material orgánico y quizá vida. Los exocometas —cometas originados en otros soles— podrían sembrar de vida la galaxia. Es posible que bacterias y virus se hayan depositado en otros mundos y que esas semillas biológicas faciliten la vida basada en el ADN. En los primeros miles de millones de años, virus y bacterias podrían ser similares a los de la Tierra, pero con la evolución —si hay ADN, hay evolución— las formas de vida podrían ser diferentes y la posibilidad de que un virus o una serie de ellos pudiese impulsar la evolución hacia la creación de un cerebro con conciencia y capaz de entender el universo no sería imposible. Para algunos científicos, la evolución hacia la creación de seres cada vez más inteligentes no es una opción, sino una necesidad.

Dentro del azar, única guía de la evolución, un ser inteligente tiene más posibilidades de sobrevivir y, por lo tanto, su ADN sería heredado con más frecuencia, con lo que tendería a ser más y más común, llegando a predominar después de un cierto número de generaciones. Los virus, transportados por cometas o meteoros, podrían haber llevado el origen de la inteligencia a varios lugares del cosmos cuando estos mundos eran receptores para la evolución de la vida. Las preguntas están ahí: ¿hay una relación entre todas las formas de vida del universo? ¿Tiene la vida un solo origen en el cosmos desde donde se ha sembrado vida en planetas con las condiciones ideales para mantenerla?

En *The Andromeda Evolution*, Daniel H. Wilson continúa el trabajo de Crichton al escribir la secuela de *La amenaza de Andrómeda*. Wilson toma ventaja de un hecho real, la caída de piezas de la estación espacial china Tiangong-1 «Palacio celestial 1». El laboratorio era una plataforma para construir estaciones espaciales que se precipitó a la Tierra el 1 de abril de 2018. Wilson cuenta que algunas partes del laboratorio se desplomaron sobre la selva del Amazonas y allí se descubre una nueva mutación del organismo extraterrestre, distribuido por todo el sistema solar, llamado «cepa Andrómeda». La serie de sus *technothrillers* continúa después de Crichton. Y hablando de panspermia, debemos considerar ciencia ficción la teoría de la panspermia dirigida.[2] En nuestro sistema solar, la vida pudo originarse primero en Marte y luego emigrar a la Tierra. Puede que nosotros seamos simplemente descendientes de antigua vida en Marte. Algunos meteoritos que han llegado a la Tierra contienen las huellas dactilares de gases similares a los que podrían haber constituido la atmósfera de Marte. La comunicación a través de meteoros entre Marte y la Tierra está bien documentada.

Hemos recogido, registrado y estudiado cientos de meteoritos marcianos durante décadas. Los fragmentos de un meteorito químicamente primitivo que aterrizó cerca de Murchison, Australia, en 1969, albergan una variedad de compuestos interesantes, incluyendo aminoácidos. La distribución de aminoácidos extraterrestres se ha examinado detenidamente utilizando un cierto tipo de meteorito llamado «condrita carbonácea».

Las condritas son los ladrillos con los que se edificó

2. La panspermia dirigida es una teoría propuesta por Francis Crick (que codescubrió la estructura del ADN) y Leslie Orgel (que planteó la hipótesis de la existencia de un mundo de ARN antes que el de ADN). Crick y Orgel propusieron que las entidades extraterrestres sembraron deliberadamente la vida en la Tierra. En sus propias palabras: «... la teoría de que los organismos los transmitieron deliberadamente a la Tierra seres inteligentes de otro planeta. Concluimos que es posible que la vida llegara a la Tierra de esta manera, pero que la evidencia científica es inadecuada en el momento actual para comentar sobre esa probabilidad».

el sistema solar hace más de cuatro mil quinientos millones de años, es decir, son las rocas más primitivas. Su nombre proviene de su aspecto granular —en griego, *chondres* significa «granos de arena»— debido al contenido de sílice mezclada con pequeños granos milimétricos de sulfuros, hierro y níquel. Las condritas más antiguas son las carbonáceas, que contienen agua, azufre y material orgánico. Estos meteoritos podrían haber depositado el primer material orgánico extraterrestre sobre la Tierra.

El meteorito de Murchison contiene una inusitada cantidad de estos compuestos y, por ejemplo, se han identificado más de ochenta aminoácidos, un número extraordinario que demuestra la existencia de abundante materia orgánica en el lugar del origen del meteorito. La formación de los aminoácidos se cree debida a la llamada síntesis de Strecker, en la que un aminoácido se forma cuando un aldehído reacciona con cloruro de amonio en presencia de cianuro de potasio, seguido de hidrólisis. Sin embargo, la síntesis de Strecker solo explicaría la formación de un cierto tipo de aminoácidos, no de todos los tipos presentes en el meteorito de Murchison. En este meteorito también se han encontrado compuestos de carbono similares a la glucosa y a las piridinas, que son prácticamente iguales al benceno. En otras palabras, este meteorito transportaba un *kit* con los ingredientes necesarios para avanzar en la formación de seres vivos.

En 1998, el 22 de marzo, a las siete de la tarde, varios niños jugaban a baloncesto en Monahans, un pueblo de Texas, cuando sonaron varias explosiones y vieron caer una bola de fuego a pocos metros de ellos. Cuando se atrevieron a acercarse, lo tocaron y aún estaba caliente. La NASA y el Ayuntamiento reclamaron la propiedad del objeto extraterrestre. Pero los padres de los niños consiguieron que se reconociese que pertenecía a los niños. El meteoro se vendió en una subasta pública por veintitrés mil dólares, que se repartieron entre los niños para ayudar a pagar sus estudios. El meteoro de Monahans es especial porque es el primero en el que se ha descubierto agua. Y no solo eso; el agua estaba atrapada en cristales de cloruro de sodio —que tiene un color violeta intenso—, similares a la sal de la Tierra, y contenía aminoácidos. En un solo meteoro se encontraba parte de los compuestos necesarios para la vida. Pocos meses después, el mismo año, otro meteoro que contenía sal, al que se bautizó como Zag, caería sobre Marruecos. Este meteorito también contiene agua y aminoácidos.

En el año 2018, en la superficie de Marte, el «rover» Curiosity encontró una variedad de material orgánico que incluía benceno, tolueno y pequeñas cadenas de carbono como tiofenos, propano, buteno, hidrocarburos aromáticos y alifáticos. Proceden del cráter Gale y se encontraron en tierra con más de tres mil millones de años de antigüedad. Estos datos confirmaron observaciones previas publicadas en 2014. Es decir, que en Marte hubo agua y material orgánico compatible con la existencia de vida. No es prueba absoluta, pero es una fuerte indicación de esa posibilidad.

Otro descubrimiento reciente es la presencia de materia orgánica en el agua expulsada hacia el espacio desde

Encélado, una luna de Saturno.[3] Encélado es un mundo activo que contiene un océano salado bajo una cubierta de hielo. Chorros de agua procedentes de ese océano salen disparados formando columnas de cientos de kilómetros de altura. En ellas se han encontrado hidrocarburos. También se ha encontrado metano, un gas que pueden producir bacterias metanógenas, que no necesitan oxígeno para su metabolismo y que quizá fueron las primeras bacterias en la Tierra. Parte del agua expulsada cae de nuevo sobre la superficie de la luna, pero otros fragmentos se unen a los anillos helados de Saturno. Encélado, para algunos científicos de la NASA, es el mundo del sistema solar que mejores condiciones reúne para permitir vida en este momento —en segundo lugar quedaría Europa, la luna de Júpiter, cuya superficie helada también oculta océanos con más agua que la Tierra—. ¿Hay «animales» viviendo en los océanos de Encélado? ¿Cómo son esos extraterrestres acuáticos? Quizá no hay animales, solo bacterias, pero si hay bacterias, muy probablemente habrá virus. Virus marineros.

En el margen de los estudios oficiales de los meteori-

3. Las siete mayores lunas de Saturno se bautizaron con los nombres de personajes mitológicos relacionados con este dios. Encélado era el gigante que se oponía a la diosa Atenea, quien lo aplastó con una roca del Mediterráneo, creando la isla de Sicilia, y lo enterró vivo bajo el volcán Etna. El fuego del volcán tortura desde entonces al gigante, cuyos aterradores rugidos de dolor aún escapan de la montaña. Sus continuos intentos por desenterrarse causan terremotos en la isla. El Etna es el volcán activo más grande de Europa y su erupción más reciente ocurrió el 19 de abril de 2020, durante la pandemia COVID-19.

tos están los científicos que defienden que algunas de las rocas extraterrestres contienen fósiles de microorganismos. De ser así, estos constituirían la prueba irrefutable de que la vida se originó también en otros planetas. Pero ninguna de esas afirmaciones basadas en patrones observados con microscopía se ha podido comprobar. La ciencia, por el momento, se mantiene muy cauta y no acepta estas alegaciones. Pensamos que la hipótesis es verdadera, pero eso no quiere decir que vayamos a aceptarla sin pruebas. Eso no quiere decir que no tengamos en cuenta las posibles implicaciones del modelo teórico de la panspermia. En la NASA existe un puesto de trabajo denominado «oficial para la Protección de los Planetas» o PPO. Su puesto responde específicamente a este mensaje de la agencia aeroespacial:

> La NASA mantiene políticas de protección planetaria aplicables a todas las misiones de vuelo espacial que pueden transportar intencionadamente o no organismos terrestres y constituyentes orgánicos a los planetas u otros cuerpos del sistema solar, y cualquier misión que emplee naves espaciales que tengan la intención de regresar a la Tierra y su biosfera con muestras de objetivos extraterrestres de exploración.

Parece que los vehículos que hemos mandado a Marte, a juzgar por los exámenes microbiológicos de los paños usados para limpiarlos, han llevado consigo algunos microorganismos terrestres, así que es posible que la primera vida moderna en Marte la hayamos llevado los terrestres. La falta de campo magnético y la ausencia de atmósfera dificultará la evolución de la vida en el planeta rojo. Pero si las bacterias hubiesen llegado en otros tiempos, cuando había vida en Marte, las cosas, sin duda, habrían sido muy diferentes.

Carl Sagan, en el libro *Cosmos*, ideó un calendario cósmico para ilustrar una idea básica: hemos llegado hace poco a una Tierra cuya vida se mide en miles de millones de años. La grandeza del universo le recuerda a la humanidad la necesidad de ser humildes. Para demostrarlo, Sagan imaginó que los quince mil millones de años de vida del universo podrían condensarse en un año de calendario si cada mil millones de años se correspondiesen con veinticuatro días del año cósmico. Si el Big Bang fue el 1 de enero, la Tierra se habría formado en septiembre; los dinosaurios emergerían la víspera de Navidad; las flores brotarían el 28 de diciembre y hombres y mujeres comenzarían su peregrinaje por la superficie del planeta a las 22:30 la víspera de Año Nuevo. Con toda la historia registrada, los archivos del hombre ocuparían escasamente los últimos diez segundos del 31 de diciembre; y el tiempo desde el Renacimiento hasta el presente abarcaría poco más de un segundo.

Si tuviésemos que situar la aparición de virus usando su calendario, habría que situarlos en septiembre, unos días después de que se formase la Tierra, coincidiendo con la aparición del ARN. Así que los virus habrían aparecido más de tres mil millones de años antes que los seres humanos.

El calendario de la Tierra muestra claramente que este es el mundo en el que los virus evolucionan, sobreviven y reinan. Nosotros somos algunos de los últimos invitados en la virosfera. Nuestra relación con ellos acaba de comenzar.

El calendario cósmico de Carl Sagan podría ampliarse hasta el año siguiente para incluir lo que serán, probablemente, los dos acontecimientos más trascendentales para el ser humano y la Tierra en los siguientes miles de millones de años. A finales del mes de enero, dentro de mil millones de años, la órbita de la Tierra se acercará al borde de la zona habitable más cercana a un Sol más viejo y brillante. A finales de enero del año siguiente, las temperaturas ascenderán hasta niveles incompatibles con la vida; desaparecerán los océanos, la atmósfera se llenará de dióxido de carbono y la Tierra se convertirá en un infierno similar a Venus.

Durante la siguiente primavera, la Vía Láctea chocará con su vecina, la galaxia Andrómeda. Este cataclismo sucederá inevitablemente, dadas las rotaciones de las dos galaxias, dentro de aproximadamente cuatro mil millones de años. Después del choque, ninguna de las galaxias seguirá igual. Con el tiempo, la Vía Láctea y Andrómeda se unirán formando una sola galaxia de enormes dimensiones. Durante ese lapso, los dos sistemas intercambiarán estrellas, planetas y biomas. Al pensar en la colisión de Andrómeda y nuestra galaxia, uno siente alivio al saber que ocurrirá dentro de cuatro mil millones de años. Es un período de tiempo difícil de concebir, su magnitud supera la paciencia de nuestros cálculos. Y ese es, más o menos, el tiempo que separa nuestro origen del origen de los virus.

El destino de la humanidad es el cosmos. En poco tiempo, cientos de años, deberíamos comenzar a buscar lugares más seguros que la Tierra para evitar que la vida en el planeta azul desaparezca. ¡Pero cuidado!: las pandemias virales podrían impedir que la humanidad contemplase desde un lugar seguro del universo cómo se apaga el Sol.

David Hume, el filósofo escocés que influyó en la creación de la filosofía de Kant, jugó con la idea de que los cometas eran huevos cósmicos que sembraban vida. En su obra póstuma *Diálogos sobre la religión natural*, comenta:

> De la misma manera que un árbol arroja su semilla en los campos vecinos y produce otros árboles, entonces la gran vegetación, el mundo o este sistema planetario produce dentro de sí mismo ciertas semillas que, al dispersarse en el caos circundante, crecen en nuevos mundos. Un cometa, por ejemplo, es la semilla de un mundo; y una vez que ha madurado completamente, al pasar de sol a sol y de estrella a estrella, finalmente se arrojan los elementos no formados que rodean este universo e inmediatamente brotan en un nuevo sistema. O si, por el bien de la variedad (porque no veo otra ventaja), deberíamos suponer que este mundo es un animal, un cometa es el huevo de este animal.

Los experimentos construyen la ciencia, pero la imaginación de los filósofos ha sido y sigue siendo una fuente constante de nuevas hipótesis. Algunas sobrevivirán al test de fuego del método científico; muchas otras, la gran mayoría, no. Deberíamos suponer que este mundo es un animal; un cometa es el huevo de este animal, parece el enunciado de la teoría de Gaia, que propone que la Tierra *in toto* se comporta como un solo organismo. A Hume le habría gustado el modo de pensar, siglos después, de Lovelock y Margulis.

Los cometas, incansables viajeros, pueden haber traído vida a la Tierra y pueden seguir sembrándola en otros rincones del universo. Carl Sagan planteó que, en el futuro, con la tecnología adecuada, podríamos viajar en cometas a través del universo. Serían nuestro caballo Pegaso volando sobre el Olimpo. Puedo imaginarme fácilmente ese viaje, pero él, que había participado en misiones de la NASA, podía añadir detalles sobre el color, el resplandor, la vastedad y el asombro de los mundos que encontrase a su paso. Alguien sugirió que podrían sembrarse plantas en el hielo nutritivo del cometa y que ellas serían una fuente constante de oxígeno para esos viajes interestelares.

Sería fantástico atravesar la noche para visitar otras galaxias, otros soles y sembrar a nuestro paso semillas de vida en algunos de esos cuarenta mil millones de planetas habitables. Viajar en los cometas significaría también exponer otros mundos a nuestros virus, a esos miles de millones de virus que viajarían con nosotros, y acaso de esa forma empujar la evolución de otras especies hacia una diversidad prodigiosa. Quizá podríamos encontrar otros seres inteligentes, poseedores de esa inteligencia que no puede sino maravillarse al contemplar, en una noche oscura de verano, uno de los espectáculos más asombrosos del mundo: el desgranarse de la cola de un cometa en un enjambre de meteoros, y contener el aliento presenciando otra siembra.

5

¿Es eso una daga?

¿Es una daga esto que veo ante mí con el puño girado hacia mi mano? ¡Déjame que te empuñe!

Macbeth, acto II

Los virus matan. Esta es la simple premisa para pensar que los virus pueden emplearse como armas de guerra. Las armas biológicas son las armas atómicas de los países pobres. Las pandemias las usan los autócratas para eliminar enemigos o para sembrar el pánico. Los terroristas de cualquier ralea pueden utilizar gérmenes para amedrentar o asesinar con objeto de conseguir sus fines o provocar terror. No hace falta el presupuesto de todo un Estado ni una gran infraestructura para montar una bomba atómica, para poder hacer daño a la humanidad. Un laboratorio y un equipo de unos cuantos científicos basta. La «biología negra» que negocia con gérmenes solo necesita un sótano, una buhardilla. Los adelantos de la genética de los patógenos implican que nunca costó tan poco matar a tantos.

En *El bacilo robado*, publicado en 1894, H. G. Wells imagina que un anarquista sustrae un vial de bacilos del cólera para contaminar los depósitos públicos de agua de Londres. Un bacteriólogo muestra a un visitante misterioso el bacilo del cólera a través de un microscopio. El visitante parece especialmente interesado en la capacidad de los gérmenes para devastar una ciudad. El biólogo, halagado por el interés, explica que tiene organismos vivos en algunos tubos e intenta impresionarlo:

> Aquí está la peste encarcelada. Solo tiene que verter un tubo tan pequeño como este en un suministro de agua potable y decirles a estas diminutas partículas de vida, que para poder ser observadas deben teñirse y examinarse con los objetivos más potentes del microscopio y que son inodoras e insípidas: «Salid, aumentad, multiplicaos y llenad las cisternas», y la muerte (muerte misteriosa e imposible de rastrear, muerte rápida y terrible, muerte llena de dolor e indignidad) se lanzará sobre la ciudad.

Acabada la visita, el microbiólogo acompaña al visitante a la puerta. Cuando regresa al laboratorio, se da cuenta de que el tubo que le había enseñado al visitante ha desaparecido.

Oímos hablar de armas biológicas, pero ¿qué piensan los organismos oficiales de tal posibilidad y cómo se definen estas armas? La OMS ofrece este resumen:

Las armas biológicas son microorganismos que incluyen virus, bacterias, hongos u otras toxinas que se producen y liberan deliberadamente para causar enfermedades y la muerte en humanos, animales o plantas. Los agentes biológicos, como el ántrax, la toxina botulínica y la peste, pueden representar un desafío difícil para la salud pública, porque pueden causar un gran número de muertes en un corto período de tiempo y son difíciles de contener.

Otra pregunta clave es si se podría provocar una epidemia con estos agentes. Y la OMS lo tiene muy claro:

Los ataques de bioterrorismo también pueden provocar una epidemia; por ejemplo, si se usan los virus del Ébola o de Lassa como agentes biológicos.

Parecería que es más fácil decirlo que hacerlo y que las armas biológicas no serían un problema, debido a la dificultad de manipulación del agente, de su diseminación y de la falta de protección para la nación que lo use. Sin embargo, la OMS no está de acuerdo con esta opinión:

El uso de agentes biológicos es un problema grave y está aumentando el riesgo de usar estos agentes en un ataque bioterrorista.

La OMS tiene, por supuesto, un conflicto de intereses. Exagerar el riesgo le beneficia. Cuanto mayor sea la posibilidad de que ocurra y más grave sea el peligro de un ataque biológico, mayor es la justificación para seguir proveyendo fondos a organizaciones internacionales como la misma OMS. Pero desde el punto de vista de alguien como yo, que trabaja en el laboratorio manipulando virus y que sabe que esos componentes se pueden comprar en internet y que, por lo tanto, se da cuenta de lo fácil que lo tienen los Gobiernos y los grupos terroristas para planear masacres, la OMS no exagera, se queda corta.

Los agentes biológicos son letales en cantidades aún más pequeñas que las armas químicas. Treinta y cinco gramos, por ejemplo, de toxina botulínica serían suficientes para matar a sesenta millones de personas, y un solo gramo de esporas de ántrax sería bastante para aniquilar a muchas más. El ántrax es el arma dorada de los déspotas de Oriente Medio, de Rusia y del ejército de Estados Unidos.

No es verdad que un adolescente pueda manipular un virus en su sótano, pero gracias a los constantes avances de la tecnología de ADN, cada vez resulta más fácil la manipulación precisa y eficaz de los genomas. Esto ha llevado a cambios profundos en campos como el de la agricultura, en el que las intervenciones genéticas se han globalizado; la creación de animales transgénicos con fines médicos y no médicos, o incluso para clonar una mascota —asunto con el que se está forrando la fundación coreana Sooam Biotech Research Foundation, cuyos científicos, por cien mil euros, clonan a tu perrito—. Más compleja, desde el punto de vista ético, es la introducción de cambios en el genoma de los embriones humanos usando una tecnología llamada CRISPR. Esta estrategia la usan las bacterias para destruir virus mediante la modificación del genoma viral.[1] Ahora esta tecnología puede usarse para editar cualquier tipo de genoma, incluido el de los seres humanos. En teoría, podrían hacerse cambios genéticos no solo para librar al feto de anomalías genéticas —algo que desearía el mono desnudo eugenésico—, sino para, ya puestos, introducir cambios estéticos: ¿quién no desearía tener hijos guapos si pudiese escoger? Los amantes de la estética que se gastan una fortuna para tener una cara Instagram, parecerse a Alex Pettyfer, lucir las caderas de una Kardashian, el pelo de Barbie, una cara en V de anime o manga, o la frente de la Mona Lisa: ¿pondrían en peligro la vida de sus hijos para conseguir efectos estéticos?, ¿sus fans los imitarían?, ¿se saltarán todas las normas para conseguirlo? Me temo que sí.

1. En mayo de 2020, la tecnología CRISPR, que puede detectar secuencias de ADN de virus con gran precisión, se empleó por primera vez para detectar coronavirus. El MIT y Harvard, en Cambridge, Massachusetts, han desarrollado este nuevo kit de diagnóstico. El descubrimiento de CRISPR y sus aplicaciones recibieron el Princesa de Asturias de Investigación Científica de 2015 y probablemente esta tecnología termine ganando el Premio Nobel. Un español, Francis Mojica, reclama los créditos del descubrimiento. Él fue quien las bautizó como *Clustered Regularly Interspaced Short Palindromic Repeats*, de donde proviene el acrónimo CRISPR. Mojica se quedó fuera del Princesa de Asturias.

Un científico utilizó CRISPR para destruir el «receptor» del virus del sida en dos embriones humanos. Naturalmente, las células no tienen receptores para los virus, sino que estos utilizan proteínas de las células para poder infectarlas, así que el científico modificó el genoma de dos bebés para destruir una proteína normal que está presente en la mayoría de los individuos y cuya eliminación podría tener inesperados efectos durante el desarrollo embrionario y la vida adulta. Este investigador ha caído en desgracia y por suerte China, junto a la mayoría de los países del mundo, ha prohibido el uso clínico de CRISPR en embriones.

Si la manipulación genética está aquí y ha venido para quedarse, es patente que hace mucho tiempo que domina el mundo de los virus de laboratorio. Los virus son entidades simples, de fácil manipulación en cualquier instituto de investigación. Podemos estar seguros de que, tras las puertas cerradas de laboratorios secretos, en medio de una pandemia que matará a millones personas en todo el mundo, grupos militares, apoyados por enormes presupuestos, se esfuerzan en crear virus que puedan utilizarse como armas biológicas con fines de guerra abierta, guerrilla asimétrica o bioterrorismo.

La COVID-19, que ha puesto de rodillas a superpotencias como Estados Unidos, Arabia Saudí o el Reino Unido, no ha parado de darles ideas. Los virus pueden usarse incluso para destruir de modo furtivo la economía de un país enemigo. Además de infectar personas, los bioterroristas podrían inocular virus en el ganado o las semillas de cultivos para destruir la ganadería y las cosechas.

Y todo ello podría combinarse para obtener un mayor efecto destructivo.

Existen los mercados negros de armas y existe también la «biología negra». La revolución genómica está empujando a la biotecnología a una fase explosiva de crecimiento. Porque si los agentes biológicos «convencionales» no son lo bastante aterradores, una ciencia secreta y lúgubre, misteriosa y criminal manipula genéticamente gérmenes, como los virus, para crear imparables armas de terror.

¿Qué ofrecen estos laboratorios que trabajan en la sombra? Construir dragones de diseño, demonios de proteínas y ADN, virus furtivos que no responden a ningún tipo de tratamiento o para los que solo el Estado terrorista tiene la vacuna. La amenaza puede ser múltiple con la liberación deliberada de un patógeno que causa una o más de una variedad de enfermedades diferentes o con el bombardeo de varios virus al mismo tiempo. Un laboratorio clandestino puede vender enfermedades a la medida de lo que quiera conseguirse: despoblar una región, destruir un ejército, llevar un país a la pobreza, disparar una pandemia.

Pueden incluso producir agentes biológicos cuya activación requiera un segundo paso, es decir, que el virus solo se multiplique si la persona infectada entra en contacto con un químico determinado; esto añadiría un mecanismo de control para los agentes letales para los que no existe vacuna. También permitiría mantener el virus dormido en la persona infectada, que no tendría ningún síntoma, así que sería imposible detectarla con cámaras térmicas o exámenes de sangre durante un viaje hasta que llegase al país adecuado, cuando se dieran las circunstancias idóneas para su activación.

¿Dónde se encuentran estos laboratorios ilegales o secretos? Pueden estar en cualquier lugar. No se necesita la colaboración del ejército; la industria civil dispone del equipo y las infraestructuras para producirlos a gran escala. Estas armas pueden fabricarse en instalaciones dedicadas para fines legítimos, como la producción de vacunas. Debido a ello, es muy difícil distinguir entre las actividades legítimas de investigación biológica y la producción de agentes avanzados de armas biológicas en países o empresas que no colaboren con auditores internacionales potenciales. ¿Quiénes son los clientes de la «biología negra»? Las armas biológicas son las armas atómicas de los pobres. Fabricar cantidades suficientes para eliminar la población de un país como España es asequible a muchos estados de economías emergentes, estados que usan el chantaje y el terror para conseguir sus fines políticos o la diseminación de sus ideas políticas o su fe religiosa.

Las armas biológicas están en la agenda de los grupos terroristas de ideologías y creencias religiosas convencionales y más vistosas, y en las de aquellos grupos carentes de ellas. Los motivos para el ataque pueden ser políticos, religiosos, paranoias y conspiraciones. Y en otros no se puede encontrar lógica alguna.

Las infraestructuras de cada grupo varían enormemente. La secta Aum Shinrikyo, que lanzó el agente químico sarín en el metro de Tokio, tenía instalaciones que incluían compañías tapadera para la compra de materiales y equipos, laboratorios modernos para la fabricación de productos químicos y biológicos. Supuestamente, antes del ataque al metro en 1995, la secta habría intentado otros tres ataques biológicos en Japón utilizando ántrax y toxina botulínica. Su interés también estaba centrado en los virus e intentaron adquirir el virus del Ébola en Zaire en 1992. Hasta la actualidad, el alcance completo del programa de armas biológicas del Aum Shinrikyo, así como lo que se ha hecho con las que les requisaron, no se ha hecho público.

La secta de Aum Shinrikyo estaba bien equipada, pero se pueden fabricar armas biológicas con menos equipo y presupuesto. Según el Departamento de Defensa de Estados Unidos, el desafío técnico de su desarrollo no es mayor que el necesario para la producción ilegal de heroína. El desarrollo de un arma biológica podría costar menos de cien mil euros, necesitaría un equipo de seis biólogos y llevaría unas pocas semanas si se sabe lo que se quiere y el laboratorio está disponible. A veces, el bioterrorista no tiene que invertir ni un céntimo, como en los casos en los que usa un agente biológico que ha sido ya creado por un Gobierno para sus propios fines.

Las secuencias genéticas completas del virus de la polio, el coronavirus que causó la COVID-19, el cólera, la peste y más de otros cien patógenos letales son públicas. El Gobierno estadounidense facilita materiales biológicos si se quiere trabajar en una vacuna o el tratamiento del virus del Ébola. Hace unos años, sin otra intención que la de demostrar que podía hacerse, los investigadores de la Universidad Estatal de Nueva York en Stony Brook, dirigidos por Eckard Wimmer, recrearon de modo completamente sintético el virus de la poliomielitis. Lo hicieron utilizando información pública y comprando los materiales *on line*. Wimmer explicó que la relevancia científica del experimento consistía en demostrar que se podía construir un virus en una probeta utilizando solo información química. Según él, el experimento demostró que no era cierto que la proliferación de los virus dependiera de la presencia física de un genoma funcional para instruir el proceso de replicación. Su equipo había transformado el poliovirus en una entidad química, que puede sintetizarse sobre la base de la información almacenada en el dominio público, una demostración de que estos procedimientos son aplicables a la síntesis de cualquier virus. Así que, según él, era un avance científico. Pero muchos tienen dudas al respecto.

Si esas eran las explicaciones de Wimmer, para algunos virólogos reputados de Estados Unidos ese experimento era innecesario, absurdo y un guiño muy claro a los bioterroristas. La reconstrucción sintética del virus de la polio muestra que es posible crear cualquier tipo de virus asesino y, por ende, fabricar una pandemia de laboratorio. Es famosa la historia de la resurrección del virus de la gripe que causó la pandemia de 1918 —de ello hablamos a fondo en otro capítulo—. En ese caso, el objetivo era benigno; se trataba de prepararse para posibles pandemias futuras causadas por un virus similar. Otros grupos pueden tener fines menos humanitarios.

La guerra biológica es tan antigua como la civilización. Los atenienses sospecharon que los espartanos habían envenenado el agua de la ciudad, y un antiguo manual indio del arte de gobernar, el *Kautiliya Arthasastra*, informaba a los gobernantes sobre el uso clandestino de venenos.

En 1340, los atacantes bombardearon el castillo de Thun L'Eveque en Hainault, en el norte de Francia, usando catapultas cargadas con animales muertos. Los defensores no pudieron aguantar el hedor y, temiendo morir de peste, negociaron el cese de hostilidades. Unos años después se produjo uno de los episodios de guerra biológica mejor documentados: el asedio de Caffa. En el siglo XIV, en su intento de infectar a los habitantes de una ciudad bajo asedio, los atacantes mongoles utilizaron catapultas para arrojar los cuerpos de las víctimas de la peste bubónica sobre los muros de la ciudad de Caffa, en Ucrania. Así lo contó un contemporáneo de la batalla, Gabrielle de Mussi —citado por Mark Wheelis en *Biological Warfare at the 1346 Siege of Caffa*:

> Los mercaderes cristianos, que habían sido expulsados por la fuerza, estaban tan aterrorizados por el poder de los tártaros que, para salvarse a sí mismos y sus pertenencias, huyeron en un barco armado a Caffa, un asentamiento en la misma parte del mundo que habían fundado hacía mucho tiempo los genoveses.
>
> ¡Oh, Dios! Vea como las razas paganas del tártaro, que se unieron por todos lados, de repente acudieron a la ciudad de Caffa y sitiaron a los cristianos atrapa-

dos allí durante casi tres años. Allí, acorralados por un inmenso ejército, los cristianos apenas podían respirar, aunque les podía llegar comida, lo que les ofrecía algo de esperanza. Pero he aquí que todo el ejército tártaro se vio afectado por una enfermedad que mataba a miles y miles cada día. Era como si llovieran flechas del cielo para golpear y aplastar su arrogancia. Todo consejo y atención médica fue inútil; los tártaros morían tan pronto como aparecían los signos de la enfermedad: hinchazones en la axila o la ingle causadas por bultos coagulantes, seguidos de una fiebre pútrida.

Los tártaros, moribundos, atónitos y estupefactos por la inmensidad del desastre provocado por la enfermedad, perdieron el interés en el asedio. Pero ordenaron que los cadáveres fueran colocados en catapultas y se bombardeara con ellos la ciudad con la esperanza de que el hedor intolerable matara a todos los que estaban dentro. Lo que parecían montañas de muertos se lanzó a la ciudad, y los cristianos no podían esconderse, huir o escapar de ellos, aunque arrojaron tantos cuerpos como pudieron al mar. Y pronto los cadáveres podridos contaminaron el aire y envenenaron el suministro de agua, y el hedor era tan abrumador que apenas uno de varios miles estaba en condiciones de huir de los cadáveres del ejército tártaro. Además, un hombre infectado podía llevar el veneno a los demás e infectar a personas y lugares con solo mirarlos. Nadie sabía, o podía descubrir, un medio de defensa.

En 1422, se usó, sin éxito, la misma táctica cuando en el asedio de Karlstein, en Bohemia, las fuerzas atacantes lanzaron los cadáveres en descomposición de los soldados muertos en la batalla sobre los muros del castillo. Las fuerzas tunecinas usaron la misma estrategia al arrojar a los cristianos asediados ropas contaminadas con peste en 1785.

En el otro lado del Atlántico, en América, algunos oficiales británicos discutieron planes para transmitir la viruela a los nativos americanos durante la Rebelión de Pontiac, cerca de Fort Pitt (Pittsburgh, Pensilvania), en 1763. Sir Jeffrey Amherst, comandante de las fuerzas británicas en América del Norte, sugirió el uso deliberado de la viruela para disminuir la población indígena americana hostil a los británicos. Un comandante escribió: «Les dimos dos mantas y un pañuelo del hospital de viruela. Espero que tenga el efecto deseado».

La viruela se propagó entre los nativos estadounidenses en el área durante esa rebelión y después de ella.

En otro continente se utilizó el mismo virus con fines de conquista. Coincidiendo con la llegada de los colonizadores, un brote de viruela en Australia en 1789 mató a miles de aborígenes que se oponían a ellos. Los historiadores sostienen que se trató de un acto deliberado de guerra biológica contra los habitantes originales. El capitán de la Primera Flota confesó en su diario que los barcos ingleses que llegaron a Australia portaban botellas que contenían el virus de la viruela. Fue un acto premeditado. La viruela se utilizó cuando comenzaban a agotarse las municiones. Y tuvo éxito. La epidemia asesinó a miles de indígenas y destruyó la resistencia organizada en los asentamientos de la costa este de Australia. Tras el ataque biológico, Inglaterra tuvo vía libre para colonizar el continente.

En 1887, el escritor francés Albert Robida escribió una novela de ciencia ficción titulada *Guerra en el siglo veinte*. Uno de los bandos contendientes planea utilizar armas biológicas y para ello reúne a un equipo multidisciplinario:

> Un oficial se reunió en un salón con el cuerpo médico compuesto por ingenieros químicos, médicos y boticarios, y discutió las últimas medidas que se tomarían para detonar cuando pasase el ejército francés doce minas cargadas de miasmas concentrados y microbios de fiebre maligna, disentería, sarampión y otras enfermedades.

Como hemos comentado antes, quizá no fueron minas, pero unas decenas de años después de la publicación de la novela francesa se fabricaron bombas llenas de microbios durante la guerra.

Los japoneses usaron la peste como arma biológica durante la guerra chino-japonesa a finales de la década de 1930. Rellenaron bombas huecas con pulgas infectadas por la peste y las arrojaron desde aviones sobre dos ciudades chinas. En otros ataques usaron cólera y la bacteria *Shigella*. Se estima que quinientas ochenta mil personas murieron como resultado del programa japonés de armas biológicas.

No sabemos si los oficiales japoneses habían leído o no el cuento corto de ciencia ficción de Jack London «La invasión sin paralelo», publicado en 1910. En esta narración se describe un ataque a China en el que se utilizan armas biológicas. La diferencia entre este y muchos otros relatos de guerras biológicas es que aquí las armas incluyen numerosos virus y bacterias. La idea del ataque se le ocurre a un científico, quien se la comunica al primer ministro de su país y este a los jefes de Gobierno de otros países de Occidente.

Como Pekín fue bombardeada con tubos de vidrio, así lo fue toda China. Las pequeñas aeronaves, despachadas desde los buques de guerra, contenían solo dos hombres cada una, y sobre todas las ciudades, pueblos y aldeas que sobrevolaban, un hombre dirigía el avión y el otro arrojaba los recipientes de cristal.

Jack London sabía que hay personas que son naturalmente resistentes a un virus o a más de uno, por eso en el ataque se utilizan una mezcla de virus y bacterias:

Si hubiera sido una sola plaga, China podría haberla superado. Pero ninguna criatura era inmune a una veintena de plagas. El hombre que escapó de la viruela murió después de escarlatina. Quien era inmune a la fiebre amarilla moría de cólera; y si también fuese inmune a esta, la peste negra, que era la peste bubónica, lo mató. Porque fueron estas bacterias, gérmenes, microbios y bacilos cultivados en los laboratorios de Occidente lo que cayó sobre China con la lluvia de vidrio.[2]

Durante la Segunda Guerra Mundial, Alemania, la Unión Soviética, Estados Unidos, Japón y Reino Unido desarrollaron en secreto el ántrax y otras armas biológicas. Un ataque con tularemia —diez bacterias son suficientes para causar una enfermedad mortal si se usa como arma de propagación por inhalación— de los soviéticos contra el ejército alemán quizá sea solo un rumor. Y aunque Alemania acusó a los británicos de importar mosquitos infectados para desencadenar una epidemia de fiebre amarilla en la India, no hubo forma de confirmarlo. Sobre otros hechos existen pruebas fehacientes.

Los ingleses llevaron a cabo experimentos con bombas de esporas de B. anthracis, el agente que produce ántrax, en la isla Gruinard, cerca de la costa de Escocia. Se utilizaron en la mayoría de los casos bombas pequeñas que se detonaron a dos metros del suelo. Pero desde un

2. Este cuento del socialista London tiene innegables tintes racistas. Al parecer, al escritor le preocupaba el posible auge de emigrantes orientales. Un párrafo al final del cuento no deja lugar a dudas sobre las lúgubres fantasías del autor:

Durante todo el verano y el otoño de 1976, China fue un infierno. No había forma de eludir los proyectiles microscópicos que encontraban los más remotos escondites. Los cientos de millones de muertos permanecieron sin enterrar y los gérmenes se multiplicaron, y, hacia el final, millones murieron diariamente de hambre. Además, el hambre debilitó a las víctimas y destruyó sus defensas naturales contra las plagas. Reinaron el canibalismo, el asesinato y la locura. Y así expiró China.

avión se lanzó una bomba de mayor tamaño. Los militares observaron las nubes de ántrax extenderse a favor del viento sobre rebaños de ovejas repartidos en hileras a varias distancias del lugar de la explosión. Después de unos días, un número no definido de ovejas murió debido al ataque. Estos experimentos contaminaron la isla con persistentes y muy resistentes esporas, lo que forzó a descontaminar la isla cuarenta años más tarde.

Al terminar la guerra, Estados Unidos había gastado decenas de millones de dólares en un programa de armas biológicas en el que miles de soldados hacían experimentos. Cientos de miles de animales de laboratorio se expusieron a las enfermedades más letales dirigidos desde los laboratorios de Fort Detrick, en Maryland.

El uso de armas tan poco convencionales como las bombas atómicas lanzadas sobre Japón con efectos letales sin precedentes mostraron que armas distintas de las que se habían empleado en guerras anteriores serían las de uso más frecuente en guerras futuras. Lo confirma la información recogida por los servicios de inteligencia tras la rendición de Japón.

En realidad, los estadounidenses esperaban encontrar grandes arsenales de armas biológicas en Alemania. Los científicos nazis infectaron a prisioneros con organismos como el virus de la hepatitis A, enfermedades producidas por rickettsia, y malaria, pero Alemania nunca tuvo un gran programa de armas biológicas. Hitler padeció las secuelas de las armas químicas de la Primera Guerra Mundial y dio órdenes precisas para que no se crearan armas químicas ni biológicas. La sorpresa fue lo que se encontró en el país del sol naciente. Los espías estadounidenses no habían sido capaces de infiltrarse en los programas de armas biológicas japoneses, así que no hubo anticipos ni prolegómenos de aquella salvajada.

Existían informaciones imprecisas sobre un carácter oscuro, cuyo nombre aparecía de vez en cuando, de pasada, en los informes de los espías. Se trataba de un médico llamado Shiro Ishii, que algunos informes de los servicios de inteligencia pensaban que se trataba de un personaje inventado y que tenía por alias «el Hombre Microbio». Ishii era real, era el Hombre Microbio y estaba al mando de uno de los mayores programas de matanzas en masa. Al Hombre Microbio lo capturaron y lo trasladaron a Estados Unidos. Aislado de Japón, pudo hablar sin censura. Sus declaraciones superaron todo lo imaginado.

El programa de armas biológicas se creó en la década de los treinta en parte porque los funcionarios japoneses estaban impresionados de que la guerra biológica estuviera prohibida por la Convención de Ginebra de 1925. El cuartel general de Ishii se encontraba en una región de China ocupada por los japoneses; era la infame y terrorífica Unidad 731. El lugar, que guardaba un lejano parecido con Los Álamos, donde los estadounidenses lideraron el Proyecto Manhattan que acabó con la producción de dos tipos de bombas atómicas, reunía a varios miles de trabajadores, entre ellos médicos, científicos y militares. Además de los siniestros laboratorios, habían construido un templo sintoísta para la oración y cines y burdeles para la diversión.

Los animales de laboratorio eran campesinos chinos. Ishii secuestraba ciudadanos en sus respectivas casas o en las calles y los encarcelaba en la Unidad 731. Los investigadores médicos también encerraron a los prisioneros enfermos con los sanos, para documentar la velocidad del contagio. Ishii informó de que todos los experimentos humanos acababan con la ejecución del conejillo de indias, superasen o no las pruebas, y la autopsia, con todos los datos meticulosamente recogidos y archivados. Algunas pruebas de análisis de tejidos se hicieron antes de que el paciente muriera; los colgaban del techo y los abrían en canal para examinar cómo los gérmenes afectaban a los órganos internos, y para evitar que los fármacos enmascararan potencialmente los síntomas, no se usaba anestesia. Los sádicos experimentos se consumaron en más de diez mil campesinos.

Ishii y su equipo infectaron a las personas con gérmenes que causan peste, cólera, disentería y fiebre tifoidea. Pero tenían un agente letal preferido: el ántrax. La inhalación de esporas de ántrax desarrolla una neumonía letal. Y se necesita muy poco ántrax para asesinar a miles de personas. Es una de las muertes más horribles. Ishii, así, se colocó en el universo paralelo de los psicópatas que enfrenta a los genios y benefactores de la humanidad. Enfrente de Ishii, al otro lado del espejo, se refleja Pasteur, quien trabajó día y noche para encontrar la vacuna contra el ántrax y salvar a los ganaderos franceses de una plaga que diezmaba el ganado.

Ishii sacó los experimentos del laboratorio y los exportó a ciudades chinas. En una de ellas se utilizaron aviones para bombardear a los ciudadanos con proyectiles llenos de pulgas infectadas con *Yersinia pestis*, agente causal de la peste bubónica. Nadie sabe cuántos murieron en esas pruebas. Japón esperaba poder usar esas armas contra Estados Unidos. El proyecto incluía usar pilotos kamikaze para arrojar pulgas infectadas con yersinia sobre San Diego. La estrategia se probó primero usando cientos de globos; doscientos de ellos aterrizaron en Estados Unidos y causaron víctimas mortales en Montana y Oregón. La idea era trasladar esporas de ántrax en los globos para iniciar una epidemia.

Las tropas japonesas también contaminaron con cólera y fiebre tifoidea pozos y estanques, e iniciaron epidemias de disentería, cólera y fiebre tifoidea en la provincia de Zhejiang, en China. La dificultad para controlar las bacterias quedó demostrada cuando miles de soldados japoneses se pusieron enfermos y casi dos mil murieron a causa de las enfermedades.

Sheldon H. Harris, un historiador estadounidenses, ha publicado que más de doscientos mil chinos fueron asesinados durante la guerra biológica y que, además, los laboratorios liberaron animales infectados con la peste cuando la guerra estaba terminando, lo que originó varios brotes de peste en los que murieron treinta mil personas más. Otros investigadores de la guerra biológica de Japón aceptan que los programas existieron, pero consideran exageradas las cifras que proporciona Harris.

Ishii ofreció todos sus datos en sujetos humanos a cambio de inmunidad para él y sus colegas. Douglas MacArthur, que estaba al mando de la ofensiva contra Japón, negoció el acuerdo. Necesitaban la información si querían combatir contra la Unión Soviética, que estaba desarrollando este tipo de programas. A diferencia de los médicos nazis, a los que se condenó en el juicio de Nuremberg y se ahorcó después, en el juicio por los de Tokio no se procesó a ningún médico envuelto en guerra biológica. Si se hubiera procesado a los científicos japoneses, el programa de armas biológicas de Estados Unidos se habría quedado atrás y los rusos habrían llegado a conocer los datos de los estudios de Ishii.

El acuerdo entre Japón y Estados Unidos permitió al general Shiro Ishii, jefe de la Unidad 731, vivir sin que lo molestaran. Sus subordinados y colaboradores triunfaron durante la posguerra: uno de ellos fue gobernador de Tokio, otro fue el presidente de la Asociación Médica de Japón y otro lo fue del Comité Olímpico de Japón.

Hay psicópatas, como los científicos japoneses o los estadounidenses, que decidieron probar la bomba atómica cuando Alemania ya se había rendido, que llegaron a tener puestos de poder y gran relevancia social una vez terminada la guerra. En las guerras sigue valiendo todo, porque el único objetivo es ganar, así que las conductas observadas en la execrable Unidad 731 pueden volver a repetirse en guerras futuras o tal vez estén repitiéndose ya en los conflictos bélicos del presente, como el de Siria, en las fronteras donde quedan atrapados los niños de los emigrantes sin recursos o en los desesperados campos de refugiados.

Una vez terminada la guerra, Estados Unidos y la Unión Soviética lanzaron programas de armas biológicas a gran escala que incluyeron el desarrollo de tecnología que facilitara el bombardeo de virus o toxinas bacterianas con aviones o misiles. Durante la Guerra Fría, en plena carrera armamentística, la Unión Soviética fabricó y almacenó virus de la viruela y otros agentes patógenos. En la década de 1970, se suponía que tenía almacenadas toneladas de virus de la viruela y que mantuvo la capacidad de producción hasta el comienzo de la década de los noventa. Y también manufacturaba ántrax, porque el «escape» de un laboratorio militar de una mínima cantidad de ántrax modificado para convertirlo en un arma biológica se llevó por delante a setenta personas en 1979.

La Unión Soviética afirmó, impávida, que había desmantelado el programa de armas biológicas a finales de la década de los ochenta, pero ninguna potencia europea o americana cree que eso sea completamente cierto. Es más, Rusia podría haber transferido materiales ilícitos y conocimientos sobre armas biológicas a otros países. Y así varios países tendrían cantidades clandestinas del virus de la viruela, que solo debería estar guardado en los laboratorios de referencia de la OMS.

La lista de las naciones sospechosas de mantener actualizados los programas de guerra biológica incluye a China, Irán, Corea del Norte, Rusia y Siria. Desde la década de los cincuenta, varias naciones intercambiaron acusaciones que, sin embargo, no se han demostrado. Algunos países de Europa del Este acusaron a Reino Unido de usar armas biológicas en Omán en 1957. China acusó a Estados Unidos de causar una epidemia de cólera en Hong Kong en 1961. El diario *Pravda* culpó al Gobierno colombiano de usar, con la ayuda de Estados Unidos, armas biológicas contra civiles en 1964. En 1969, Egipto denunció a países no determinados de provocar la epidemia de cólera en Irak de 1966.

En Europa, en la década de los noventa, se encontraron grandes cantidades de toxina botulínica en un laboratorio montado en un piso franco de la Facción del Ejército Rojo en París, Francia.

Robert Louis Stevenson escribió *El dinamitero* en 1885. En este libro, el narrador anarquista sugiere la posibilidad de contaminar los sistemas de alcantarillado de las ciudades británicas con bacilos tifoideos. La historia se inspira en el terror que infundían dos fenómenos de la época victoriana, los anarquistas y los problemas de salud pública como el cólera o la fiebre tifoidea. La situación imaginada por Stevenson se copió en un ataque terrorista doméstico en Estados Unidos, orquestado en Oregón por el gurú indio Bhagwan Shree Rajneesh.

Rajneesh afirmaba que había encontrado la iluminación mientras estudiaba en una universidad de la India. En los setenta, introdujo una práctica espiritual llamada «meditación dinámica» y se convirtió en un influyente gurú. Sus enseñanzas generaron conflictos con las autoridades y para evitar la cárcel, Rajneesh huyó a Estados Unidos y se instaló en Oregón con la intención de establecer una comuna espiritual.

Aquí sus tácticas sociales generaron revueltas y los miembros de su grupo recurrieron al crimen para intentar lograr sus fines, incluyendo un ataque biológico con salmonela, el microbio que produce la fiebre tifoidea, que hizo enfermar a más de setecientas personas. Varias mañanas de septiembre de 1984, después de que fracasaran otros intentos de contaminar el suministro de agua local, numerosos equipos formados por dos miembros de la secta salieron del rancho hacia los restaurantes de la ciudad donde, uno tras otro, infectaron con salmonela los bufés de ensaladas. Los servicios de emergencia se saturaron. Fue el mayor ataque de bioterrorismo en Estados Unidos.

A Rajneesh lo deportaron a la India. Allí se cambió el nombre a Osho y volvió a reunir seguidores. Como las situaciones irracionales se dan en racimos, después de la muerte de su líder, la comuna terminó llamándose Centro Internacional de Meditación Osho y congrega a cientos de miles de visitantes al año. Uno de sus lemas es: «El lugar donde tu salud se convierte en un estilo de vida».

El ataque biológico doméstico más reciente ocurrió justo después de los ataques de Al Qaeda del 11 de septiembre de 2001 contra las Torres Gemelas. Varios periodistas y senadores recibieron cartas con esporas de ántrax. Hubo cinco víctimas mortales y diecisiete más manifestaron síntomas de intoxicación. El FBI concluyó que Bruce Ivins, un investigador de biodefensa de Estados Unidos que trabajaba en Fort Detrick, era, probablemente, el terrorista. Bruce Ivins se suicidó en 2008 mientras lo investigaban por lo que nunca llegó a convertirse en una acusación oficial. Ivins habría llevado a cabo los ataques para que la vacuna contra el ántrax, en la que había trabajado varios años, volviese a recuperar la atención de las autoridades médicas y se dedicasen fondos a proseguir esas investigaciones. También se dudaba de su salud mental, pero no se obtuvo ninguna evidencia directa que lo vinculase con los ataques. El FBI manifestó que producir aquel ántrax no habría costado más de dos mil quinientos dólares.

La realidad imita al arte. Es posible que el ántrax manipulado genéticamente para resistir a los antibióticos, que pudo haber causado una plaga, se profetizara en la novela *La danza de la muerte*, también titulada *Apocalipsis*, de Stephen King. En esa novela, considerada una de las mejores del prolífico rey del terror, King cuenta la historia de los efectos de un virus de la gripe manipulado en una instalación del ejército. Un militar huye de una instalación gubernamental que se ha contaminado con un virus de la gripe como el que produjo una de las mayores pandemias a principios del siglo XX, pero que se ha modificado para convertirlo en un arma biológica. Este virus, al final, mata a más del noventa y cuatro por ciento de la población mundial.

Una vez visité en Fort Detrick el laboratorio donde se fabricó el ántrax. Durante una visita, a propósito de la preparación de un estudio clínico para examinar la toxicidad de adenovirus en pacientes con cáncer, me hicieron un tour por Fort Detrick. Pasamos una barrera con garita y soldados armados hasta los dientes, donde inspeccionaron documentos, personal y vehículo, y entramos en un complejo de edificios de ladrillo sucio de aspecto aburrido y silencioso.

Me llevaron expresamente a ver el laboratorio. No era diferente de muchos otros que había visitado, no tenía un aura sospechosa, no estaba sacado de un cuento de Lovecraft y tampoco parecía el lugar destartalado y desordenado donde trabajaría un científico loco: todo estaba en orden. Por su aspecto, podía haber sido el laboratorio de cualquier científico que estuviera trabajando en vacunas. Pero no lo era. Allí, recluido entre las cuatro paredes, con una bata blanca, un hombre había decidido dar una lección a sus compatriotas causándoles la muerte. La normalidad inesperada me causó una profunda impresión. También me resultó impresionante el texto de las notas que se enviaron a las víctimas del ataque terrorista, pues sugerían una falsa bandera. El texto de la segunda nota, escrito con falsas faltas de ortografía, como si lo hubiera escrito un extranjero, decía:

09-11-01
No podéis pararnos.
Tenemos este ántrax.
Vosotros morir ahora.
¿Tienes miedo?
Muerte a América.
Muerte a Israel.
Alá es grande.

Durante la manipulación del adenovirus Delta-24, conocí a científicos de Europa del Este emigrados a Estados Unidos. El rumor, no confirmado, es que en Rusia se trabajaba con mejoras de virus parecidas a las nuestras, pero que su guerra no era contra el cáncer. Probablemente solo eran leyendas urbanas.

En el cuento corto «*Yah!, Yah!, Yah!*», de Jack London, la violencia entre los nativos de la Melanesia y los blancos acaba en una guerra biológica en la que se empleó un virus muy conocido que, como el de la viruela, viajó con los españoles durante la conquista de América. Así lo cuenta London:

> Los seis hombres que fueron liberados y llevados a tierra fueron los primeros en coger al diablo-diablo que los capitanes mandaron a perseguirnos.
> —Produjo una gran enfermedad —interrumpí, porque reconocí el truco. El barco de guerra había tenido sarampión a bordo y los seis prisioneros habían sido expuestos deliberadamente a la enfermedad.
> —Sí, una gran enfermedad —continuó Oti—. Era un poderoso demonio-demonio. Ni el hombre más viejo había oído hablar de ella. Matamos a nuestros sacerdotes porque no pudieron vencer al demonio-demonio. La enfermedad se extendió. He dicho que había diez mil de nosotros, que estábamos hombro con hombro en el banco de arena. Cuando la enfermedad nos dejó, quedaban vivos tres mil.

El tema de modificar virus para convertirlos en armas biológicas ha cobrado popularidad durante la pandemia del coronavirus. Tanto Estados Unidos como China se han acusado de haber «fabricado» el virus en laboratorios de los que escapó por accidente. Son, probablemente, *fake news*. El Pentágono y la comunidad de inteligencia están investigando la posibilidad de que los adversarios puedan usar el nuevo coronavirus como arma biológica. Esta actitud refleja la evolución del aparato de seguridad nacional en la comprensión de los peligros del virus.

Los funcionarios de los comités de defensa e inteligencia puntualizaron que el hecho de que se esté investigando en esa línea no implica que crean que el virus se haya creado a propósito para utilizarse como un arma: los servicios de inteligencia aún están investigando los orígenes potenciales del virus, incluida la teoría de que se manipulara o se escapara del laboratorio de virología de máxima seguridad de Wuhan, la ciudad donde comenzó la epidemia.

¿Cuáles son los agentes que se usarán con más probabilidad en un ataque con armas biológicas? La agencia del control de enfermedades americana los ha catalogado en tres categorías de acuerdo con el riesgo que suponen para la seguridad nacional. Los agentes de la categoría A tienen la máxima prioridad, porque pueden transmitirse de persona a persona, son letales y pueden originar gravísimos trastornos sociales, como por ejemplo el pánico en la población diana.

En el grupo A están incluidos varios virus: la viruela y los virus que causan fiebres hemorrágicas, como los del Ébola, Marburgo, Lassa y Machupo. No hay tratamiento para ellos y existe la tecnología para manipularlos y crear nuevos virus aún más dañinos. Los agentes de categoría B son moderadamente fáciles de diseminar y resultan en baja mortalidad. Estos virus causan distintos tipos de inflamaciones cerebrales, como la encefalitis equina venezolana, la encefalitis equina oriental y la encefalitis equina occidental. El grupo C incluye agentes de enfermedades raras que podrían diseñarse para una diseminación masiva en el futuro, como el virus Nipah, un virus ARN que se transmite de los murciélagos y puede causar encefalitis, y los hantavirus, que provocan neumonías muy graves.

Además de los virus de esas tres categorías, existen otros que infectan animales y pueden ocasionar enfermedades mortales en el hombre: los priones, que causan las encefalopatías de las vacas locas y el síndrome de Creutzfeldt-Jakob en humanos; el virus de la fiebre del valle del Rift; el virus Hendra y el virus que causa la fiebre del Nilo.

¿Cuál sería el agente infeccioso perfecto para la guerra? Tendría que cumplir una serie de características:

1. Un virus que se transmita por el aire, como el sarampión.

2. Sin tratamiento eficaz conocido, como el ébola.

3. Sin vacuna conocida, como la fiebre amarilla.

4. Capaz de producir una gran alarma social, como la viruela.

5. Que produzca enfermedades mortales o incapacitantes, como la polio.

6. Difícil de diagnosticar e identificar, como los virus de enfermedades exóticas raras.

7. Para el que se disponga de tratamiento o vacuna secreta.

¿Existe ese agente? Nadie lo sabe con certeza. Pero los sicarios de la biología negra trabajan en ello cada día y hay Gobiernos que pagarían auténticas fortunas por conseguirlo.

Para prevenir el bioterrorismo se ha hablado de mantener en secreto los avances científicos porque esa información podrían utilizarla grupos terroristas o países que no respetan tratados internacionales de control de armas. Limitar la información, sin embargo, casi nunca funciona. La libertad de publicación y su distribución a través de los países es esencial para el progreso de la investigación científica. Progreso es, quizá, la mejor estrategia para protegerse contra el bioterrorismo. Algunos críticos consideran esta visión como ingenua y quizá tengan parte de razón, pero nadie ha propuesto nada mejor. La censura parcial es imposible y la censura total equivaldría a frenar el avance científico, con lo que los bioterroristas, de alguna manera, habrían ganado la primera batalla: detener el progreso.

La mejor estrategia es la unidad de las naciones y dotar de fondos suficientes a las organizaciones supranacionales para construir redes de detección, alerta y tratamiento de las posibles plagas iniciadas por ataques terroristas. Medidas como las tomadas frente al coronavirus, es decir, aumento de la higiene personal, distanciamiento social y mitigación, pueden funcionar contra muchos ataques si estos se detectan a tiempo, aunque el agente y las rutas de contagio y diseminación no se identificaran por completo.

El peligro del bioterrorismo no desaparecerá. Usar balas de virus es barato y efectivo. Incluso un agente que cause poca mortalidad, como el SARS-CoV-2, es capaz de paralizar al país más poderoso del mundo. No dudemos que esta pandemia ha resucitado el mórbido entusiasmo y provisto de horribles ideas a la biología clandestina.

6

La teoría de los gérmenes

Señores: los microbios tendrán la última palabra.

LOUIS PASTEUR

Viajar en el tiempo es posible. Aunque solo hacia el futuro. Basta con navegar por el espacio a suficiente velocidad durante un tiempo —si pudiéramos acercarnos a un agujero negro, mejor: a mayor masa, mayor lentitud en el paso del tiempo— y al regresar a casa, sin apenas envejecer, aterrizaríamos directamente en el futuro. Viajar al pasado no es tan sencillo, pero si pudiera hacerse escogería conocer a Johannes Kepler, Santiago Ramón y Cajal y Richard Feynman, mis admirados héroes de la ciencia. Y si solo pudiese escoger un personaje histórico, escogería a Louis Pasteur.

Este genio de genios tuvo éxito en la solución de problemas químicos y biológicos que realmente causaban, y causan a diario, un impacto en la sociedad. Él solo diseñó métodos para protegernos por primera vez de los virus y las bacterias, identificó una nueva causa de enfermedades, fue un pionero en el diseño de las vacunas para animales y hombres, disminuyó radicalmente las muertes durante la cirugía, demostró que no existía la generación espontánea y, casi me olvido, pasteurizó la cerveza y la leche. De todos los efectos de sus brillantes descubrimientos hay un fenómeno que me fascina especialmente. Pasteur fue capaz, junto con otros genios de la época, de convencer a la humanidad de que ciertas enfermedades, un porcentaje grande de ellas, estaban causadas por microorganismos,[1] seres invisibles que vivían en el polvo, el agua y hasta el aire. Imagino el rechazo, la incredulidad, el escepticismo. Hoy en día lo tenemos completamente asumido, tenemos alcohol o agua oxigenada en casa para lavar las heridas; pedimos antibióticos, incluso los exigimos, al médico de cabecera; desinfectamos los suelos y los lavabos. Y hemos aumentado la frecuencia de muchas de esas medidas durante la COVID-19.

En la época de Pasteur, cuando se creía en la generación espontánea, era imposible que los ignorantes y los escépticos suscribieran la teoría de que había microbios que causaban enfermedades. Las enfermedades no las causa-

---

1. Los microorganismos o microbios se estudiaron por primera vez usando el microscopio. El padre de la microbiología es Antonie van Leeuwenhoek (1632-1723).

ban humores, gases, elementos telúricos, hechizos u otras supersticiones; era algo mucho más difícil de aceptar: organismos biológicos. ¿Quién estaría dispuesto a afirmar que la peste que arrasó Europa estaba causada por un «animalículo», un «ser microscópico»? ¿Quién, en su sano juicio, podría aceptar la existencia de las bacterias como causa de enfermedades? Suponía un cambio de paradigma demasiado grande. Y, no obstante, la teoría de Pasteur triunfó por completo. No es de extrañar que siga siendo considerado el mejor científico francés de todos los tiempos en un país que ha dado al mundo muchos genios.

Pasteur descubrió un terror lovecraftiano inimaginable: vivimos rodeados de monstruos invisibles, horribles seres microscópicos que acechan constantemente nuestra piel, nuestros orificios, intestinos y también la sangre y el cerebro. Viven en el aire, en el agua, en la comida, en la bebida; están por todos lados y al menor descuido nos invaden y amenazan con destruirnos.

Hoy sabemos que nuestro cuerpo está cubierto de bacterias y virus, que convivimos con bacterias y virus en nuestro intestino que son capaces de influir en nuestro comportamiento y de desempeñar un papel esencial en algunos tipos de enfermedades psíquicas. Pero esto es un descubrimiento reciente; durante la mayor parte de la historia del hombre, los gérmenes gozaban de la impunidad que proporcionan la invisibilidad y el anonimato. No se buscaban porque ni siquiera se sospechaba de su existencia.

Cómo la humanidad comenzó a aceptar que teníamos enemigos invisibles que eran ubicuos y causaban enfermedades es una historia basada en la aparición de la tecnología del microscopio, en recoger datos, hacer experimentos y también en dejar volar la imaginación. Sin esa capacidad de imaginar lo imposible, nunca habríamos descubierto los virus. Los hombres y mujeres que intuyeron, más que demostraron, la existencia de los virus abrieron la puerta secreta que conducía al inescrutable mundo de los dragones moleculares del edén.

Aquellos científicos tuvieron que renunciar a la lógica, a los conocimientos históricos y a los de los científicos del momento. El descubrimiento de los virus supuso un cambio en el paradigma de la incipiente microbiología. ¿De dónde sacaron el valor de preguntarse si había patógenos que no podían verse ni siquiera con el microscopio? ¿Cómo llegaron a la conclusión de que aquellos dragones invisibles incluso para los microbios, que eran minúsculos en las esferas del nanouniverso, no solo existían, sino que tenían el poder de destruir plantas y animales? Fueron las preguntas y suposiciones de aquellos hombres y mujeres las que expandieron las fronteras del mundo hacia abajo, hacia lo infinitamente pequeño, hacia el equivalente biológico de la mecánica cuántica y sus misteriosas partículas y leyes. Esos pioneros agrandaron las dimensiones del mundo al añadir un microcosmos donde habitan los entes biológicos más numerosos de la Tierra.

Los virus los «adivinaron» dos científicos, Dmitri Ivanovsky y Martinus Beijerinck. Ivanovsky nació a finales de 1864 en Rusia. Cuando tenía veintiséis años y mientras intentaba averiguar la causa de la enfermedad del mosaico del tabaco, una enfermedad contagiosa que hace que las hojas del tabaco se decoloren, preparó una solución con las plantas infectadas y la pasó a través de un nuevo tipo de filtro conocido como «filtro de Chamberland», que estaba hecho de porcelana. Diseñado por un discípulo de Pasteur para filtrar bacterias y así poder aislarlas al mismo tiempo que se purificaba el agua, el filtro de Chamberland tenía poros cuyo diámetro era menor que el de una bacteria. Ivanovsky descubrió, para su sorpresa, que la solución filtrada podía hacer enfermar a las plantas y concluyó que la causa de la enfermedad era una toxina bacteriana, un producto segregado por bacterias y, por ende, más pequeño que estas.

No era una mala idea; de hecho, era la más consistente con la teoría de Pasteur. En aquellos tiempos, con esos datos, muchos de nosotros habríamos pensado lo mismo. Ivanovsky rozó los virus con la punta de los dedos, la metodología era correcta y el experimento era válido; las conclusiones fueron erróneas. Así es la ciencia y así es la vida.

Seis años más tarde, Beijerinck llevó a cabo experimentos similares de forma independiente —¡Cuántas veces ocurre esto en ciencia! ¡Cuántos investigadores han progresado al reproducir la metodología de sus colegas!—, pero dio el salto conceptual necesario y pasó, por primera vez, al otro lado del espejo. Beijerinck publicó que sus experimentos demostraban la existencia de un nuevo tipo de organismo infeccioso que era el causante de la enfermedad del tabaco. Y lo llamó *virus* —«veneno» en latín.

Es interesante comentar las diferencias entre Ivanovsky y Beijerinck. Aunque los dos hicieron un experimento parecido, basado en filtros de bacterias, Ivanovsky no llegó a concluir que el agente filtrable fuera un nuevo agente infeccioso, y como el agente infeccioso no podía crecer en un caldo de cultivo, pensó que podían ser productos bacterianos como las toxinas, lo bastante pequeñas para atravesar el poro de 0,2 micras. Nunca intentó cultivarlo en células. Beijerinck pensó que se trataba de un virus y también imaginó por primera vez que este necesitaba un anfitrión celular para multiplicarse.

Quizá nunca habría habido Beijerincks sin que existieran antes Ivanovskys. Pero en el laboratorio no sirve tener solo la idea, tampoco es suficiente diseñar adecuadamente el experimento; al final hay que saber interpretar los datos. Para ello, muchas veces hay que utilizar la imaginación, que ha de reprimirse a la hora del diseño del experimento. Beijerinck no era mejor haciendo experimentos que Ivanovsky, pero su imaginación le permitió concluir que existía algo nuevo que escapaba a la taxonomía válida hasta entonces.

Supongo que esto también es una buena definición de valentía y braveza. No es fácil saltar al vacío de lo desconocido; podrías no vivir académicamente para contarlo. En ese mismo sentido, es desesperante pensar que Pasteur, que propulsó la fabricación del filtro que permitiría descubrir los virus y que trabajó con enfermedades producidas por ellos y, por tanto, podría haberlos descubierto, no lo hizo.

Después de Beijerinck, el siguiente salto en la vida

científica del virus del tabaco lo dio Wendell Stanley, que por primera vez consiguió cristalizar un virus y ganó por ello el Premio Nobel de Química. Muchas veces, los avances de la ciencia van unidos al desarrollo de nuevas tecnologías, y esto es espectacularmente verdad para los virus. El siguiente paso necesitaría que se inventase una máquina nueva y superpotente: el microscopio electrónico. Por suerte para la virología, desde el primer momento su inventor, Helmut Ruska, colaboró con dos virólogos alemanes para captar las primeras imágenes de un virus: el virus del tabaco.

Las imágenes, bellas donde las haya, dignas de estar colgadas en un lugar prominente de la sala de estar del coleccionista de arte más exigente —pueden comprarse *on line*—, mostraron que el virus tenía forma ¡de cigarrillo!, de cilindro alargado. Rosalind Franklin —póstuma heroína del ADN—, otra artista científica, resolvió la estructura del virus mostrando que se trataba de una espiral única de ARN envuelta en proteínas. En el libro *The Life of a Virus*, que es algo así como la biografía del virus del tabaco, Angela Creager comenta que el descubrimiento del virus del tabaco ha influido en el crecimiento exponencial de la virología y en el avance de la biología molecular. El trabajo de los pioneros produce ese efecto.

Los virus han coevolucionado con los animales, entre ellos simios y humanos. No todos los virus aparecen al mismo tiempo durante la evolución. En la actualidad, se piensa que una serie de ellos aparecieron hace millones de años, antes de que pisase la Tierra el ancestro común al neandertal y el sapiens, lo que ocurrió hace setecientos mil años. Estos virus antiguos son los adenovirus, papilomavirus, circovirus, herpes, poliomavirus y los hapadnavirus y flavivirus —que causan fiebres hemorrágicas—.

Los adenovirus han coevolucionado con los vertebrados desde hace cuatrocientos cincuenta millones de años, antes de la divergencia de los peces de otros vertebrados. Hablando evolutivamente, las cepas de adenovirus son específicas para hombres, chimpancés y gorilas. Algunas cepas saltaron quizá del gorila al ancestro común de chimpancés y humanos. Existe un adenovirus que solo infecta a los humanos y no a los simios.

La relación filogenética de los herpesvirus está bien estudiada y se descubrió que su evolución es en gran parte sincrónica con los linajes del huésped. Las principales sublíneas surgieron probablemente antes de la radiación de los mamíferos, hace entre sesenta y ochenta millones de años, mientras que el momento de la diversificación de las tres subfamilias habría sido hace alrededor de doscientos millones de años. El ancestro más común de todos los herpes conocidos existió hace unos cuatrocientos millones de años.

Los poliomavirus, que tienen algún virus oncogénico, como el poliomavirus de células de Merkel, se formaron hace quinientos millones de años. Los circovirus, que infectan a vertebrados, tienen uno de los genomas de virus más pequeños y contienen dos genes (*rep* y *cap*) que codifican las proteínas asociadas a la replicación (Rep) y la cápside (Cap), respectivamente, y existen desde hace cincuenta millones de años.

Los retrovirus aparecen hace entre cuatrocientos cincuenta y quinientos millones de años, al comienzo del Paleozoico, con el origen de los primeros animales vertebrados. Esta es la fecha más precisa para la identificación de los virus ancestrales.

Todos estos virus se hallaban en África mientras el hombre moderno evolucionó allí hace trescientos setenta mil años. Una vez que el neandertal emigró hacia Eurasia y mientras el hombre moderno seguía aún en África, hace cien mil años, aparecieron otra serie de virus, como el virus varicela-zóster, y la propagación de los virus de la hepatitis B y C y los poliomavirus. Hace quince mil años, con los neandertales ya extinguidos, durante las primeras granjas, apareció la viruela. Más moderno aún es el origen del sarampión, hace solo cuatro mil años; la gripe, hace escasamente dos mil años; el dengue, hace mil años; el VIH, hace cien años; el virus del Zika se identificó en la década de los cuarenta; el virus de Marburgo y los coronavirus se descubrieron en los sesenta; el virus del Ébola, en la década de los setenta, y SARS, MERS y SARS-CoV-2, durante este milenio.

Los virus aparecen constantemente durante la evolución de los animales, incluido el hombre; muchos de ellos contribuyen a la selección natural al producir pandemias en homínidos, como la producida por los herpesvirus, que pudo haber contribuido en la extinción los neandertales, y otros, como los retrovirus, han influido en la evolución de los mamíferos y los simios, incluso en el ascenso a la cima de la evolución del mono desnudo.

La evolución de los virus no es lineal como la evolución de las especies de animales vertebrados. Es decir, el virus A no produce por evolución el virus B que luego produce el virus C y así sucesivamente. Los virus pueden evolucionar mediante un proceso de colaboración en grupo intercambiando información entre ellos y mediante recombinación con genes de otros organismos a través de vastos niveles genéticos. Es una evolución de grupo —llamada «de cuasiespecie»—, en consorcio. Con ello consiguen que dentro del grupo estén representados mosaicos de nuevas combinaciones de genes. La evolución de virus se explica más como la evolución de un grupo muy complejo de individuos que mantienen una nube —usando una metáfora informática— o una matriz constituida por una amplia base de datos genética que como la evolución de un individuo o de un grupo de individuos específico.

Con el avance de la ciencia, la humanidad ha podido modificar la evolución de algunos virus. La herramienta más importante es la vacuna. Como mencionamos en el capítulo 1, uno de los momentos mágicos de la historia de la medicina se produjo el día en que una madre entró con su hijo en el laboratorio de Pasteur. Un perro rabioso se había ensañado con Joseph Meister y lo había mordido más de diez veces. La rabia era una enfermedad letal, quien la sufría estaba abocado sin remedio a una muerte horrible. La rabia la contagian los animales enfermos al inyectar la saliva infectada con un mordisco. Desde el lugar de la infección, el virus viaja por los nervios hacia el cerebro, donde se multiplica y causa una encefalitis mortal. Cuando afecta a los músculos de la garganta, resulta imposible tragar e intentarlo causa un dolor enorme, tanto que ni siquiera se puede deglutir la propia saliva, y por eso los animales rabiosos babean espuma de saliva y evitan beber, lo que da la apariencia de que sufren hidrofobia, odio al agua.

Pasteur miraba desesperado al niño. La madre imploraba que lo curase y el niño lo miraba con esperanza. Uno de los tratamientos más comunes de la rabia por aquel entonces consistía en aplicar un hierro candente para cauterizar las heridas, lo que podía funcionar alguna vez, dado que el período de incubación del virus puede ser largo. En la gran mayoría de los casos, cuando se aplicaba el brutal tratamiento local, el virus ya se había extendido por el cuerpo, lo que hacía que esta terapia fuese inútil. Pasteur, atrapado entre las miradas de madre e hijo, se decidió a poner en marcha su idea.

Investigaba la rabia desde que hacía unos años le habían llevado al laboratorio un perro rabioso. Los ayudantes del microbiólogo encerraron al animal enfermo en una jaula con otros sanos. La rabia se transmitió a todos ellos. Luego pudieron contagiar la rabia a conejos usando saliva de perro o cerebros triturados de animales rabiosos. Más tarde, buscando métodos para atenuar el agente que producía la rabia, comprobaron que si ponían a secar durante unos días trozos de médula espinal de un conejo muerto de rabia obtenían un polvo que al inyectarlo en perros sanos por un lado no se contagiaban de la enfermedad y, por otro, parecía vacunarlos, porque no volvían a sufrir la rabia cuando se les inyectaba de nuevo el virus. Pasteur estaba convencido de que había descubierto la vacuna de la rabia. Y como les ocurre a muchos científicos, que deciden aplicarse su propia medicina antes de hacerla pública, el científico pensaba inyectarse él mismo la vacuna y luego exponerse al virus para comprobar si tenía efecto. Y fue en esa época y en ese estado de ánimo cuando Pasteur recibió a Joseph en su laboratorio.

Trató al niño durante diez días. Los síntomas de la rabia nunca se presentaron. El éxito le garantizó la fama y con ella los medios para la producción de tanta vacuna que pudo tratar a más de dos mil pacientes durante el año siguiente. La acumulación de evidencia sobre el efecto beneficioso de la vacuna atrajo a filántropos que con sus donaciones permitieron la construcción de un nuevo laboratorio médico: el Instituto Pasteur. Años después, en ese laboratorio, que todavía hoy está a la cabeza de los estudios en virología, Montagnier identificaría el virus del sida.

Una de las aportaciones de Pasteur a la ciencia, entre otras muchas, fue resolver de una vez el debate sobre la generación espontánea. La teoría de la generación espontánea proponía que la vida podía originarse en la materia inerte. El origen de esta teoría se remontaba a Aristóteles y los antiguos griegos. Aristóteles, en cuya cabeza cabía toda la ciencia, creía más en la observación que en la experimentación: un estanque que no tenía peces se llenaba con ellos de modo «espontáneo»; algo que también parecía suceder con la carne podrida, que generaba gusanos. Pensó que existía la generación espontánea y que ocurría con más frecuencia en la materia en descomposición.

Aristóteles también detuvo la evolución de la astronomía con su teoría equivocada de la composición del universo, de la órbita entre la Luna y la Tierra, de los cometas y de la inmovilidad de las estrellas. Para él, si la observación contradecía los datos, se debía a que estos eran corruptos. Hay veces que hay que demostrar que un genio entre genios está muy equivocado para mover el humilde carro de la ciencia unos pasos hacia delante (Copérnico, Kepler y Tycho sufrieron para demostrar que las ideas de Aristóteles sobre el firmamento estaban equivocadas).

La teoría de la generación espontánea se mantuvo durante siglos y veinte siglos después de la muerte de Aristóteles aún estaba en boga. Al fin y al cabo, eran hechos observados a diario por quien quisiera fijarse en esas cosas; bastaba acercarse a un basurero. En el siglo XVII, alguien diseñó un experimento para generar espontáneamente animales, en su caso, ratones. No penséis que requería un diseño experimental muy sofisticado. Bastaba lo siguiente: colocar ropa interior usada, cuanto más sucia mejor, junto a espigas de trigo en un recipiente que debía mantenerse, y ese era un detalle clave, destapado. Había que tener paciencia, eso sí, aunque no mucha; en veinte días a más tardar, si el granero era de tamaño normal, había ratón en el frasco. En fin, no podemos dudar que este experimento tuvo éxito en muchos casos.

En 1668, un médico italiano desafió el aspecto de la teoría que sostenía que los gusanos surgían espontáneamente en la carne podrida. Para probar que esto no era así, guardó carne en una serie de recipientes, unos sin tapar, otros completamente cerrados y otros tapados con una gasa. Los gusanos aparecieron solo en los frascos abiertos. El médico italiano explicó que esto era así porque las moscas tenían que poner los huevos en la carne para que se desarrollasen las larvas y solo tenían acceso a la carne en los recipientes abiertos. Sin moscas no había gusanos. La carne no los generaba espontáneamente. Ese experimento habría funcionado también con el de la creación de un ratón. Un problema de aquel es que le faltaban controles (recipiente tapado *versus* recipiente sin tapar, por ejemplo). Los controles son el alma del método científico. Como explica Natalie Angier en *The Canon*:

> ¿Cómo buscan los científicos purgar su trabajo de sesgos y datos erróneos? Mediante frecuentes abluciones en el baptisterio del Control. Para la integridad de un informe científico son tan vitales el hallazgo que se presenta como las pruebas en las diferentes condiciones donde el experimento no obtuvo el mismo resultado, y que se muestran para comparación: hicimos la operación A en la variable B y obtuvimos el resultado Z; pero cuando sometimos a B a las operaciones E, I, O, U e incluso Y, B no sufrió cambios.

A pesar de que el experimento del médico italiano estaba bien diseñado, no todos estuvieron de acuerdo con él. Quizá la generación espontánea no ocurría en esas circunstancias, pero había pruebas evidentes de que sí ocurría en otros casos. La observación —veo lo que ocurre— se oponía a la experimentación —solo ocurre si no hay tapa—. Aristóteles volvía a ganar.

El microscopio, curiosamente, no aclaró las cosas. La observación bajo el microscopio del agua mostraba que los microbios podían aparecer espontáneamente en el agua sucia. Así quedó la teoría, con científicos a favor y en contra, durante cien años más. A mediados del siglo XVIII, un clérigo inglés hizo un gran experimento. Hirvió caldo de pollo, con lo que se suponía que había conseguido un caldo estéril, sin ningún microbio; luego, lo volcó en un matraz y lo selló. A los pocos días volvió a mirarlo y comprobó que habían crecido microbios. La generación espontánea tomó nuevo auge y se convirtió, a partir de entonces, en una teoría demostrada científicamente.

Otro clérigo criticó el experimento de su colega. Podía ser que los microorganismos hubiesen entrado en el caldo después de haberlo hervido y antes de taparlo, así que colocó el caldo de pollo en un matraz y lo tapó. Luego hizo un vacío extrayendo el aire y lo puso a hervir. En este caso, no crecieron microorganismos. Si no había aire, no había gérmenes. Tampoco este sensato experimento convenció a todo el mundo. Podía ser, argumentaron los detractores, que el aire fuese necesario para la generación espontánea.

Harta ya de estar harta, la muy escéptica Academia Francesa de Ciencias convocó un concurso para aclarar de una vez el lío de la generación espontánea. Habría premio para el mejor experimento, ya fuese para probar o refutar la generación espontánea. Hubo suerte esta vez: uno de los concursantes era Pasteur, que basó su experimento en los dos realizados por los sacerdotes.

Comenzó hirviendo carne en un matraz, pero empleó uno con un cuello muy largo y estrecho, en forma de S o en cuello de cisne. Este matraz permitía que entrara el aire, pero los organismos que estuviesen en el aire se quedarían depositados a lo largo del tubo. El experimento demostró que el caldo hervido, si permanecía aislado de los microorganismos del exterior, no permitía el crecimiento de microbios. Bastaba inclinar el matraz para hacer que el caldo estéril se pusiese en contacto con la parte del cuello donde se habían depositado los microbios para que el caldo se enturbiase debido a la presencia de estos. Ocurría lo mismo si se rompía el cuello del matraz y se exponía el caldo hervido al aire: el caldo se infectaba. Así se refutaba la teoría de la generación espontánea. Pasteur, durante el discurso de agradecimiento por el premio, aseveró: «Toda la vida proviene de la vida», aunque prefirió el latín: *Omne vivum ex vivo.*

Estos experimentos y sus conclusiones conforman una de las bases de lo que se denomina «teoría de los gérmenes». Uno de los conceptos más revolucionarios en su momento, esta teoría propone que los gérmenes pueden causar enfermedades, que los gérmenes están en el aire y que protegiéndose de ellos se pueden prevenir infecciones. No fue fácil aceptar que organismos invisibles causan afecciones contagiosas, como no es fácil aceptar que trescientos millones de millones (un tres seguido de catorce ceros) de virus convivan en nuestro cuerpo.

Además de Pasteur, el cirujano inglés Joseph Lister, pionero de la antisepsia en las intervenciones quirúrgicas —en el siglo XIX, los cirujanos no llevaban mascarillas cuando operaban—, y el médico alemán Robert Koch, quien sentó las bases para examinar si un microbio determinado producía una enfermedad —los llamados postulados de Koch—, reciben gran parte del crédito por el desarrollo y la aceptación universal de la teoría. Desde Pasteur, la teoría de la generación espontánea se considera ridícula. No la han adoptado ni los que piensan que la Tierra es plana, ni quienes creen que la vida del planeta se reduce a unos miles de años, ni quienes piensan que la llegada a la Luna —siempre se refieren solo al primer viaje— se escenificó en Hollywood, ni quienes piensan que las vacunas producen autismo. Sin embargo, una cosa es considerar algo ridículo y otra cosa, demostrarlo. Algunas de las observaciones que ahora pensamos que son lógicas podrían estar equivocadas y resultar ridículas creencias para los ciudadanos del futuro. Pasteur y el uso de los controles apropiados en sus experimentos son un ejemplo de ciencia elegante y eficaz. La capacidad de diseñar experimentos con gusto y sin errores es una de las cualidades de los buenos científicos de ayer y de hoy.

El siguiente virus descubierto después del agente del mosaico del tabaco fue uno que infecta a los animales y les produce úlceras en la boca y las patas. Lo descubrieron en 1898 Friedrich Loeffler y Paul Frosch (discípulos de Koch). Una vez más, un líquido filtrado, sin bacterias, reproducía la enfermedad en las vacas. Si el primer virus, el del tabaco, producía enfermedades en las plantas, el segundo infectaba a los animales. ¿Podía ser que los virus fuesen depredadores universales?

Desde el principio del siglo XX sabemos que los virus pueden infectarnos y causarnos enfermedades muy graves. Carlos Finlay, pionero en el trabajo epidemiológico en Cuba, sugirió en 1881 que los mosquitos transmitían la fiebre amarilla. El virus había llegado al Caribe y América con el tráfico de esclavos. Como comentamos en el capítulo 2, una epidemia de fiebre amarilla impidió que Napoleón frenase la revolución en Haití.

La fiebre amarilla tomó especial relieve durante otro conflicto bélico: la guerra hispanoamericana. Poco antes de comenzar la guerra, la fiebre amarilla había causado estragos entre los soldados españoles y había dejado solo cincuenta y cinco mil soldados vivos y sanos de un número total de más de doscientos mil. Durante las hostilidades, la fiebre amarilla se cobró la vida de tres mil estadounidenses, con trece soldados víctimas mortales de la fiebre amarilla por cada soldado muerto en combate. Después de la guerra, el ejército de Estados Unidos mandó un equipo a investigar la causa de la fiebre amarilla en Cuba. La comisión científica liderada por Walter Reed probó por primera vez que, como había sugerido Carlos Finlay, los mosquitos propagaban la enfermedad y demostró en 1901 que un agente filtrable era el causante de la enfermedad. El virus se aisló en 1927; pocos años después pudieron establecerse cultivos donde crecía el virus y con ellos se llegó a crear una cepa del virus con la que se generó la vacuna que seguimos utilizando hoy en día.

Disponemos de una vacuna y no de fármacos antivirales para tratar los casos activos de fiebre amarilla. El tratamiento sintomático es esencialmente ineficaz y las mejoras en cuidados intensivos siguen sin influir significativamente en la mortalidad, que permanece alrededor de un inaceptable cincuenta por ciento. La fiebre amarilla pone de manifiesto que, a pesar del conocimiento que tenemos sobre la amenaza que los virus representan para el individuo y para la especie, no tenemos tratamientos eficaces para ellos.

Estamos orgullosos de nuestros tratamientos para bacterias y debemos estarlo. Hay antibióticos más o menos selectivos y los hay de amplio espectro. Los hospitales tienen a su disposición una batería variada de antibióticos que pueden usar antes y después de detectar la bacteria responsable de la infección. Disponen de antibiogramas, es decir, un análisis de la eficacia de un grupo de antibióticos para una bacteria en particular. Desde las viejas sulfamidas y la penicilina —el primer paciente fue un policía inglés llamado Albert Alexander, al que se le administró penicilina el 12 de febrero de 1941—, con las que iniciamos nuestra guerra con las bacterias, hasta la amoxicilina o la ciprofloxacina, que se usan para tratar una amplia gama de enfermedades, por no hablar de los antibióticos que se consideran de exclusivo uso hospitalario.

Los antibióticos, sin embargo, no tienen efecto contra los virus porque atacan, como es paradigmático de la penicilina, a las proteínas que forman las paredes celulares y membranas de las bacterias o a enzimas que regulan la replicación de ADN y la síntesis de proteínas. Los virus, por desgracia, no tienen membranas o paredes celulares y carecen de esas enzimas. Los tratamientos con antibióticos de los pacientes de COVID-19 —un intento desesperado de los médicos— no tuvieron éxito.

Aunque vivimos rodeados de virus que constantemente intentan infectarnos y sabemos que unos cientos

de virus nos causan infecciones, hoy solo tenemos tratamientos demostrados para menos de una docena, y de
ellos un par de fármacos se han aprobado para tratar más
de un virus. Los tratamientos antivirales son extraordinariamente específicos, normalmente son útiles contra un
solo virus. Y algunos tratamientos funcionan para un clon
de un virus, pero son ineficaces para otro. Y por si esto
fuera poco, los virus tienden a mutar rápidamente pudiendo, de ese modo, adquirir resistencia a los medicamentos.

Una de las dificultades para el desarrollo de nuevos
fármacos antivirales es la escasez de regiones del virus que
pueden constituir dianas moleculares. En ese respecto, no
ayuda que los virus tengan poco ADN o ARN y un número mínimo de proteínas.

Los primeros antivirales, como ocurrió también con
la penicilina, se descubrieron mediante observaciones hechas por casualidad. La trifluridina fue el primer medicamento antiviral que se comercializó, a principios de los
años sesenta. Es un análogo del nucleótido timidina y se
ideó originalmente para tratar ciertos tipos de cáncer. No
obstante, se demostró que su uso tópico en el ojo tenía
efecto contra una queratitis o inflamación de la córnea
producida por un virus.

La ribavirina, un análogo de nucleósido de purina, se
sintetizó en 1970. La actividad antiviral de amplio espectro se publicó dos años después. La forma de aerosol de
la ribavirina se aprobó para el tratamiento de la infección
por el virus sincitial respiratorio en niños con dificultad
respiratoria a mediados de 1980. El mecanismo de acción

de la ribavirina sigue aún bajo investigación y no todos los médicos aceptan su eficacia, postulada para varios virus.

Un avance más claro fue la síntesis de aciclovir, que inhibe la replicación del herpes; es decir, su multiplicación intracelular. Este fármaco y sus mejoras posteriores destruyen tanto un virus que produce una úlcera en los labios como una encefalitis que puede ser mortal sin tratamiento. El aciclovir es, como los anteriores, un análogo de nucleósidos que inhibe selectivamente la replicación del virus *Herpes simplex* tipos 1 y 2, y el virus varicela-zóster. Este fármaco, después de su absorción intracelular, se convierte en monofosfato de aciclovir debido a la acción de una enzima que fabrica el virus. Este falso nucleósido se une a la secuencia del ADN del virus e impide la formación de un ADN viral completo, lo que detiene la producción de nuevos virus. Este paso de cambiar nucleósidos válidos por el del aciclovir no ocurre en ninguna célula que no esté infectada por el virus, así que la toxicidad es mínima. El mecanismo antivirus del aciclovir es muy ingenioso —una especie de veneno exclusivo para el ADN del herpes— y su especial modo de acción lo ha convertido en un fármaco muy seguro.

En los años ochenta, la investigación se centró en la producción de fármacos efectivos contra el VIH, un aspecto comentado en otro capítulo. El último antiviral aprobado es el remdesivir, un fármaco que, curiosamente, tiene una larga historia de fracasos. Hace diez años se sintetizó para tratar la hepatitis C, pero no surtió efecto. Durante el brote de ébola en 2014-2016 en el oeste de

África se utilizó de nuevo, pero tampoco fue muy eficaz, aunque no causó efectos secundarios severos. Más tarde, algunos experimentos de laboratorio sugirieron que podría tener efecto contra los coronavirus, como los que causan SARS y MERS, y cuando comenzó la COVID-19 se empezaron estudios clínicos con el remdesivir para el SARS-CoV-2. Los estudios clínicos demostraron que el remdesivir mejora la evolución de pacientes graves con COVID-19. Los resultados, de momento, no son espectaculares, pero al menos son un rayo de esperanza de que otros antivirales puedan ser efectivos contra los coronavirus.

Hoy, con los conocimientos del genoma viral, el modelado *in silico* —literalmente, en un «chip»; es decir, sin usar células, modelado por ordenador. El término se ha creado por analogía con *in vitro*, en el tubo de ensayo, e *in vivo*, en animales— y técnicas como el aprendizaje automático, se espera encontrar nuevos y efectivos fármacos antivirales. Pero, todavía, el arma más valiosa contra los virus sigue siendo la vacuna. En los casos graves de coronavirus y de infecciones por otros virus, la toma de antiinflamatorios como los corticoides, sin que tengan ningún efecto antiviral, mejora el pronóstico de los pacientes.

Durante muchos siglos, la viruela campó por el mundo sembrando muerte indiscriminada, aunque cebándose en los niños; primero fue solo en Egipto. Un papiro contiene la descripción de una enfermedad como la viruela. Los hititas, en guerra con los egipcios, los acusaron de infectarlos. Desde Egipto, siguiendo rutas de mercaderes llegó a la India, luego a Europa y desde allí, llevada inconscientemente por los conquistadores como la más eficaz de las armas de destrucción de masas del momento, a América: la viruela y otras enfermedades europeas masacraron a la población indígena de América del Norte y del Sur. Así lo comenta Jared Diamond en *Armas, gérmenes y acero*:

> Cuando tales personas parcialmente inmunes entraron en contacto con otras personas que no habían tenido exposición previa a los gérmenes, las epidemias resultaron en la muerte de hasta el noventa y nueve por ciento de la población previamente no expuesta.

Una vez infectados los primeros indígenas, la viruela se adelantó a los conquistadores y se extendió como una plaga antes de que llegaran los soldados:

> A lo largo de las Américas, las enfermedades introducidas con los europeos se propagaron de una tribu a otra mucho antes que los propios europeos y mataron a alrededor del noventa y cinco por ciento de la población indígena precolombina.

La historia de la viruela, con un pasado tan trágico, tuvo un final feliz. La humanidad le ganó la partida al virus. Es la batalla más universal ganada a un virus. Hemos erradicado la viruela del mundo. La necesidad de organismos internacionales que impulsen proyectos como estos quedó ratificada con este gran éxito. La OMS, a pesar de ello, sigue amenazada por los rifles y las balas en zonas de guerra como ciertas regiones de África o su viabilidad económica pende de un hilo, como ha propuesto la administración Trump. Los movimientos anticiencia son una epidemia antigua y una pandemia moderna.

El rápido y fructífero ritmo de la generación de vacunas no puede hacernos olvidar sus orígenes, y en especial a Edward Jenner. En la Europa del siglo xvii, cuatrocientas mil personas murieron anualmente de viruela. La tasa de letalidad de la viruela, o el «monstruo moteado», como se la conocía en la Inglaterra del siglo xviii, variaba del veinte al sesenta por ciento y dejaba a la mayoría de los supervivientes con cicatrices desfiguradoras y ceguera. La tasa de letalidad en los lactantes era aún mayor, pues llegaba al ochenta por ciento en Londres y al noventa y ocho en Berlín a finales del siglo xix.

La palabra *variola*, de donde viene la española «viruela», la introdujo un obispo suizo en el año 570 y se deriva de la palabra latina *varus*, «marca en la piel». El término inglés *small pox*, «pequeña úlcera», se usó por primera vez en Inglaterra a finales del siglo xv para distinguir la viruela de la sífilis, que entonces se conocía como la *great pox*, «úlcera grande» o «chancro».

Durante la época medieval, se utilizaron muchos remedios para tratar la viruela. El Dr. Thomas Sydenham, en el siglo xvii, prohibía el fuego en la habitación de sus pacientes, pedía que las ventanas estuvieran permanentemente abiertas, tapaban al paciente en la cama solo hasta la cintura y prescribía doce botellas de cerveza cada veinticuatro horas. Doce botellas son muchas botellas. Supongo que es lo que hoy llamaríamos un coma inducido farmacológicamente.

Ya por entonces, sin saber qué era la inmunidad, se comenzó a combatir la viruela mediante la inoculación. Este procedimiento podría haberse iniciado en China. El inoculador tomaba con un cuchillo materia de una pústula de la viruela de un paciente y después se lo introducía bajo la piel de una de las extremidades a alguien que no tenía la enfermedad. La inoculación podía prevenir la viruela o, con menor frecuencia, podía también transmitirla. La inoculación, conocida como «método chino», era popular en Turquía, tanto que las mujeres de los sultanes recibían la inoculación para prevenir que el virus las afease. Naturalmente, se tenía en cuenta la estética, y la inoculación se hacía en partes del cuerpo no visibles, porque el inóculo dejaba una pequeña cicatriz.

Y fue precisamente una mujer hermosa —no sé si estamos hablando de una leyenda o no—, cuya cara sufrió el daño de la viruela, quien introdujo en Europa la inoculación, que ya era popular en Asia. La esposa de un embajador inglés en Turquía ordenó que se le practicara la inoculación a su hijo para evitar que pasase por lo que ella había pasado. Al ver que su hijo toleraba bien el procedimiento, a su vuelta a Inglaterra ordenó exhibiciones de inoculaciones delante de los médicos de la corte con objeto de que aprendieran la metodología. La técnica viajó por las cortes europeas. Entre los aristócratas que se inocularon estaban la emperatriz María Teresa de Austria, Federico II de Prusia, el rey Luis XVI de Francia y Catalina II de Rusia.

En Estados Unidos, donde Lincoln sufrió la viruela, la inoculación se tomó muy en serio. Uno de los hijos de Benjamin Franklin había fallecido de viruela y el diplomático apoyó apasionadamente la inoculación. Fue en Boston donde, años después, se llevaría a cabo quizá el primer estudio científico para comprobar si la inoculación protegía de la viruela, algo aceptado por los médicos de todo el mundo, pero nunca demostrado. Ese ensayo clínico se vio beneficiado por una dura epidemia de viruela, durante la que la mitad de los doce mil ciudadanos de Boston contrajeron la enfermedad. Dos científicos recogieron datos de los infectados y compararon el tanto por ciento de mortalidad en los inoculados con el porcentaje de mortalidad de quienes no se habían inoculado. En los no vacunados, la mortalidad era del catorce por ciento; en los inoculados que desarrollaban una forma benigna de la enfermedad, solo del dos por ciento. Esos datos indicaban que la inoculación protegía contra el virus.

Edward Jenner nació durante la primavera de 1749 en Berkeley, Inglaterra. Cuando tenía ocho años, lo inocularon con viruela. El procedimiento tuvo éxito, Edward desarrolló un caso leve de viruela y probablemente quedó inmune para la enfermedad; al menos, nunca la sufrió. La biografía de Jenner suele comenzar con un breve cuento, un microrrelato de apenas un párrafo: érase una vez, en la Europa estragada por la viruela, un Jenner de solo trece años que mientras trabajaba como asistente de un cirujano escuchó a una campesina que decía: «Nunca tendré viruela porque he tenido la viruela de las vacas. No tendré una cara picada».

Con el paso de los años, Jenner se encontró con otra campesina, Sarah Nelmes, una mujer muy bella, cuya tez rosada e impecable no presentaba ninguna de las lesiones de viruela, aunque en las manos tenía pequeñas vesículas muy parecidas a las de esta enfermedad. Sarah le explicó a Jenner que una de las vacas que ordeñaba, llamada Blossom, había sufrido recientemente la variola de las vacas. Jenner diagnosticó a Sarah de variola y luego, en un experimento tan histórico como brutal, inyectó pus de las ampollas de Sarah, producidas por viruela bovina, en los brazos de un niño sano de ocho años, y después inoculó al jovencito con muestras de viruela. El niño no desarrolló ningún síntoma de viruela. Y todos fueron felices y comieron perdices.

Jenner no saldría muy bien parado si se le aplicaran los estándares de la práctica médica de hoy. Aunque bien pudiera ser que nada de ello hubiese ocurrido. La historia de Sarah y la vaca Blossom es, probablemente, un colorido mito del folclore inglés. Ya sabéis lo que se decía en aquella película de John Ford: «Cuando la leyenda se convierte en hechos, se publica la leyenda».[2]

Tomando las leyendas como referencia o no, el gran

2. La famosa frase es de la película *El hombre que mató a Liberty Valance*. Hubo un tiempo en que esta película se consideró un *western* posmoderno, una rotura con la línea de los *westerns* clásicos de Ford, como la «trilogía de la caballería»: *Fort Apache*, 1940; *La legión invencible*, 1949 y *Río Grande*, 1950. John Ford dirigió también *Arrowsmith*, la película en la que un científico intenta usar virus para parar una epidemia de bacterias. Por todo ello, John Ford se merece unas líneas en este libro.

mérito de Jenner fue demostrar algo que estaba en el sentir de quienes trabajaban con ganado y que nunca antes se había confirmado. Su importante conclusión abrió nuevas avenidas de conocimiento. Según él, cualquier persona podría protegerse contra la viruela sin necesidad de tener contacto previo con el virus asesino. Jenner llamó *vacuna* al procedimiento que ofrecía protección, una palabra latina que significa «vaca».[3]

La Academia de Ciencias del Reino Unido no aceptó de inmediato los experimentos repetidos y las conclusiones sensatas y al mismo tiempo espectaculares de Jenner. Se le pidió paciencia a la hora de publicar sus datos. Corría el riesgo de destruir tanto su reputación como su futuro. Al fin y al cabo, ya existía la inoculación. Y no era cosa de entonces, hacía mucho tiempo que se practicaba y, además, funcionaba. Lo de la vacuna era un avance mínimo, quizá innecesario. La respuesta inicial de la sociedad al tratar de frenar un procedimiento nuevo es la norma, no la excepción. La inercia social es resistirse al cambio. El científico y el inventor han de aguantar las críticas de «expertos» que no han hecho nada en ese campo científico o que no entienden la significancia de lo que tienen frente a los ojos. Como es sabido, en ninguna ciudad del mundo existe un monumento al crítico.

3. *Vacuna* proviene de «vaca» y hablamos aún de ganado vacuno; pero cuando decimos «vacuna», como un término médico, en el contexto epidemiológico, notamos que ha perdido la conexión con su origen: no vemos el animal, sino la jeringuilla, lo que confirma lo que Borges decía citando a Lugones: «Las palabras son metáforas muertas».

La vacuna de Jenner, a pesar de los intentos de frenarla, como muchas otras buenas ideas, acabó imponiéndose. Daba igual lo que dijesen los expertos, la verdad era que resultaba mucho mejor que la inoculación, como se reflejaba en estas tres grandes ventajas: aquellos a los que se vacunaba no sufrían ningún tipo de viruela, como ocurría con los que recibían la inoculación; tampoco eran contagiosos para los demás y las cifras de mortalidad eran inexistentes.

No todos se opusieron a los estudios de Jenner. Thomas Jefferson, uno de los fundadores de Estados Unidos, fue uno de los primeros visionarios del procedimiento y un admirador de Jenner, y predijo que la viruela se erradicaría gracias a la vacuna. Así se lo comunicó por carta al médico inglés: «Las generaciones futuras solo sabrán por la historia que la repugnante viruela existió y que usted consiguió eliminarla».

El primer país en declarar la vacuna obligatoria fue Bavaria; le siguió Dinamarca y luego, poco a poco, la mayoría de los países del mundo. Después de rastrear casos de viruela por todo el globo terrestre, ciento ochenta y cuatro años después de que Jenner demostrase su efecto, la OMS declaró erradicada la viruela el 8 de mayo de 1980. Ha sido bonito vivir esa época, leer en los periódicos la noticia, entender el significado. Mientras la memoria de mis abuelos era la revolución de 1934 y la Guerra Civil española y la de mis padres, la Segunda Guerra Mundial, mi generación ha tenido la erradicación de la viruela, uno de los mayores triunfos de la medicina en su historia. Las campanas esta vez, míster Hemingway, redoblaron por un virus. ¡Gloria a Jenner y a la OMS!

Mantener o no mantener muestras del virus de la viruela ha sido y es todavía hoy un debate hamletiano. La viruela podría usarse como arma biológica, así que sería mejor destruir por completo el virus. Por otro lado, la viruela podría volver a ser un problema sanitario si el virus se reactivase en ciertas zonas de la Tierra; por ejemplo, con el deshielo del permafrost debido al cambio climático —ese que según algunos políticos e inversores del petróleo no existe—, los cadáveres de personas fallecidas por la viruela podrían desenterrarse y el virus podría aún ser contagioso. Así que es mejor mantener muestras del virus y tener listas las reservas de vacunas. Los malos, después de todo, siempre encontrarán medios de hacerse con el virus, y frente a ellos nada como una buena vacuna. Hoy, los laboratorios vigilados en Atlanta y Moscú, donde se encuentran las agencias de control de las enfermedades de Estados Unidos y Rusia, respectivamente, tienen los únicos viales del virus, o así debería ser.

Ochenta años después de los descubrimientos de Jenner, Pasteur desarrolló la primera vacuna bacteriana atenuada viva. La atenuación es un proceso que debilita la bacteria o el virus en una vacuna, por lo que es menos probable que cause la enfermedad, mientras que desencadena una respuesta inmune similar a la infección natural.

Las vacunas sufren las mismas desventajas que los medicamentos contra los virus: son extraordinariamente específicas. Una vacuna, un virus. Además, no suelen ser muy efectivas si la infección ha comenzado y son mucho más útiles cuando se utilizan para prevenirla administrándola antes de que la persona se enferme. Y los virus de mutación rápida, como la gripe, obligan a que se fabrique una nueva vacuna contra el virus cada año. Por lo general, estas limitaciones también se aplican a otras terapias, como los anticuerpos monoclonales: tienden a ser específicas de un solo virus ya encontrado y no pueden almacenarse para usarse contra otras nuevas.

Así que, aunque ha existido un progreso excepcional en la elaboración de las vacunas, que ha llevado incluso a la erradicación de la primera enfermedad producida por un virus, queda mucho por hacer. Y, por si fuera poco, de ese lugar donde habitan los villanos anticiencia han surgido los antivacunas. Estos movimientos equivalen a lo que la teoría del creacionismo y el gran diseño son a la evolución. Y, muchas veces, los mismos individuos y grupos de individuos defienden todas esas teorías a la vez. Los antivacunas no aceptan las vacunas recomendadas y no están abiertos a un cambio de opinión, sin importar lo que señale la evidencia científica.

Peter Hotez trabaja en la Facultad de Medicina Baylor, en Houston, que está situada justo frente a mi hospital. Hotez, médico prestigioso, autor prolífico de libros de divulgación sobre enfermedades infecciosas y sus repercusiones en la sociedad, es una autoridad en vacunas y los movimientos antivacunas o *antivax* lo están atacando injustamente por ello. Por si fuera poco, Hotez tiene una hija que sufre autismo. En un artículo publicado en la revista *Microbes and Infection* en mayo de 2020 (CO-VID-19 meets the antivaccine movement), Hotez explicaba así algunas de las extravagantes y ridículas teorías de los antivax:

En la categoría de conspiración, el movimiento antivacunas ha denunciado que Bill Gates u otros crearon COVID-19 como un medio para imponer vacunas obligatorias. A su vez, alegan que las vacunas COVID-19 son dispositivos para promover el establecimiento de una red de vigilancia global, en la cual cada uno de nosotros recibiría un «tatuaje electrónico» mediante la inyección de un chip de datos con la vacuna debajo de la piel. O que el lanzamiento de la red 5G en Wuhan, China, es responsable de la creación del virus o dañó los sistemas inmunes de la población para hacerlos susceptibles al virus SARS-CoV-2.

Alternativamente, el *lobby* antivax afirma falsamente que el Instituto Nacional de Alergias y Enfermedades Infecciosas de los Institutos Nacionales de Salud de Estados Unidos, dirigido por el doctor Anthony Fauci, está detrás de COVID-19 y financió el Instituto de Virología de Wuhan para transformar un coronavirus inocuo en el virus SARS-CoV-2, letal y transmisible. Denuncian que Fauci y Gates obtendrán beneficios económicos de futuras vacunas para la COVID-19.

La tirria que los antivax le tienen a Peter Hotez está exacerbada por el hecho de que Hotez es padre de una niña autista y rechaza de plano toda conexión entre vacuna y autismo. La conexión, inexistente, entre la vacuna del sarampión y el autismo es uno de los mayores argumentos esgrimidos por los antivacunas. El vínculo falso surgió de un artículo publicado en la prestigiosa revista

The Lancet en 1998. Uno de los autores, el médico inglés Andrew Wakefield, informaba sobre «un trastorno generalizado del desarrollo» en doce niños, un estudio de muy baja calidad científica, que carece de controles, lo cual por sí mismo debería haber hecho que se invalidara el ensayo. Y el tamaño de la muestra era demasiado pequeño para sacar conclusiones sin riesgo. Los estudios epidemiológicos necesitan cientos o miles de casos para ser relevantes, para que sus conclusiones sean válidas, y este informe solo contaba con una docena de casos. El Dr. Wakefield cobraba directamente de abogados cuyos clientes eran familias con niños que sufrían autismo y a los que, presuntamente, les había perjudicado la vacuna del sarampión, así que había un importante conflicto de interés. El artículo aparece ahora con la etiqueta roja de «retractado» en la primera página. El autor ha sido, desde entonces, desacreditado por los profesionales de la medicina y la ciencia.

Las vacunas son un invento genial. Y si es necesario, hay que enfatizar en público la abrumadora existencia de pruebas, acumuladas durante dos siglos, que respaldan la seguridad y eficacia de las vacunas. La inmensa mayoría de los científicos y médicos está de acuerdo con el gran adelanto que suponen las vacunas. Y si alguna no funcionase o causase toxicidad, los mismos estudios clínicos identificarían estos problemas. Nadie es más escéptico que un buen científico, pero hay que apoyarse en datos, no en conspiraciones.

Es una irresponsabilidad que un niño fallezca de una enfermedad prevenible por una vacuna. Las enfermedades y muertes de esos niños son inaceptables. El número de casos de sarampión, que estaba reduciéndose consistentemente desde el inicio de las vacunaciones, ha vuelto a incrementarse. Las escuelas de países tan modernos como Estados Unidos y regiones tan avanzadas culturalmente como California informan de que aumentan los porcentajes de niños sin vacunar. Algunas comunidades, como la de los judíos ortodoxos, han sufrido brotes de sarampión en Nueva York. También hay comunidades de cristianos evangelistas que se oponen a la vacunación. Y luego están las mamás acomodadas, llamadas «mamás yoga», que viven en mansiones de Beverly Hills, que no vacunan a sus hijos. Y también se oponen quienes piensan que las vacunas son solo un invento de las grandes compañías farmacéuticas para timar al Gobierno.

Es poco probable que los bebés nacidos en un país civilizado presenten sarampión, rubeola o paperas, y no ha habido un caso natural de poliomielitis desde la década de los noventa. A la mayoría de los niños se los vacuna y los países modernos, entre ellos España, tienen unas cifras cercanas al noventa por ciento de vacunaciones. Pero se han dado más casos de sarampión en el año 2019 que en cualquier otro año desde 2006. La OMS ha informado de que ciento cuarenta mil personas, la mayoría niños menores de cinco años, murieron de sarampión en 2018. Un solo brote de sarampión se cobró la vida de más de seis mil personas solo en la República Democrática del Congo. Evidentemente, los niños de los países más pobres tienen un riesgo mayor de enfermar.

El avance de las vacunas no es suficiente. Hay que

aumentar los esfuerzos destinados a descubrir nuevos fármacos antivirales. Estos procedimientos pueden ahora, por primera vez en la historia, basarse en la metodología de la inteligencia artificial (IA). Si entendemos la inteligencia artificial como un conjunto, dentro de él se encuentran otros subconjuntos, como el aprendizaje automático —en inglés, *machine learning*— y uno de sus subconjuntos, el aprendizaje profundo —en inglés, *deep learning*—. Con cada subconjunto, la necesidad de intervención humana, una vez entrenado el algoritmo, es menor.

El aprendizaje automático es una aplicación de la IA en la que introducimos datos en una computadora para que «entienda» una serie de patrones y actúe en consecuencia. Si se introducen en una «red neuronal» imágenes de gatos, el programa aprenderá a distinguir a los gatos de todo lo demás. Si se le da una base de datos de canciones y se introducen después las canciones preferidas por un usuario, el programa encontrará canciones con el mismo patrón o vídeos similares, o cualquier otro objeto de consumo preferido. Libros, fósiles, meteoros o bonsáis, la IA nos espera, ojo avizor, en cuanto abrimos nuestro ordenador. Millones de algoritmos se entrenan para interpretar el gusto del consumidor; hay algoritmos jugando a alcahuetas que proporcionan citas románticas y algunas acaban en una relación permanente.

Los sistemas de aprendizaje automático funcionan mediante la identificación de patrones en laberintos masivos de datos. En lugar de codificar software con instrucciones específicas, el aprendizaje automático entrena un algoritmo para que pueda aprender a tomar decisiones por sí mismo, basándose en la información suministrada para responder a una pregunta.

Para entrenar un algoritmo se necesita primero diseñar una «red neuronal», que consiste en un conjunto de algoritmos interconectados que, siguiendo adelante con las analogías —inteligencia, aprendizaje, red neuronal—, estarían inspirados en las redes neuronales del cerebro humano. Esta red cibernética consiste en neuronas individuales conectadas entre sí. Una neurona recibe datos a través de sus entradas, procesa los datos utilizando una serie de funciones y, al final, envía el resultado de su análisis a otras neuronas, que realizarán más análisis antes de enviar los resultados a otras neuronas y así sucesivamente.

A diferencia de programas simples, que contestan preguntas que requieren un sí o un no por respuesta, las redes neuronales intentan responder preguntas abiertas o incluso de formulación difícil o confusa. Una red neuronal de aprendizaje automático intentará, por ejemplo, definir la elusiva estrategia ganadora en el mercado de valores, los movimientos de un jugador de fútbol, la pareja perfecta para una cita o conducir un coche no pilotado a través de la ciudad.

Los algoritmos han existido durante décadas, pero los ordenadores han alcanzado el nivel de potencia de procesamiento necesario para usar las técnicas de aprendizaje automático para resolver situaciones prácticas hace pocos años.

El aprendizaje profundo es la próxima generación de

conocimiento automático. Los modelos de aprendizaje profundo del pasado todavía necesitaban intervención humana en muchos casos para llegar al resultado óptimo. Los modelos de aprendizaje profundo de hoy en día hacen predicciones completamente independientes de los humanos. Eso sí, las deducciones se realizan con una lógica similar a la humana, aunque no completamente igual a ella, y a muchísima más velocidad.

La presencia de IA en el descubrimiento de fármacos es ya una realidad. La mayoría de los científicos, ya sea en compañías farmacéuticas o universidades, trabaja con programas que usan aprendizaje automático y aprendizaje profundo. La inteligencia artificial puede usarse para el diseño y descubrimiento de nuevos fármacos. Al utilizar modelos *in silico*, los progresos iniciales, aun rastreando ingentes bases de datos, pueden ser extraordinariamente rápidos.

En 2020, un enfoque pionero de aprendizaje automático ha identificado nuevos y potentes tipos de antibióticos de un conjunto de más de cien millones de moléculas, incluido un fármaco que funciona contra una amplia gama de bacterias, también la que causa la tuberculosis y las cepas de bacterias consideradas muy resistentes a los antibióticos o intratables.

Con el rápido aumento de la resistencia a los medicamentos en muchos patógenos, se necesitan desesperadamente nuevos antibióticos. Puede ser solo cuestión de tiempo antes de que una herida o rasguño se convierta en una amenaza para la vida. Sin embargo, en los últimos tiempos han entrado pocos antibióticos en el mercado, e incluso estos son solo variantes menores de los antibióticos antiguos.

En un estudio publicado el 20 de febrero de 2020 en la revista *Cell*, científicos del MIT y Harvard utilizaron aprendizaje automático para descubrir nuevos antibióticos. El antibiótico, llamado «halicina» —nombre derivado, como decíamos en el capítulo 1, del de la computadora HAL de la película *2001: Una odisea del espacio*—, es el primero descubierto con inteligencia artificial. Esta es la primera vez que se han identificado tipos completamente nuevos de antibióticos desde cero, sin utilizar ninguna suposición humana previa.

Los investigadores entrenaron una red neuronal para detectar moléculas que inhiben el crecimiento de la bacteria *Escherichia coli* utilizando una colección de más de dos mil moléculas para las cuales se conocía la actividad antibacteriana. Esto incluye una biblioteca de aproximadamente trescientos antibióticos aprobados, así como ochocientos productos naturales de origen vegetal, animal y microbiano.

Este algoritmo aprende a predecir la función molecular sin suposiciones sobre cómo funcionan los antibióticos y sin que se etiqueten los grupos químicos. Como resultado, el algoritmo detecta nuevos patrones desconocidos para los expertos humanos. Además, las redes neuronales no buscan estructuras específicas o clases moleculares, sino que están entrenadas para encontrar moléculas con una actividad en concreto. No interesa la estructura, sino la actividad.

Una vez que el modelo estuvo entrenado, se usó para

examinar una librería de seis mil moléculas que se encontraban bajo investigación como tratamientos potenciales para enfermedades humanas. Pidieron a la computadora que predijera cuál de esos compuestos sería eficaz contra *E. coli*. También le pidieron que excluyera de los resultados las moléculas que fuesen similares a los antibióticos convencionales. Cuando el algoritmo estaba educado, se le presentaron millones de productos químicos. De entre todos ellos, las redes neuronales de las computadoras escogieron la halicina.

Por supuesto que el aprendizaje automático debe combinarse con un profundo conocimiento biológico de las infecciones para descubrir fármacos útiles, por sí solo no es suficiente; no obstante, este estudio demuestra que es posible utilizar IA para descubrir nuevos antimicrobianos y es de esperar que esta tecnología dé pronto resultados positivos también en el campo de los fármacos antivirales.

La pandemia de la COVID-19 ha dado el pistoletazo de salida para que numerosas compañías farmacéuticas y universidades compitan en la búsqueda de nuevas dianas moleculares o nuevos tratamientos contra el coronavirus. Una compañía llamada BenevolentAI se unió rápidamente a la carrera para identificar medicamentos que pueden bloquear la entrada del virus en las células del cuerpo. Utilizando herramientas de lenguaje automatizadas desarrolladas en la compañía, los ingenieros generaron una base de datos, intrincadamente interconectada, de procesos biológicos particulares relacionados con el coronavirus. Basándose en lo que la tecnología encontró en la literatura, se detallaron las conexiones entre genes humanos particulares y los procesos biológicos afectados por el coronavirus. Los algoritmos encontraron un fármaco antiinflamatorio llamado baricitinib. Este es el primer fármaco identificado por IA para tratar pacientes infectados por el coronavirus SARS-CoV-2. El baricitinib, que tiene efectos antiinflamatorios, ha entrado en estudios clínicos.

El baricitinib no tiene efectos antivíricos *per se*, es decir, no destruye el virus o lo inactiva, pero es un ejemplo práctico de lo rápido que la IA puede encontrar fármacos efectivos para disminuir la gravedad de las enfermedades causadas por virus. Cuando escribo estas líneas llevamos seis meses de pandemia, es todavía pronto para juzgar si estos intentos pioneros de descubrir fármacos contra los virus tendrán éxito. De todos modos, ahora sabemos que la dexametasona, un fármaco antiinflamatorio como el baricitinib, tiene efectos beneficiosos en el treinta por ciento de los pacientes con formas graves de COVID-19.

Tener el potencial para descubrir antivirales de forma rápida y segura nos pondría por primera vez en la historia de la humanidad en una situación de defender nuestra vida y las de los animales que viven con nosotros en la jungla de la virosfera. Por el momento, seguimos siendo corderos que pastan acechados por tigres.

Pasteur tenía una extraordinaria fuerza de voluntad y, a pesar de sufrir una hemorragia cerebral en 1868, pudo continuar su trabajo en el laboratorio. A partir de los setenta años de edad, sus síntomas neurológicos empeoraron y falleció a la edad de setenta y dos. Lo enterraron en el Instituto Pasteur. Joseph Meister, aquel niño que Pasteur curó de la rabia, consiguió de adulto un trabajo de bedel en el Instituto Pasteur y cuidó del laboratorio y del científico, y cuando Pasteur murió, también de su tumba.

Hay una leyenda que quiero creer, aunque no sea cierta por completo. Cuentan que, en 1940, durante la ocupación nazi de Francia, los soldados alemanes intentaron entrar en el Instituto Pasteur. Joseph plantó cara a los fusiles nazis, aquel era un «templo de la ciencia, no había lugar para las armas», y se opuso a que las tropas entraran en él, pero su resistencia duró poco y los soldados lo apartaron por la fuerza y se abrieron paso hacia el mausoleo. Impotente y frustrado, Joseph regresó a su casa, cargó la pistola que había usado durante la Primera Guerra Mundial y se suicidó. No podía vivir en un mundo donde el fanatismo político y el virus del odio se imponían a la ciencia.

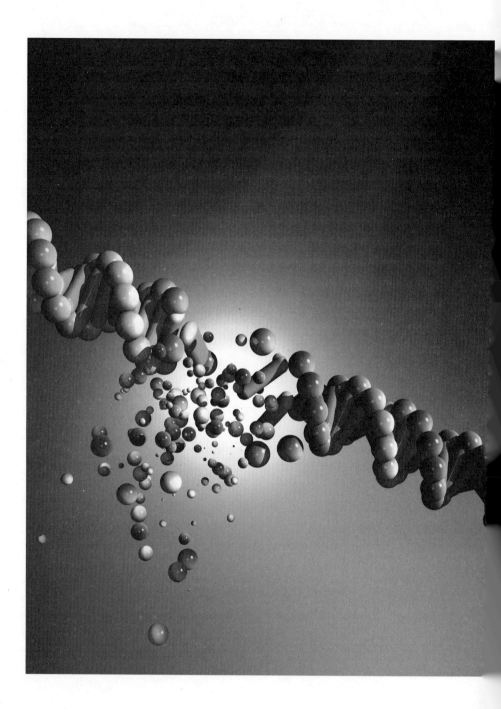

7

Oncovirus

Aproximadamente, una de cada seis personas muere debido a células neoplásicas.
¿No puede hacerse nada para combatirlas?

Peyton Rous,
Conferencia del premio Nobel

Hace setenta y cinco millones de años, en el período
Cretácico, los dinosaurios sufrían cáncer. Los tumores de
hueso, benignos y malignos, se observan sobre todo en
los hadrosaurios, dinosaurios de pico de pato. No se sabe
por qué este vegetasauro tenía cáncer con más frecuencia que los demás. No se ha encontrado ni rastro de cáncer en los abundantes fósiles del tiranosaurio rex. Animales más antiguos que los dinosaurios tenían cáncer. El
tumor en el fémur de un *Pappochelys*, un ancestro sin

caparazón de las tortugas, que vivió hace más de doscientos cuarenta millones de años, es el caso más antiguo conocido de cáncer entre los ancestros comunes a las aves, los reptiles y los mamíferos.

La paleooncología o estudio de los tumores del hombre prehistórico y los homíninos tuvo su comienzo en 1983 en un congreso de oncología en la isla de Kos, cuna de Hipócrates, fundador de la medicina. El tumor más antiguo en un homínido es un osteoma en una vértebra de un adulto *Australopithecus sediba* —el *A. sediba* puede representar el eslabón en la transición de los primates arbóreos a los homíninos bípedos— que vivió en Sudáfrica hace más de dos millones de años. Otro de los tumores antiguos se encontró en los huesos del pie de un homínido que vivió hace más de un millón y medio de años. Uno de los tumores más famosos es un cáncer de mandíbula de un fósil encontrado por el mítico paleoantropólogo Louis Leakey en Kanam, Kenia, en 1932. Es posible que este homínino viviese en el Pleistoceno, aunque la fecha de la mandíbula de Kanam varía según el autor. Otros fósiles de homíninos de este mismo período han mostrado evidencias de cáncer, incluido un tumor de hueso en el metatarso.

En la mandíbula de Kanam se puede apreciar una masa compatible con un linfoma de Burkitt, un tumor que aparece con frecuencia en esa localización. ¿Cuál fue la causa de ese cáncer? Los homínidos no estaban expuestos a los carcinógenos que plagan la vida del hombre del presente; en aquellos tiempos no había benceno, polvos de talco, radiactividad, tabaco o ranitidina. Hoy en día sabemos que el cáncer de Burkitt está causado por un virus, un herpesvirus que lleva el nombre de los dos científicos que lo descubrieron: virus de Epstein-Barr. Desde nuestra más remota antigüedad, sufrimos cáncer producido por virus. Los papiros egipcios escritos entre tres mil y mil quinientos años antes de Cristo, tal y como describe Mel Greaves en *Cancer: the Evolutionary Legacy*, cuentan historias de pacientes con sarcomas de Kaposi, un cáncer producido por otro virus, el herpesvirus humano 8. Y también en la civilización egipcia encontramos momias de pacientes de cáncer nasofaríngeo, que puede estar producido por el virus de Epstein-Barr.

Napoleón gustaba de posar con la mano derecha colocada sobre el epigastrio, algo que había hecho sospechar a los médicos interesados en la historia que sufría una enfermedad gástrica. Su muerte mientras estaba en el exilio se atribuyó a diferentes causas, incluso a magnicidio por envenenamiento. Sin embargo, el emperador se diagnosticó con acierto su dolencia. Napoleón comunicó a los médicos que lo atendían que sufría de cáncer de estómago. Y exigió que se practicase una autopsia de su cadáver y se buscase el cáncer en ese órgano en concreto. La autopsia descubrió en el estómago de Napoleón dos lesiones ulceradas, una grande y otra más pequeña que atravesaba la pared del estómago. El diagnóstico estaba claro: úlceras de estómago y cáncer.

Napoleón sabía que su padre había muerto probablemente de un cáncer de estómago y que otros miembros de la familia también habían fallecido de esa enfermedad, así que sospechaba que podía ser hereditario. Quería que su hijo supiese que existía esa herencia y que debía intentar protegerse contra ella, por esa razón exigió su propia autopsia. Su cáncer no era hereditario —pocos lo son—, sino infeccioso. El hecho de que el estómago mostrase evidencia de úlceras crónicas sugiere que la causa del cáncer de Napoleón fue una infección por *Helicobacter pylori*. Este tipo de cáncer es esporádico, es decir, que no se hereda. El hijo de Napoleón falleció de tuberculosis, sin signos de cáncer, a los veintiún años de edad.

¿Qué es el cáncer? Esta pregunta parece tener una respuesta que se ha convertido en un secreto de Polichinela. La sociedad sabe qué es el cáncer. Lo sufre en sus carnes y elabora cada milésima de segundo bases de datos, porcentajes, correlaciones casuales y causales, gráficos de supervivencia, prevalencia, incidencia. Y, sin embargo, los pacientes saben que no son una estadística. La definición popular viene a ser: el cáncer es una enfermedad mortal. Verdad en ciertos casos. Falso en muchos otros.

Para el médico y el científico, la definición es más difícil y cambia con cada nuevo descubrimiento. El científico alemán Theodor Boveri publicó en 1914 una monografía clave sobre los tumores, traducida al inglés primero por su mujer y después por Henry Harris, titulada *Concerning the Origin of Malignant Tumors*. En ella apuntó a las anomalías genéticas como causa de cáncer. Una obra maestra de su momento histórico, resume lo conocido hasta entonces de una manera sucinta y clara. El cáncer, un proceso que se asemeja al comportamiento de las células durante el desarrollo embrionario, se diferencia de ellas porque tiene anomalías genéticas. El cáncer, explica Boveri, es una enfermedad del núcleo de la célula.

Boveri no puede mencionar el ADN porque la estructura de este no será conocida hasta medio siglo más tarde, pero centra el problema en los «paquetes de ADN» que llamamos «cromosomas». Basándose en su hipótesis de que el cáncer es una enfermedad del núcleo de la célula, busca la etiología del cáncer en factores que atenten contra el núcleo.

Hay ciertos agentes que pueden dañar el núcleo, razona Boveri, entre ellos los parásitos intracelulares. No había aún suficiente conocimiento de los virus para incluirlos como causa concreta de cáncer, aunque está claro que si Boveri hubiese tenido conocimiento de su existencia y su localización en el núcleo, los habría incluido. Examinemos en sus propias palabras cómo los parásitos producen cáncer:

> Parásitos de todo tipo, desde bacterias, mohos y protozoos hasta gusanos y artrópodos, se han promocionado como causas de tumores malignos. La mayoría de estos reclamos se ha rechazado. Sin embargo, parece ser que el *Distomum haematobium* puede causar carcinomas y sarcomas, y algunos nematodos también pueden causarlos.

La infección crónica por *Distomum haematobium* o *schistosoma* sigue siendo un factor de riesgo mayor para el cáncer de vejiga urinaria en regiones de África. Pero Boveri, prisionero de su tiempo, se centra en la falsa teoría de Fibiger, quien defendía haber identificado un nematodo —*Spiroptera carcinoma*— que producía muchos tipos de cáncer. Fibiger ganó el Premio Nobel de Medicina por ello, pero la bacteria no existía; sus datos eran errores de laboratorio.

Ahora sabemos que el cáncer puede estar producido por inflamación crónica —como la hepatitis B— o por parásitos —que modifican el núcleo, como los virus—, aunque no en todos los casos aparecen estos factores. Así lo explica Boveri:

> Los tumores malignos, especialmente los carcinomas, son notablemente una enfermedad de la vejez; pero también se presentan con todos sus rasgos característicos en individuos jóvenes, incluso en embriones. De hecho, son más devastadores en los jóvenes. Se encuentran frecuentemente en sitios de irritación crónica. Sin embargo, en muchos lugares donde esto ha sucedido durante mucho tiempo, no surgen; y, viceversa, pueden aparecer en lugares donde la irritación crónica ciertamente nunca ha tenido lugar. Los tumores malignos a menudo se encuentran en circunstancias que hacen pensar que pueden haber surgido de células embrionarias detenidas, pero en la mayoría de los casos se puede excluir una conexión de este tipo. Y si es cierto que ya no podemos dudar de que la proliferación maligna de tejidos puede ser producida por parásitos, un origen parasitario parece no ser admisible para la gran mayoría de los tumores malignos.

El cáncer es, pues, una enfermedad del núcleo que a veces se produce por irritación crónica y otras por parásitos. Y de ese concepto han derivado los progresos en los conocimientos de los genes y los genomas del cáncer, que han dado lugar a nuevas teorías de cómo se forma el cáncer y son la base para muchos tratamientos convencionales y experimentales. Este es también el tema de un libro de divulgación que apareció en el año 2000: *Cancer: the evolutionary legacy*. El autor de este pequeño gran libro, como ya se ha dicho, es Mel Greaves, un hematooncólogo inglés.

En este elocuente ensayo, la genética del cáncer se examina desde el punto de vista de la evolución darwiniana. Es un libro de divulgación, palpitante y humanista, y resume, para el hombre de la calle, qué pensábamos hace veinte años de la genética del cáncer y cómo estos mecanismos regulan el comportamiento de los tumores. Para Greaves, la clave para descifrar el cáncer está en dos descubrimientos mayores de la ciencia: el ADN y la teoría de la evolución de Darwin y Wallace —Darwin y Wallace publican juntos el artículo científico que describe la teoría. Un año más tarde, Darwin publica *El origen de las especies* y eclipsa para siempre la popularidad de Wallace—. Durante la década siguiente hemos aprendido algo más.

Parece claro ahora, y no lo está tanto en el libro de Greaves, que la supervivencia de los tumores necesita el desarrollo de escudos que los protejan de la inmunidad del paciente. Si un tumor no puede contrarrestar el sistema inmune, se destruye fácilmente. Por ese motivo, en la última década el cáncer ha pasado de ser considerado solo un problema genético a ser examinado desde el ángulo de la inmunidad. Y como ocurrió antes con la teoría genética, la nueva teoría inmune nos ha proporcionado una perspectiva diferente del problema, lo que ha repercutido en el diseño de tratamientos distintos.

No busquéis una definición fácil y completa al mismo tiempo del cáncer, es algo imposible. En el capítulo *Desde el punto de vista de la evolución* de su libro, Greaves explica las dificultades para definir el cáncer en un párrafo que parece escrito por un físico al que le piden que defina la mecánica cuántica:

> Una dificultad importante aquí es cómo dibujar una imagen multidimensional y dinámica en la que los detalles esenciales resalten los principios en lugar de ofuscar. Otro desafío es incorporar la diversidad del cáncer más el papel dominante del azar sin presentar el proceso como un caos inaccesible. El problema es en gran medida de diversidad, dimensiones y vocabulario. El foco de acción abarca las subunidades más pequeñas de los nucleótidos en el ADN, a las células, y a los organismos completos; abarca la historia humana y el comportamiento social; y ocupa marcos de tiempo de horas a décadas a millones de años. El lenguaje que normalmente se usa para iluminar estos diversos parámetros difiere y generalmente no es exportable a través de las fronteras entre esos conceptos.

A pesar de esa nota de precaución, creo que tenemos que intentar definir mejor el problema. El cáncer es una enfermedad causada por un grupo de células —un clon inicial— cuyas anomalías genéticas remueven los frenos fisiológicos del crecimiento y permiten la proliferación caótica y la resistencia a la muerte, que terminan levantando escudos contra la respuesta defensiva del sistema inmune, lo que les facilita la invasión impune de tejidos localmente y a distancia, en forma de metástasis.

Y sí, es un proceso dinámico. La característica fundamental del cáncer, como menciona Greaves, es la constante evolución, guiada por mutaciones, de un clon inicial que responde a las presiones ambientales cambiando fenotipo y genotipo, y que es capaz, como su último y mejor truco, de crear una capa de invisibilidad bajo la que se esconde del sistema inmune del paciente. Hay tumores que pueden tratarse, y cada día hay más, pero el cáncer puede ser una enfermedad horrible, y aunque no le gustase a Sontag, ser «un obsceno y demoníaco depredador». Una de las tres «C» —corazón y carretera son las otras dos—, el cáncer es una de las principales causas de muerte en el mundo civilizado.

La mejor manera de vencer al cáncer es prevenirlo, evitar sus causas; el problema es que hay demasiadas: desde el asbesto al tabaco, desde el sol a la radioterapia, desde tomar hormonas a tener altos o bajos niveles de hormonas endógenas, desde vivir cerca de una fábrica a vivir cerca de un volcán, comer algunas cosas, beber otras, envejecer, trabajar sentado, ser muy alto, la virginidad, la infidelidad, implantes de mama y, para acabar, equivocarse al elegir a los padres y tener mala suerte. Al parecer, lo único que no causa cáncer es hablar por teléfono.

Hay tantas causas de cáncer que hasta el mismo cáncer de un animal puede producir cáncer en otro animal. El cáncer por sí mismo no suele ser contagioso. Y esta regla tiene muy pocas excepciones —quizá el trasplante de órganos de un donante con cáncer sea una de ellas—, pero tanto los animales domésticos como los salvajes pueden sufrir una forma de cáncer transmisible. En este caso, el cáncer es un «parásito». Este cáncer contagioso ha roto la baraja; dentro del espectro global de tumores, juega con sus propias, únicas, reglas.

Este tipo de cáncer transmisible no está producido por un virus o al menos no se sabe que sea así, pero se comporta como si él mismo fuese un virus. Puede que el más antiguo, el mejor conocido de estos tumores transmisibles, sea el cáncer venéreo de los perros. Este cáncer tuvo su origen hace más de cinco mil años en Asia. Por motivos que se desconocen, este tumor evolucionó para desarrollar la terrible capacidad de transmitirse como una enfermedad venérea. Las células del tumor inicial, sin que se sepa cómo, obtuvieron la capacidad de propagarse de un canino a otro por vía sexual. Aunque su origen estuvo en Asia, en este momento el cáncer afecta a perros en todo el mundo.

Entre los animales salvajes, solo hay ocho ejemplos conocidos de tumores transmisibles. Dos de ellos crecen en el rostro de los diablos de Tasmania. El diablo de Tasmania es el marsupial carnívoro más grande que se conoce y una especie en extinción; se trata de un animal agresivo, lo que facilita la transmisión de este cáncer a través de los mordiscos. El tumor se localiza en la cara, muchas veces rodeando la boca, lo que impide que el animal pueda comer. Como ocurre con el cáncer de los perros, el tumor es genéticamente muy estable y no muta con frecuencia. Los dos tipos de cáncer transmisible que afectan a estos marsupiales ha causado una disminución masiva de su número. Estos tumores son de origen reciente, con dos o tres décadas de antigüedad. Además de los perros y el diablo de Tasmania, se observan casos en cuatro especies de moluscos bivalvos, incluidas las almejas, que sufren una leucemia contagiosa.

Otra de las causas de cáncer son los virus. Ya advirtió Boveri del peligro que suponen los parásitos que atacan el núcleo de las células. Los virus son responsables aproximadamente del veinte por ciento de todos los tumores y muchos de ellos están entre los más agresivos, tanto de los que se originan en la sangre como de los que crecen en órganos sólidos. Dado su sorprendente protagonismo en el cáncer humano, los oncovirus se encuentran entre los factores de riesgo más importantes, después del consumo de tabaco, para el desarrollo del cáncer en humanos. Actualmente, se ha demostrado que un grupo pequeño de virus causa más de diez tipos de tumores.

Si fuésemos capaces de eliminar los virus que causan cáncer, habría millones de tumores menos por año.

No todo es negativo. Las infecciones de células por los virus son útiles para estudiar los mecanismos moleculares de las funciones celulares. De hecho, los comienzos de la biología molecular del cáncer se basaron en gran parte en estudiar estas interacciones. Y varios científicos fueron agraciados con el Premio Nobel de Medicina por estudiar temas relacionados con los mecanismos virales que originan cáncer.

Los oncovirus tienen una historia corta. A principios del siglo xx, Olaf Bang y Vilhem Ellerman demostraron que se podía inducir la leucemia en pollos sanos administrándoles un extracto filtrable que contenía el virus de la leucemia aviar. Fue una observación seminal de extraordinaria importancia que ponía en contacto un elemento filtrable con un cáncer. Sin embargo, el descubrimiento que lanzó el campo de investigación de los oncovirus fue el de Payton Rous, quien demostró que un virus causaba cáncer en las gallinas. El virus que identificó Rous es un retrovirus, como el virus de la leucemia del pollo y el que causa el sida.

Los virus son difíciles de evitar, se cuelan por las rendijas físicas y entre las líneas de los protocolos de los científicos. Los accidentes de laboratorio son raros. Y en contadas ocasiones, aparecen virus furtivos que contaminan experimentos. Si un oncovirus contaminase una forma de tratamiento, los pacientes podrían morir de cáncer. Que un evento pueda producirse en muy raras ocasiones quiere decir, literalmente, que puede producirse.

Una de las contaminaciones más graves de un tratamiento con un oncovirus ocurrió en la década de los cincuenta. Por entonces, Jonas Salk, que era el director de virología de la Facultad de Medicina de la Universidad de Pittsburg, decidió utilizar células de riñón de mono para cultivar el virus de la poliomielitis que se usaría como vacuna. Todo parecía ir bien, la vacuna de Salk fue una de las grandes victorias de la ciencia médica contra una de las enfermedades más extendidas y dañinas de la humanidad. Como hacen muchos científicos con sus descubrimientos, Salk se administró la vacuna y vacunó a su esposa y sus hijos.

En la década de los sesenta, diez años después se produjo un descubrimiento inesperado que podía tener graves consecuencias: la inyección de la vacuna de la poliomielitis en hámsteres producía cáncer. El virus de la polio, que es neurotrópico e infecta neuronas —de ahí la parálisis que produce en los pacientes— no produce cáncer, no es un oncovirus. Así que la vacuna debía estar contaminada con un carcinógeno.

La reacción de las autoridades sanitarias fue una decisión política y no sanitaria, es decir, fue una decisión torpe, interesada y criminal: mantener los resultados de los experimentos en hámsteres en secreto, sin notificárselos al público; un público que estaba recibiendo la vacuna de forma generalizada.

Desobedeciendo las instrucciones, los investigadores decidieron hacer público que la vacuna de la polio producía cáncer en modelos animales. Se degradó a la científica que contravino la política del silencio y se cerró su laboratorio. Así respondió y sigue respondiendo la política a la ciencia: al médico que anunció la sospecha de una nueva enfermedad al comienzo de la COVID-19 lo obligaron a pedir perdón y a retractarse.[1] Mientras escribo en

1. Como se mencionó en el capítulo 2, a Li Wenliang, el médico que dio la voz de alarma por la pandemia del coronavirus en internet, lo sacaron de su casa de madrugada y lo interrogaron en la comisaría. Allí lo reprendieron por difundir información «ilegal y falsa» sobre el virus. Li Wenliang se infectó con el coronavirus mientras trataba a sus pacientes enfermos y murió de una neumonía producida por co-

agosto de 2020, Anthony Faucy, icono portavoz de la ciencia de esta pandemia, está siendo el objetivo de *fake news* creadas por miembros de la administración Trump con objeto de desacreditarlo.

Otros científicos continuaron la investigación. La vacuna no contenía un carcinógeno químico, sino un oncovirus, un virus que se había infiltrado desde las células de mono usadas para amplificar el virus de la polio. Un virus de los simios, el número cuarenta identificado en estos animales: simiovirus 40 o SV40. Ahora que se sabía quién era el culpable del cáncer en los hámsteres, se podían examinar las muestras de vacunas en busca de su presencia. No una ni dos ni tres, sino que casi todas las dosis estaban contaminadas por el virus SV40.

De inmediato, las autoridades sanitarias, que habían despedido a los investigadores iniciales, dieron órdenes a las compañías farmacéuticas para que eliminasen el SV40 de las vacunas. Siguiendo su miserable política, dictaminaron que estas medidas deberían llevarse a cabo guardando el secreto; no había que provocar pánico. Mientras tanto, la campaña de vacunación debía proseguir. Y durante un par de años más, las vacunas de la polio contaminadas se les administraron a millones de estadounidenses. En total, probablemente cien millones de ciudadanos del país recibieron la vacuna que contenía SV40.

Los políticos respiraron cuando los científicos proba-

ronavirus. El Gobierno chino, en una jugada políticamente cínica e inteligente, acabó convirtiendo, o permitió que convirtieran, a Li Wenliang en un héroe póstumo de la pandemia.

ron que el SV40 no provoca cáncer en humanos. La humanidad se había salvado de una epidemia de cáncer y todo salió relativamente bien, considerando lo que podría haber pasado. Pero no puedo evitar preguntarme cuántos casos habrá habido en los que habrán muerto inocentes y de los que no hemos tenido noticia.

En 1965, los científicos británicos Michael Epstein e Yvonne Barr descubrieron partículas de un herpesvirus en células de cáncer derivadas de un paciente diagnosticado con linfoma de Burkitt, similar al de la mandíbula de Kanam. También se ha asociado con otros linfomas, como el de Hodgkin y el cáncer nasofaríngeo. Este virus se transmite por la saliva y es famoso entre los adolescentes porque causa la llamada «enfermedad del beso» o mononucleosis infecciosa.

Diez años después del descubrimiento del virus de Epstein-Barr, se demostró que el virus de la hepatitis B podía causar cáncer de hígado. Un enfermo de hepatitis crónica por virus B o C tiene doscientas veces más posibilidades de sufrir un tumor que una persona no infectada. Conjuntamente, los virus B y C causan el mayor porcentaje de neoplasias de ese órgano y son la segunda causa de muerte relacionada con el cáncer en todo el mundo.

Después de los virus de Epstein-Barr y de la hepatitis B, pasaron diez años más antes de descubrir que los virus del papiloma humano producían la gran mayoría de los tumores de cuello uterino en el mundo. Las infecciones por el virus del papiloma humano son enfermedades de transmisión sexual y tienen una alta incidencia y prevalencia en la población. El cáncer de cuello uterino, si no se diagnostica y se trata a tiempo, mata a la paciente.

En la década de 1980, se encontraron dos oncovirus adicionales: el virus de la leucemia de células T humanas y el virus del sarcoma de Kaposi. El virus de la leucemia de células T humanas es un retrovirus —como el virus de Rous o el del sida— e infecta los glóbulos blancos. Este retrovirus se transmite por la sangre —transfusiones, agujas—, el contacto sexual y pasa de madre a hijo durante el parto o la lactancia. En este momento no existen tratamientos eficaces.

El virus del herpes asociado al sarcoma de Kaposi, herpesvirus humano 8, causa tumores de tejidos blandos muy llamativos por su color púrpura en pacientes inmunodeprimidos. Los pacientes de trasplantes de órganos o tratados con fármacos que deprimen la inmunidad pueden sufrir infecciones por el virus y desarrollar sarcomas, pero el virus es mucho más oncogénico en enfermos de sida. El sarcoma de Kaposi es el cáncer más frecuente en estos pacientes.

El oncovirus más reciente se descubrió en el año 2008. Es el poliomavirus de las células de Merkel, que se identificó en un cáncer de piel poco frecuente y muy agresivo. La mayoría de los cánceres de células de Merkel se debe a la infección por el virus. Este poliomavirus es un parásito común de la piel en la población sana y aún no se ha descubierto cuándo y por qué el virus induce cáncer.

Volvamos a la historia de Rous por un momento y examinemos cómo abrió el campo de la oncovirología. Una epidemia fantasmal de cáncer devastaba las granjas avícolas estadounidenses en 1909. Lo más extraordinario del caso es que los tumores parecían contagiarse: una gallina se ponía enferma y pronto la enfermedad arrasaba el gallinero. Un granjero neoyorquino, conocedor del trabajo de Rous, llevó un pollo con cáncer al laboratorio del investigador, en la Universidad Rockefeller, para ver si este podía elucidar la misteriosa causa del cáncer.

Rous extrajo el voluminoso tumor del muslo de la gallina, lo molió y luego lo pasó a través de un filtro cuyos poros no permitían el paso de las bacterias. Después inyectó el líquido filtrado en pollos jóvenes y esperó a ver si el tumor se reproducía. Y así fue, en pocas semanas el tumor apareció en los pollos que habían recibido la inyección de líquido tumoral filtrado. La enfermedad la transmitía un agente filtrable.

Podría haber ocurrido que el cáncer hubiera sido contagioso de por sí —como los tumores transmisibles de los perros—, pero dado que se había triturado y filtrado, era poco probable que se hubiesen inyectado células y mucho más que un agente infeccioso presente en el tumor fuese capaz de contagiar a los otros animales. Rous pensó que el agente filtrable podía ser un virus. Este descubrimiento plantó la semilla del campo de la virología tumoral. Se habría prestado más atención a los experimentos de Rous si el virus hubiese causado tumores en otros modelos animales, pero los intentos para reproducir el resultado en mamíferos no tuvieron éxito. Muchos virus son específicos para una especie determinada.

Pasaron cincuenta años sin un nuevo avance de extraordinaria significancia en ese terreno. Había una explicación para ello, el siguiente *quantum leap* requería nueva tecnología y más conocimientos. En concreto, el progreso requería el desarrollo de cultivos celulares para virus y un mayor conocimiento de la genética. Cuando esas herramientas aparecieron, se pudieron, finalmente, catalogar varios clones del virus del sarcoma de Rous y comprobar que tenían efectos muy diferentes en las células infectadas.

Estos estudios identificaron variaciones mutantes del virus que tenían efectos diferentes en las células. Unas cepas podían infectar y, aunque no podían multiplicarse dentro de ellas o precisamente por eso, producían cambios celulares similares a los observados en el cáncer; otras cepas, en cambio, estaban mejor preparadas para multiplicarse en las células y eliminarlas rápidamente, y no producían cáncer. Si el virus se «adaptaba» a la célula que infectaba y le perdonaba la vida, inducía el crecimiento sin control característico de las células de los tumores; si el virus doblegaba la maquinaria de las células y la convertía en una fábrica de virus, la célula moría para liberar a la progenie viral. El virus de Rous se debatía entre favorecer la inmortalidad o la muerte.

Rous sería, con el tiempo, reconocido por sus descubrimientos seminales y recibiría el Premio Nobel de Medicina a los ochenta y siete años. En su conferencia de aceptación del premio, Rous nos dejó esta definición social de tumor:

> Cada tumor está formado por células que han sufrido cambios tan singulares que ya no obedecen esa ley

fundamental según la cual los componentes celulares de un organismo viven en armonía y actúan juntos para mantenerlo. En cambio, las células transformadas se multiplican a su costa e infligen un daño que puede llegar a ser mortal. Llamamos a las células ilegales neoplásicas porque forman tejido nuevo, y el crecimiento en sí mismo es una neoplasia —*neo*, «nuevo» y *plasia*, «formación».

Diez años después del Premio Nobel de Rous, en el año 1976, Harold Varmus y J. Michael Bishop, alumno y profesor, en la Universidad de California, San Francisco, descubrieron que el gen *src* del virus (virus-sarcoma o *v-src*) filtrado por Rous activaba un gen que existía en las células humanas, al que llamaron protooncogén. Este descubrimiento feliz ponía en contacto dos ciencias que parecían ser muy diferentes: la virología y la oncología.

La biología celular y la biología molecular deben mucho a los virus. Según la Fundación Nobel, el Premio Nobel de Medicina de 1989 se les otorgó conjuntamente a J. Michael Bishop y Harold E. Varmus por su descubrimiento del origen celular de los oncogenes retrovirales. Un premio al primer oncogén, una idea que encendió la hoguera de la oncología. Ahora sabemos que los tumores son adictos a los oncogenes, que los necesitan para sobrevivir. No se puede entender el cáncer sin los oncogenes. Además, esto cambió para siempre el enfoque de la quimioterapia del cáncer, pues los oncogenes son las dianas moleculares que los investigadores utilizan con mayor frecuencia para desarrollar nuevos tratamientos. El virus de Rous ha hecho contribuciones de primer orden a la oncología y podríamos decir que muchos pacientes les deben la vida a los descubrimientos de Rous, Varmus y Bishop. En cuanto a la biología molecular y celular, podríamos afirmar que el gen *src* generó por sí solo una nueva teoría acerca de cómo se produce el cáncer y de qué lo produce.

Bishop ha escrito un libro con un título ingenuo, divertido y fastuoso a la vez: *Cómo ganar el Premio Nobel*. Irónicamente, el libro no es un manual —no podría serlo— en el que se explique qué pasos hay que dar para conseguir inevitablemente el Nobel. Es más bien una biografía de Bishop y de su carrera científica. Bishop estaba convencido de que lo suyo eran las letras y aspiraba a ser un humanista. Aun así, decidió a última hora estudiar medicina. Cuando terminó sus estudios, y casi por casualidad, se convirtió en un microbiólogo, eso sí, de primer orden. En *Cómo ganar el Premio Nobel* cuenta numerosas anécdotas de los cazadores de bacterias y virus, pero también abundan chismes de las ceremonias Nobel y de cómo conoció a un personaje extravagante que recibía ese año el Nobel de Literatura, el español Camilo José Cela, de quien acabó leyendo algunos libros y decidiendo que no era un mal escritor.

Un médico que se formó en el laboratorio de Bishop, Victor Levine, un pionero de la quimioterapia de los tumores sólidos, como los tumores cerebrales, fue quien nos contrataría, a mi mujer y a mí, para hacer investigación en Houston. La admiración de Levine por Bishop era enorme. Levine dedicó parte de su carrera profesional a trabajar en el gen *src* en los tumores malignos del cerebro.

Es bueno presenciar a un genio admirando a otro. Es bueno estar entre genios, aunque uno no lo sea. Oírlos hablar, verlos actuar esperando que por ósmosis o por algún principio de la termodinámica, aún por descubrir, su saber, energía y bonhomía nos impregnen. Y hablando de genios, no quiero acabar este tema sin mencionar que el español Mariano Barbacid descubrió el primer oncogén humano, llamado «ras»; pero contar esa historia está fuera de los objetivos de este libro.[2]

Naturalmente, el descubrimiento de *v-src* no fue el final de los estudios sobre genes virales y celulares que producen cáncer. Animados por este descubrimiento, otros científicos fueron descubriendo, uno tras otro, genes virales que tenían el efecto de un oncogén, es decir, que activados en las células adecuadas podían causar tumores. Estas proteínas virales inactivan proteínas celulares, que

2. Según la biografía de Mariano Barbacid publicada por el Centro Nacional de Investigaciones Oncológicas: Mariano Barbacid obtuvo su doctorado en la Universidad Complutense de Madrid (1974) y se formó como becario posdoctoral en el Instituto Nacional del Cáncer de Estados Unidos (1974-1978). En 1978 comenzó su propio grupo de investigación para estudiar los eventos moleculares responsables del desarrollo de tumores humanos. Su trabajo condujo, en 1982, al aislamiento del primer oncogén humano y a la identificación de la primera mutación asociada con el desarrollo del cáncer en seres humanos. Estos hallazgos, también realizados independientemente por otros dos grupos, han sido fundamentales para establecer las bases moleculares de los tumores.

son importantes frenos para la evolución de una célula normal hacia el cáncer, como por ejemplo la proteína Rb y la p53.

Y uno de los oncogenes de origen viral dio lugar a que pudiera inmortalizarse la célula de cáncer más famosa del mundo, las células conocidas como HeLa. Una historia que contó con precisión y estilo Rebecca Skloot en *La vida inmortal de Henrietta Lacks* y que, por muchos motivos, merece ser recordada aquí.

En medio del frío invierno en el noroeste de Estados Unidos, treinta y ocho años antes del Premio Nobel al primer oncogén, una mujer afroamericana caminaba bajo la lluvia por las calles de la ciudad de Baltimore —la ciudad americana donde vivió y falleció Edgar Allan Poe— hacia el hospital Johns Hopkins. En 1950, Johns Hopkins era uno de los centros hospitalarios más prestigiosos del mundo tanto por la calidad de su medicina clínica como por su investigación en cáncer. Pero eso no era lo que veía aquella paciente. El hospital estaba segregado y los pacientes de color se visitaban en áreas separadas de las salas donde se atendía a los blancos. El trato que recibían los afroamericanos no era extraordinario, la experiencia en el hospital dejaba mucho que desear y, por ello, siempre que podían, las minorías no acudían a los médicos.[3]

3. La falta de atención sanitaria a los negros e hispanos de las clases más bajas sigue siendo obvia en el presente. Se ha atacado despiadadamente al seguro médico obligatorio llamado «Obamacare», hasta conseguir reducirlo a un mínimo sin que se llegase nunca a reemplazarlo. Las discriminaciones en ese campo y en muchos otros son tantas que se diría que a la sociedad actual la salud de esas min-

Henrietta tenía treinta años recién cumplidos y se quejó al ginecólogo de que a pesar de que su último período menstrual había sido hacía un mes, no había dejado de perder sangre. Durante el examen físico, la médica le diagnosticó un tumor en la matriz, un cáncer de cuello uterino. A Henrietta le extrañó el diagnóstico. Hacía poco más de un año que había dado a luz y durante las revisiones posparto, la última había sido hacía tres meses, los ginecólogos no le habían detectado ningún problema. La doctora explicó que estos tumores pueden crecer muy rápido. Durante los meses siguientes, a Henrietta la trataron con radioterapia, el tratamiento convencional, pero este no pudo evitar que el tumor se extendiese. El cáncer evolucionó a peor y a principios de agosto ingresó en el hospital, donde no pudieron evitar que falleciese a comienzos del otoño.

Se enviaron muestras del tejido de la biopsia cervical de Henrietta Lacks al departamento de patología para que se hiciera una evaluación clínica y además, sin el consentimiento de Henrietta, se mandaron también al laboratorio de cultivo de tejidos con objeto de utilizarlo en la investigación contra el cáncer.

George Otto Gey era el director del laboratorio de investigación en el Johns Hopkins y su interés científico se centraba en intentar conseguir cultivos de células de

---

rías le importa poco, mucho menos que las de otros grupos étnicos y culturales. De ahí el grito «Black lives matter». Esto se ha hecho más evidente durante la COVID-19, pues el porcentaje de casos y fallecimientos ha sido más alto en las minorías.

cáncer que pudiesen mantenerse estables, es decir, que pudiesen cultivarse durante meses, lo que permitiría experimentar en el laboratorio, con la intención de que, una vez expandidas, se pudiesen donar a otros laboratorios de investigación en cáncer.

Aquellos experimentos eran sumamente importantes. Estos cultivos estables se llaman «líneas celulares» y son la columna maestra que aguanta el edificio de la biología celular. En este momento constituyen uno de los materiales que no pueden faltar en ningún laboratorio de cáncer en el mundo. Gey le dice a Henrietta que sus células salvarán muchas vidas y ella le contesta que eso la haría feliz.

La mayoría de los intentos de hacer crecer en el laboratorio células de cáncer de útero, o de otros tipos de cáncer, había fracasado. Esta vez fue diferente. Los cultivos derivados del tumor de Henrietta Lacks crecieron sin problemas y de un modo agresivo. En el laboratorio del Johns Hopkins, una vez que estuvieron seguros de que se había formado la primera línea de células de cáncer, le pusieron el nombre de células HeLa, iniciales de la paciente.

Con el paso de los años, las células HeLa corrieron de laboratorio en laboratorio y se convirtieron en un motor del progreso de la biología celular y molecular. Fueron, y son, imprescindibles en los estudios de ciencia básica y dieron pie a numerosas aplicaciones prácticas en la medicina moderna. Estas células, por ejemplo, se han utilizado extensivamente para los estudios de genética, como la secuenciación de genomas para el mapeo de genes. En el noventa por ciento de los laboratorios de mi hospital, un centro de estudio monográfico de cáncer, en uno u otro momento se utilizan células HeLa. Mi equipo las ha utilizado para probar la eficacia de virus, para clonar genes y para estudiar la expresión de genes ectópicos. No sé de ningún científico que investigue cáncer y no conozca estas células. Las células normales no crecen indefinidamente en el laboratorio. Al cabo de unos cuantos pasajes en discos de plástico, entran en un proceso llamado «senescencia» y no se multiplican más. Esto no ocurre siempre con las células de cáncer y en el hospital Johns Hopkins pensaron que la generación de la línea de HeLa constituía un ejemplo a seguir. Era una línea celular estable de cáncer y eso quería decir que obtener otras también tenía que ser factible. Pero no fue tan fácil. ¿Por qué las células HeLa crecen sin parar y lo hacen con tanta facilidad? Las células de HeLa tienen una ventaja extra que empuja sus motores moleculares para que proliferen sin detenerse y que ha conseguido que sigan haciéndolo durante decenas de años. ¿Cuál es ese combustible misterioso? Un virus.

El componente invisible y poderoso que empuja a las células a seguir creciendo es un virus. Un virus que originó el agresivo y letal tumor de Henrietta Lacks. Es un virus asesino y terrible que parece salido de un cuento de Allan Poe.

Edgar Allan Poe, inventor del cuento policíaco, escritor de algunos de los mejores cuentos de terror de la historia, estuvo vinculado a Baltimore y esa ciudad no lo ha olvidado. Ha mantenido la casa donde vivió como un museo y la memoria del escritor llena de simbolismo la ciudad como Joyce en Dublín, Lope de Vega en Madrid o Kafka en Praga. En las tiendas de recuerdos se pueden comprar figurillas de grajos que repiten el mensaje grabado: «¡Nunca más!». El escalofriante final del poema «El cuervo».[4]

En el primer cuento que Poe consiguió publicar, «Metzengerstein», un poderoso caballo que acaba cabalgando hacia una casa en llamas domina a un jinete:

> El jinete no pudo de ningún modo controlar la carrera. La agonía de su semblante, la perturbadora lucha de su cuerpo evidenciaba un esfuerzo sobrehumano: pero ningún sonido, salvo un chillido solitario, escapó de sus labios lacerados, mordidos por la intensidad del terror. Un instante después el ruido de los cascos resonó brusca y estruendosamente sobre el rugido de las llamas y los chillidos de los vientos. Pasó otro instante y, al cruzar de un solo salto la puerta y el foso, el corcel se alejó saltando por las tambaleantes escaleras del palacio y desapareció con su jinete en medio del torbellino de fuego caótico.
>
> La furia de la tempestad se desvaneció de inmediato y una calma mortal se impuso. Una llama blanca

---

4. Bolaño, el escritor chileno, que nos dejó demasiado pronto, menciona en sus doce consejos para escribir cuentos que quizá leer a Poe sea suficiente. En una visita a la elegante Universidad de Virginia en Charlottesville —cuya construcción dirigió Thomas Jefferson—, donde Poe había estudiado, visité su habitación. Era un antro diminuto y oscuro. Sobre su mesita de noche imponía un siniestro cuervo disecado.

todavía envolvía el edificio como una mortaja cuando fluyendo lejos, en la atmósfera tranquila, se disparó un resplandor de luz sobrenatural al mismo tiempo que una nube de humo se asentaba pesadamente sobre las almenas en la figura colosal, inconfundible, de un caballo.

El caballo es el virus, el jinete es la célula y las riendas del caballo representan todos los intrincados mecanismos de control biológico. Como las riendas en el cuento, esos mecanismos son inútiles a la hora de detener la carrera del virus que lleva a la célula, contra su voluntad, a convertirse en el tumor desbocado que matará a la paciente. Hay una frase de Martín Lutero en el cuento: «Viviendo he sido tu plaga, muriendo seré tu muerte», que da más miedo en latín: *Pestis eram vivus - moriens tua mors ero*. Ese es el deseo del oncovirus.

Años después de la muerte de Henrietta pudo demostrarse que sus células HeLa las había infectado el virus del papiloma humano y que algunas proteínas del virus actúan como potentes oncogenes —como los que descubrieron Varmus y Bishop—. Dos genes del papilomavirus, en particular, inactivan las proteínas p53 y RB, que como recordáis previenen la transformación maligna de las células.

Los virus del papiloma humano (VPH) residen normalmente en la piel de personas sanas, pero algunas cepas pueden causar enfermedades. La mayoría de las personas que se infectan con este virus, como sucede con muchos otros, no tiene síntomas y el virus es eliminado sin problemas. En algunos individuos, la infección pueda causar papilomas o verrugas en los genitales. Algunas variantes del virus son más dañinas y producen cáncer en el útero, el ano, el pene, la boca y la garganta, casi todos ellos relacionados con la actividad sexual.

Ahora sabemos que la mayoría de los tumores de cuello de útero los causa este virus. Se calcula que las infecciones por el virus del papiloma humano son responsables de más de un millón de casos nuevos de cáncer de matriz al año y que tiene una mortalidad superior al cincuenta por ciento si no se diagnostica y se trata a tiempo. El test de Papanicolaou se convirtió en una medida muy eficaz para el *screening* y tratamiento, y ha salvado muchas vidas. En nuestra guerra contra el papilomavirus, ahora disponemos de un arma aún más eficaz.

Estamos hablando de un problema frecuente, no de una enfermedad rara. La infección por papilomavirus a partir de la adolescencia es muy común: un estudio mostró que el veinticinco por ciento de las mujeres desde los catorce a los cincuenta y nueve años da positivo para una o más cepas del virus. Hasta hace bien poco, más del ochenta por ciento de las mujeres estaban infectadas, siendo esta la enfermedad de transmisión sexual más frecuente en el mundo. No todas las infecciones llevan al cáncer; de hecho, la mayoría de las personas que se infectan —como la mayoría de las personas que fuman— no tiene cáncer.

En este momento, por desgracia, no hay tratamiento médico efectivo contra el virus. Y probablemente, una vez establecido el tumor, descarrilados los controles celulares con acumulación de las aberraciones genéticas de las células de cáncer, la destrucción del virus no detendría el cáncer o al menos no garantizaría la destrucción. Como en cualquier problema con virus, la solución más efectiva es la prevención de la infección con una vacuna.

La importancia de este virus y su relación con el cáncer es excepcional y el investigador que señaló y demostró la relación causal entre la infección por el virus del papiloma y el cáncer de cérvix uterino recibió el Premio Nobel el año 2008. Las Fundación Nobel formuló así las razones que apoyaron que se otorgase el premio a este descubrimiento:

> En contra de la opinión predominante durante la década de 1970, Harald zur Hausen postuló que el virus del papiloma humano (VPH) tenía un papel en el cáncer de cuello uterino. Zur Hausen generó la hipótesis de que las células tumorales, si contenían un virus oncogénico, deberían tener ADN viral integrado en sus genomas. Por lo tanto, los genes del VPH que promueven la proliferación celular deberían ser detectables buscándolos específicamente en las células tumorales. Harald zur Hausen rastreó diferentes tipos de VPH durante más de 10 años, una empresa difícil por el hecho de que solo ciertas partes del ADN viral se integran en el genoma de la célula infectada. En 1983 detectó el ADN del VPH en biopsias de cáncer de cuello uterino y también descubrió un nuevo tipo de VPH 16 que era tumorigénico. En 1984, clonó los VPH 16 y 18 de pacientes con cáncer cervical. Los tipos VPH 16 y 18 se

encontraron de manera consistente en aproximadamente el 70 % de las biopsias de cáncer de cuello uterino en el mundo.

Harald zur Hausen es un científico alemán cuyo trabajo no solo demostró la etiología viral del cáncer de cuello uterino; también permitió diseñar una vacuna para prevenir la infección y, en consecuencia, el desarrollo de tumores ligados al VPH. Su contribución a la ciencia y a la medicina son enormes. Ahora mismo, zur Hausen es un gigante de la medicina moderna. Y afortunadamente no tiene los pies de barro ni el corazón débil.

Cabe preguntarse cómo el VPH causa los tumores. En las células HeLa se pueden detectar fácilmente dos proteínas tipo oncogén: E6 y E7. La proteína E7 del virus inactiva la proteína Rb para remover los frenos de la replicación del ADN, con ello el virus puede iniciar la multiplicación de su ADN. Sin embargo, la célula HeLa intentará defenderse del inicio anormal de la producción clandestina de ADN forastero activando una señal que llevaría a una muerte valiente, al suicidio altruista, que los biólogos llaman «apoptosis», e impediría de ese modo que la célula infectada se convirtiese en una factoría de virus. Esta autodestrucción la ejecuta una proteína codificada por un gen llamado p53, que tiene un título aristocrático, casi de caballero de la mesa redonda: «guardián del genoma». El virus ha evolucionado para contraatacar expresando la proteína E6 que bloquea la proteína p53. Desde ese momento, la célula vivirá secuestrada viva sin control de la replicación del ADN. La expresión de las proteínas E6 y E7 hizo que las células HeLa se multiplicasen sin control e indefinidamente.

Es fácil entender que la infección de las células HeLa por el virus del papiloma facilitase enormemente el trabajo del laboratorio del Johns Hopkins. Es curioso pensar que, por distintas razones, el virus y los investigadores pretendían lo mismo: inmortalizar las células. Hombres y virus trabajando juntos.

Los mecanismos usados por el virus del papiloma son comunes a otros virus, como el SV40 —el antígeno T de este virus inactiva Rb y p53 en roedores— o los adenovirus —la proteína E1A inactiva al Rb y la E1B frena al p53—, que también disponen de dos proteínas para inactivar las proteínas Rb y p53. Aunque la infección por el virus del papiloma es un requisito necesario para que las células se conviertan en cancerígenas, no es suficiente y, como decíamos, muchas personas sufren infección por el virus sin llegar a desarrollar cáncer. Tal vez la infección solo sea el primer paso hacia el cáncer y deban acompañarlo otros para tener éxito en su terrible misión, o quizá la infección tenga que producirse cuando otros factores ya están presentes para que un tumor se desarrolle.

Después de que se aceptara que el virus era la causa del cáncer uterino, varios laboratorios intentaron fabricar una vacuna y en el año 2006 comenzó a administrársele a la población. Al principio se prescribía solo a niñas, porque las mujeres sufren la mayoría de los cánceres relacionados con el VPH, pero acabó administrándosele a todo el mundo sin diferencia de sexos. Si se trata de detener todos los problemas causados por el virus en hombres y mujeres, vacunar a los hombres previene sus problemas y protege a mujeres no vacunadas con vida sexual activa.

Nadie esperaba que esta vacuna pudiera ser polémica, pero así fue. No podía ser, según sus argumentos, que se administrara una vacuna que daba «permiso» para tener relaciones sexuales; un argumento que no era nuevo se usó también contra el uso de condones para prevenir el sida. Algunos científicos se refirieron a la oposición de la religión a la vacuna, sobre todo defendida por algunos, pocos, obispos católicos en ciertas áreas de Canadá a comienzos del tercer milenio, como la «bendición al beso de la muerte». La vacuna, por supuesto, no da permiso para nada; uno puede abstenerse cuanto quiera vacunado o no. Lo que sí era verdad es que la vacuna podría librar a la humanidad de una de las mayores enfermedades de transmisión sexual y que podía disminuir la prevalencia de cáncer en todos los países. El intolerante clero canadiense hizo un ridículo histórico y nadie hizo caso.

No es casualidad que el desarrollo de la vacuna y su administración a los primeros niños y adolescentes coincidiese con el Premio Nobel a Harald zur Hausen. Al fin y al cabo, de una manera brillante y práctica se cerraba un círculo de investigación: primero se sospechó la correlación entre el virus del papiloma y el cáncer; luego se aisló el virus de los tumores; después se demostró que el virus era la causa de los tumores, y por último se desarrolló una vacuna eficaz que podía terminar con el problema. Es la secuencia de acontecimientos que define la ciencia: definir un problema, entender la causa, buscar la solución.

El Nobel es un asunto complicado. Tiene historia de serlo desde el primer año en el que se concedió, cuando se le negó el premio a Tolstoi para otorgárselo a otro escritor cuyo nombre y títulos pocos recuerdan. Premios controvertidos como el de la lobotomía frontal complican aún más el asunto. Algunos premios suecos se les concedieron a médicos que no se los merecían y otros que lo merecieron más que nadie nunca los recibieron. Hay que ser muy ingenuo para pensar que unos premios que mueven tanto prestigio no flotan en un océano político. Muchas veces, ese mar está lleno de buques de guerra que se enfrentan entre sí, como Cajal y Golgi o Montagnier y Gallo; otras veces, como en la canción, están llenos de barcos hundidos, como el de Avery, quien demostró que el ADN, y no las proteínas, pasaba la información genética y nunca recibió el premio, o como el premio que se le negó año tras año a Jorge Luis Borges, el escritor argentino que inspiró el realismo mágico —«Es una antigua tradición escandinava: me nominan para el premio y se lo dan a otro», bromeó Borges—. Y otras veces el mar es solo un río revuelto donde ganan la política y las influencias.

En fin, Suecia es Suecia y el Premio Nobel tiene sus picos y sus valles. Pocos científicos, digámoslo ya, se merecieron el Nobel de Medicina más que Harald zur Hausen. Su descubrimiento facilitó el entendimiento del cáncer y de los virus; además, la vacuna tiene el potencial de erradicar una enfermedad. Y su premio, con todo, no escapó a la polémica.

Fue la misma semana del Nobel en 2008 cuando el

volcán entró en erupción. Según publicó la revista *Science*, un funcionario encargado de velar por la pureza de los insignes premios y miembro del equipo anticorrupción del Gobierno sueco comunicó a la prensa que se estaba investigando la conexión de una compañía farmacéutica llamada AstraZeneca, que tiene raíces suecas, con el Premio Nobel otorgado a Harald zur Hausen. Esta empresa desarrolló la vacuna y un espaldarazo de Suecia ayudaría a que el negocio aumentase sus pingües beneficios. Esta misma compañía acababa de establecer una colaboración con la Fundación Nobel para incrementar el marketing de los premios. Llamó poderosamente la atención que uno de los directivos al máximo nivel de la compañía farmacéutica, Bo Angelin, y otro más no identificado formaran parte del comité que decidió dar el Nobel a Harald.

Este asunto nunca se aclaró del todo, pero AstraZeneca salió mal parada y Harald zur Hausen, quien nada tuvo que ver con este asunto e ignoraba todos estos embrollos, vio que los intereses económicos de los hombres de negocios enturbiaban las aguas limpias de su descubrimiento. ¿Benefició el Premio Nobel a AstraZeneca? Esta compañía declaró unos beneficios de veintidós mil millones de dólares en el año 2018.

Hace unos años, Harald me invitó a viajar a Heidelberg, donde era el presidente del Centro Alemán de Investigación Oncológica, para participar en una reunión científica sobre virus y cáncer. Las palabras de la Fundación Nobel reverberaban en mis oídos durante el viaje: «En contra de la opinión predominante durante la década de 1970, Harald zur Hausen postuló que el virus del papiloma humano tenía un papel en el cáncer de cuello uterino». Esperaba encontrarme a un rebelde, algo así como al Che Guevara de los oncovirus. No fue así. Harald es un hombre amable, muy educado, que tiene una mirada inquisitiva y una sonrisa afable. Un sabio tranquilo más que un revolucionario fiero. Lo oí formular comentarios inteligentes sobre varias charlas, incluyendo la mía. Era ya mayor, pero me pareció que continuaba haciendo y haciéndose las preguntas adecuadas. La vida es corta y, a pesar de ello, pudo comenzar el estudio de una enfermedad y tal vez sus descubrimientos acabarán con ella. Quizá muy pronto el cáncer de útero producido por el papilomavirus solo se estudie en los libros de historia del cáncer. Pocos investigadores del cáncer han conseguido tanto.

La posible intromisión de AstraZeneca en el Nobel no fue el único detalle cuestionable desde un punto de vista ético en todo este asunto. La línea de células HeLa, que contiene los genes del virus, ha despertado en los últimos años la conciencia de los investigadores. El problema aparece cuando consideramos que Henrietta Lacks nunca dio su consentimiento escrito para que sus muestras de tejido se usaran en la investigación. El dilema ético que aparece a partir de ese conocimiento fue la premisa de uno de los libros más vendidos en la última década y que hemos mencionado antes, *La vida inmortal de Henrietta Lacks*, de Skloot.

En *La vida inmortal de Henrietta Lacks* nos damos cuenta de que algunos temas son polémicos. Henrietta, a pesar de ser una paciente, fue identificada públicamente, con nombre y apellido, como la fuente humana de las células HeLa. La invasión de la vida privada, que es inaceptable, fue mucho más allá con el tiempo y los avances de la tecnología. Para proseguir en los estudios genéticos del cáncer, el genoma de las células HeLa se secuenció, se publicó en revistas científicas y, por si fuera poco, se colgó en bases de datos públicas.

Estos actos constituyen una violación de la privacidad de Henrietta y de la de sus familiares, ligados a ella a través de sus genes. ¿Qué ocurre si un defecto genético mostrado en las secuencias lleva a la marginación social de alguno de los familiares? ¿Qué pasaría con su seguro médico en países como Estados Unidos, donde las compañías podrían denegarte prestaciones si tienes predisposición a ciertas enfermedades? No sabemos si la publicidad de su genoma afectará a los familiares de Henrietta, pero no se me ocurre cómo esa publicidad podría beneficiarlos.

Es importante mencionar que los pacientes que donan el tejido tienen derecho a ciertas compensaciones. Por ejemplo, deberían poder beneficiarse de nuevos tratamientos que se hayan promovido por la investigación. Pero a los familiares de Henrietta nunca se les informó del progreso de la investigación, así que nunca tuvieron acceso a las ventajas derivadas de la donación de las células.

Así pues, la falta de consentimiento para que se utilizasen sus células, la invasión de la privacidad al máximo nivel y los perjuicios que podrían causárseles a los familiares de los pacientes son los aspectos éticos importantes que Rebecca Skloot denuncia en su superventas. El libro cumplió su objetivo. Desde que se crearon las células HeLa, la protección al paciente ha cambiado mucho y su caso no podría volver a repetirse hoy en día, o al menos no sería legal que lo hiciera. El libro de Skloot sacó el debate de los círculos estrictamente científicos y lo llevó a la arena pública, lo que originó una concienciación amplia de la sociedad y despertó un interés y una preocupación por los principios éticos de la ciencia. El impacto no ha sido puramente intelectual o académico y ha resultado en propuestas de nueva legislación dirigida a proteger los derechos de los pacientes, tengan o no participación en estudios experimentales, en los países civilizados.

La vida inmortal de Henrietta Lacks insiste en recordarnos que la atención clínica y la investigación requieren máximo respeto a los pacientes y sus familiares, quienes tienen el derecho de tomar decisiones referentes a su cuerpo y a su salud y, si las hay, participar en las ventajas médicas relacionadas con la investigación. Como bien lo expresa Lawrence Lacks, hijo de Henrietta, demasiado pobre para pagarse un seguro: «Si nuestra madre es tan importante para la ciencia, ¿cómo es que nosotros no podemos tener seguro médico?».

Los tiempos deben cambiar más rápido. Hemos de llegar a ese momento hermoso en el que la vida de todos los hombres y mujeres se valore igual. Ahora, en este momento, la vida de las minorías pobres sigue teniendo un valor más bajo para la sociedad y la justicia. Esas minorías sufren los virus de la pobreza, la discriminación, el racismo y la xenofobia. Es imprescindible que haya cambios en las actitudes sociales y las leyes. Amor sin cambios no es amor. Pero la esperanza, como clama Barack Obama, es audaz: ojalá pronto encontremos la vacuna para el virus del odio.

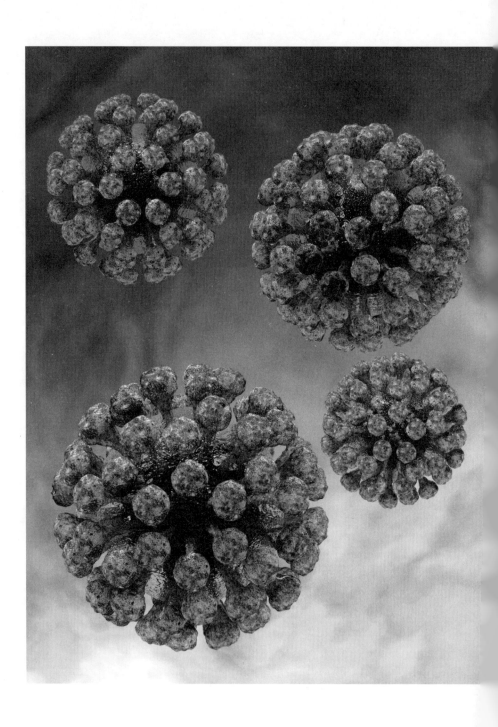

8

La naturaleza del tiempo

Son miembros vitales del tejido de la vida.

Luis Villarreal

«Virus» es una palabra que ahora mismo inspira terror
—ébola, sida, neumonía por coronavirus—. Pocas palabras tienen esa fuerza destructora; quizá solo el cáncer y
sus metáforas puedan igualarse a los virus y las suyas, algo
que ya descubrió Susan Sontag en los setenta.

En 1978, cuando Susan Sontag era una paciente con
cáncer de mama, se dio cuenta de que tenía dos tareas:
combatir una enfermedad que según sus oncólogos sería
mortal y enfrentarse a los desafíos de un lenguaje perver-
tido por la ignorancia, que contribuía a marginar a los
pacientes de cáncer, convertidos en poco menos que apes-
tados.

De su experiencia con esa enfermedad y sus circunstancias surge *La enfermedad como metáfora*. Sontag razona en un ensayo erudito y profundo cómo las metáforas y los mitos que rodean ciertas enfermedades, en especial el cáncer, pueden aumentar el sufrimiento de quienes las padecen. El cáncer, quiere concluir Sontag, no es una maldición ni una vergüenza, es solo una enfermedad. Diez años después, habiendo superado contra todo pronóstico el cáncer y coincidiendo con el brote de una nueva enfermedad producida por un virus, Sontag tomó de nuevo su erudita pluma para insistir en defender a los enfermos con una secuela de *La enfermedad como metáfora*, que tituló *El sida y sus metáforas*. El sida se estigmatizó inmediatamente, presa de metáforas discriminatorias y mitos de castigo.

Sontag tiene razón y el cáncer y el sida son solo enfermedades que, diagnosticadas a tiempo, pueden, en muchos, controlarse con tratamientos. Hay que quitarles poder a las palabras. Y, sin embargo, hay palabras que avisan del contenido de lo que nombran. «Virus» proviene de la palabra *veneno* en latín. Y no es una metáfora ni un mito o una exageración; los virus son puro veneno. Y también es verdad que, como cualquier tóxico, un virus puede matar o curar.

En nuestros laboratorios modificamos la genética de los virus para diseñar tratamientos contra el cáncer, los amoldamos a voluntad para quitarles la virulencia en células sanas y aumentar su capacidad asesina cuando infectan tumores. Nosotros hemos aprendido hace bien poco a modificarlos, apenas veinte años. De un modo parecido, los virus han moldeado a los simios y homínidos, pero lo han hecho —tal vez lo llevan haciendo— a lo largo de millones de años. Y quizá fueron los virus los que propiciaron la evolución definitiva hacia el *Homo sapiens*.

El carbono une la química del universo, la vida está hecha de carbono. El carbono es amigable y gregario. Existe una conexión química, universal y telúrica entre los organismos. Los ácidos nucleicos, hechos de carbono, han tenido en la Tierra una inconcebible expansión formando a través de la evolución un incontable número de seres vivos. Todos ellos, desde el ínfimo virus a la masiva ballena azul, tienen en común su base molecular, el ADN y el ARN. Entre los virus y la humanidad, el vínculo no podría ser más elemental y profundo. Pero no solo hay relación en la estructura —seres hechos de carbono y genes—. El insólito origen del primer hombre podría deberse a la infección de un predecesor por un retrovirus hace millones de años. Una teoría turbadora. Hay treinta mil virus sesteando en la cuna de nuestro ADN. Sin las letras de los ácidos nucleicos virales, nunca se hubiese podido escribir la palabra «humano».

Organismos autorreferenciales, observamos la biología, muchas veces, en su relación con nosotros. Describimos cuanto nos rodea desde un punto de vista antropocéntrico. El lenguaje, la educación, la cultura y la religión nos atrapan en ese espejismo. Las religiones dan al ser humano el papel más predominante en la Tierra, esa es su *raison d'être*. Esta visión nos coloca arbitrariamente por encima de las plantas y el resto de los animales. El hombre es el rey de la creación. Somos, afirman, el único animal hecho a la imagen y semejanza de Dios.

Pensaba Freud: «En realidad, el ego es como el payaso en el circo, que siempre está opinando para hacer creer al público que él es el protagonista de cuanto sucede». Algo así ocurre con el ego de la humanidad. Si mencionamos que somos animales, hay personas que se molestan, que se sienten insultadas por creerse rebajadas, desposeídas de su esencia, de su alma. He escuchado y leído muchas veces el argumento de que no somos animales. Incluso hay quien defiende que somos los únicos seres con alma, veintiún gramos que pesan mucho. No obstante, genéticamente, sería difícil llegar a esa conclusión: la pulga de agua, un animal ínfimo, tiene diez mil genes más que un ser humano.

El delirio autorreferencial mantiene una lucha constante contra aquel simio desnudo de Desmond Morris. Aquel primate que un día dejó los árboles del bosque y se puso a caminar sobre la sabana: «Vi a mi prójimo no como un ángel caído, sino como un simio erguido», dice Morris, quien se esforzará en recordarnos a lo largo de *El mono desnudo*, su trepidante ensayo, que somos animales y solo eso. Durante ese análisis radical, y no del todo equivocado, propone muchos ejemplos del pensamiento que constituye la idea central del libro: «Detrás de la fachada de la ciudad moderna, vive el simio desnudo». Solo los nombres han cambiado: en vez de caza, hablamos de «trabajo»; la cueva es el «hogar», y al apareamiento lo llamamos «matrimonio».

La verdad está situada entre las concepciones que sitúan al hombre en el centro de la creación o la evolución y el concepto de que seguimos siendo más primates que nada. Desde un punto de vista cultural, hemos conseguido crear civilizaciones, inventar la democracia, componer sinfonías, disfrutar del arte, proclamar los derechos humanos, defender la igualdad entre hombre y mujer. Todo junto parece insinuar que somos diferentes, que tenemos un carácter intelectual más elevado. También hemos sido capaces de dominar en gran medida la naturaleza que nos rodea, sabemos hacer fuego, inventamos la rueda, el telescopio, calculamos la edad del universo y descubrimos la fisión del núcleo atómico; también somos capaces de influir en la evolución de las especies mediante la selección artificial.

Ahora mismo, en el planeta, aquello que nos gusta o nos es útil tiene preferencia sobre lo demás y, por lo tanto, sobrevive o, en el caso contrario, se extingue. También hemos causado la desaparición de muchas especies —no solo del dodo—, domesticado animales, creado nuevos usando cruces naturales o manipulación genética, y usamos ingeniería genética también para mejorar los cultivos. Somos el único animal que ha estudiado los microbios, incluyendo los virus, y que se ha preguntado por la existencia de moléculas más pequeñas que el átomo, y hemos calculado la longitud de Planck como el valor negativo de un 1 seguido de 33 ceros centímetros. Pensamos que somos el único animal que se ha preguntado por su propio origen, que se pregunta por el origen de sus pensamientos y la naturaleza del tiempo. Y con la excepción de unos pocos animales —monos, perros, gatos, tortugas, ratones, ranas e insectos— a los que nos hemos atrevido a mandar a la estratosfera sin pedirles permiso y sin billete de vuelta a la Tierra, somos el único animal que ha salido al espacio y que ha caminado sobre la Luna. No somos el centro del universo y tampoco somos exclusivamente un mono desnudo.

No es fácil definir qué nos hace humanos. La discusión de la «esencia humana» que nos separa de los animales es una cuestión filosófica que no se puede definir a través de una sola disciplina y que requiere conceptos genéticos, fisiológicos, sociales, anatómicos, cognitivos, neurológicos y psicológicos como mínimo. Como comentan Carl Sagan y Ann Druyan en *Sombras de antepasados olvidados*, ninguno de los avances descritos en el párrafo anterior nos hace humanos. No parece que ninguno de esos avances sea definitivo o *sine qua non*, porque eso implicaría que los hombres y mujeres que vivieron antes de que se inventara el fuego, por ejemplo, no lo eran. O que la civilización que precedió al desarrollo de la agricultura no lo era. Y aunque es verdad que los hombres usamos una tecnología más avanzada y con más frecuencia que otros animales, eso no quita para aceptar que algunos de estos usan tecnologías primitivas y basadas en el mismo concepto que la nuestra. Hay animales que utilizan instrumentos, entre ellos los monos, que usan martillos de piedra, chimpancés que cazan con lanzas, gorilas que construyen puentes, delfines que usan esponjas para protegerse los hocicos y pulpos que transportan cáscaras de coco como armaduras ambulantes. En cuanto a la organización laboral e ingeniería urbana, hay animales que cultivan, otros hacen presas y algunos domestican o esclavizan a otros.

La capacidad de crear, almacenar y utilizar la llamada «inteligencia extragenética» o «extrasomática», es decir, aquellos conocimientos registrados en libros, vídeos, universidades, bibliotecas y ordenadores, tal vez tenga aquí relevancia. Quizá esa parafernalia del saber que comenzó con transmisión de métodos para diseñar utensilios o la expresión artística de escenas de caza en equipo como las de las cuevas de Altamira expliquen con la debida profundidad aquello que nos hace distintivamente humanos.

Pero solo quizá. Porque nada de esto debe poner en duda que somos animales y nada de ello nos convierte en humanos. Todos esos argumentos solo demuestran lo lejos que pueden llegar algunos animales a los que hemos puesto el apellido «sapiens» cuando observan la naturaleza y razonan sobre ello —y, con el tiempo, aprenden a utilizar el método científico.

A nivel molecular es obvio que somos similares a otras especies y casi idénticos a algunos simios como, por ejemplo, los chimpancés. Nuestro ADN difiere del de un chimpancé en menos del uno por ciento en las regiones que producen proteínas. Y las proteínas y conjuntos de proteínas humanas y de chimpancés son tan parecidas que se presumía desde la década de los setenta que solo las mutaciones del ADN que consiguen cambios en la regulación de estas podrían explicar las diferencias biológicas y fenotípicas entre los hombres y otros primates. Con el tiempo, la acumulación de datos fue mostrando que un protagonista inesperado insistía en tener un papel principal en el teatro de la evolución.

Se trata de un actor biológico conocido, pero cuya relevancia en este tema dejó a muchos biólogos con un rictus de sorpresa del que algunos todavía no se han recuperado del todo. Podríamos decir que se trata del mayor descubrimiento de la biología de la evolución, precedido solamente por el efecto creador de especies que tienen las mutaciones del ADN y la endosimbiosis. ¡Ah, qué no habrían dado Darwin y Wallace por conocer estos dos factores! ¡Cómo habría disfrutado al comprobar que su elegante teoría de la evolución es imprescindible para entender el ADN y que los cambios en este son la base de la evolución!

No voy a hablar aquí de las mutaciones, sino de otro importantísimo personaje, de los elementos transponibles y, de estos, en especial de los retroelementos, que Barbara McClintock imaginó antes que nadie y que la ciencia tardó decenas de años en asimilar. McClintock tuvo que vivir una larga vida para poder ir a recoger el Nobel a Estocolmo.

Genes saltarines. Genes circenses. Genes acróbatas. Fragmentos de ADN que saltan de un lugar del genoma a otro, que suben y bajan la doble hélice, auténticos «okupas» que se cuelan en el genoma y no tienen domicilio fijo. Una idea tan revolucionaria cuando la formuló, que tardó tanto tiempo en ser aceptada que le otorgaron el Premio Nobel cuando contaba con más de ochenta años.

Ni siquiera el cielo es inmutable; las estrellas nacen y mueren, las galaxias giran y chocan, los cometas viajan.

El ADN tampoco lo es. Los genes de Barbara entran y salen como Pedro por su casa. Una especie de juego del escondite en la casa de Mendel. Ahora estoy, ahora no. Y esos cambios de lugar tienen repercusiones en las funciones de las células y en ellos mismos: cada vez que saltan, algo cambia en la célula y algo cambia en ellos; por ejemplo: con cada salto duplican su número. Saltos, dobles, la magia del circo.

McClintock fue mucho más que una pionera de la ciencia. Con su potente capacidad intelectual, increíble agudeza para la observación de la naturaleza y valentía a la hora de hacer experimentos, McClintock rompió con algunas de las ideas de la herencia prevalentes en el momento, incluyendo el concepto de gen, e imaginó lo inimaginable y acabó con la rígida estructura del ADN. Su carrera profesional es también admirable e insólita para una mujer en los años cuarenta. En 1944 la eligieron miembro de la Academia Nacional de Ciencias de Estados Unidos, solo dos mujeres lo habían conseguido con anterioridad. También fue la primera directora de la Sociedad Americana de Genética.

McClintock descubrió que ciertas partes del genoma del maíz no estaban ancladas en una región del ADN, sino que parecían moverse entre los paquetes de ADN que llamamos cromosomas. Estos cambios no eran inocuos, no se trataba de un proceso anodino. Los movimientos de los genes tenían repercusiones en el maíz como podía observarse por los cambios en el color de los granos dependiendo de la localización de los genes saltimbanquis. Una pirueta y el maíz cambiaba de color. Una pirueta y el gen saltarín interfería con la codificación de proteínas por el gen responsable del color amarillo o púrpura de los granos. Pero el resultado del cambio de color podía no heredarse, porque si el gen volvía a saltar, el color volvía a cambiar. A estos elementos se los acabó denominando «transposones» o «elementos transponibles», precisamente por esa cualidad de transponerse o recolocarse. Hay plantas cuyo ADN está compuesto en el noventa y ocho por ciento de transposones.

En los cincuenta, esta teoría revolucionaria implicaba un cambio de paradigma en la definición de los genes, y por muy documentada que estuviese, por más datos que recogiese, era demasiado para las mentes mendelianas encargadas de mantener el paradigma de la herencia en posición erecta. Así lo entendió McClintock, que, haciendo una especie de mutis por el foro, después de desarrollar su papel, dejó de publicar acerca del tema durante unos años. Si me permitís un poquito de sarcasmo, se podría decir que esta gran dama de la ciencia no quería molestar.

Los sabios de entonces tardaron treinta años en reconocer sus descubrimientos y cuando lo hicieron organizaron la mayor fiesta de la ciencia. McClintock recibió un Premio Nobel de Medicina por su descubrimiento de los elementos genéticos móviles cuando contaba más de ochenta años, muy bien llevados —si hubiese sido un hombre, ¿le habrían dado antes el Premio Nobel?—. Ella fue la primera mujer que recibió el Nobel de Medicina en solitario. El resto de las mujeres galardonadas, entre ellas Gerty Cori, lo había compartido con sus colegas masculinos.

Ahora sabemos que muchos de esos genes saltimbanquis y capaces de multiplicarse dentro de la célula son de origen viral y la mayoría proviene de retrovirus, los llamamos «retrovirus endógenos» porque viven con nosotros. Esos parásitos perfectos aumentan en número a medida que se transponen, porque cuando saltan del genoma en general vuelven a copiarse. El cuarenta por ciento del genoma de los mamíferos son retrotransposones. No existiríamos sin virus.

Los retrovirus juegan a la ruleta con la evolución. Para los que recordáis *Casablanca*, es algo así como si en la ruleta saliese el 22 negro[1] y la inserción de un retrovirus en el genoma de un animal hiciese su especie más fuerte (concede inmunidad contra una infección). Pero nada queda resuelto para siempre. Vuelve a salir el 22 negro en la siguiente jugada —¡Increíble! Solo en las películas—, y la evolución avanzaría de nuevo (elimina la predisposición a un cáncer). Que sepamos, los retrovirus no tienen una meta —con la probable y egoísta excepción de «sobrevivir»— en mente. Con cada vuelta de la ruleta se generan distintas posibilidades. Y ahora, la tercera vez, ha salido un número rojo y el animal se hace más débil o

1. Aquella pareja tuvo suerte de encontrarse a Rick en *Casablanca*. El cínico con el corazón más blando y más roto de Hollywood permitió que una pareja escapara de las garras de un policía corrupto gracias a que la ruleta «inexplicablemente» se paró dos veces seguidas en el 22 negro. Dirigida por Michael Curtiz en 1942, *Casablanca* ha sido elegida como la mejor película de todos los tiempos en varias ocasiones. En cualquier caso, nunca *La Marsellesa* ha sonado mejor en el cine. No pudieron vivir juntos, es verdad, pero los nazis perdieron.

incluso puede encaminarse hacia la extinción (cambia de color). Así que los retrovirus endógenos son un motor de la diversidad. La mayoría de los virus no tiene la capacidad de unirse al genoma de la célula que infectan y solo aquellos que infectan las células germinales pueden influir en la evolución. Una vez que se han infiltrado, estos virus son los agentes secretos de una poderosa endosimbiosis. Y su misión consiste en iniciar la revolución desde dentro. Porque algunas de estas infecciones han revolucionado la evolución.

Para insertarse en el genoma, los retrovirus, que invierten el sentido del código genético, almacenan su información en una molécula de ARN y, a través de la activación de unas enzimas llamadas transcriptasas inversas, reconvierten el ARN en ADN y se vuelven a integrar en el genoma de la célula huésped. Una vez allí, se quedan en forma latente, sesteando. Pero los retrotransposones duermen con un ojo abierto. Y cuando las condiciones ambientales o las necesidades del huésped los animan a quitarse las cadenas del ADN y saltar fuera del genoma, caminan con absoluta libertad por la célula.

Si los retrovirus infectan una célula germinal, el retrovirus no desaparece ni cuando la célula se divide en dos ni cuando los organismos superiores tienen progenie: el retrovirus lo heredan las células hijas y los animales hijos. Es un fenómeno extraño, difícil de aceptar al principio. ¿Por qué está nuestro ADN repleto de retrovirus?, ¿cómo ha ocurrido?, ¿cuál es su significado?

En algunos animales, como los peces, la inserción de elementos transponibles puede inactivar genes y tener consecuencias en su aspecto externo, como ocurría con los granos de maíz de McClintock. Un gen del pez medaka o pez de arroz japonés, *Oryzias latipes*, es responsable de la expresión de una enzima responsable del color del pez. En los peces albinos, la presencia de un transposón dentro de este gen lo inactiva y el pez adquiere apariencia albina. Así que es probable que estos retrovirus endógenos puedan modificar sustancialmente la función de otros genes en el animal que los acoge e incluso crear nuevas funciones que no existirían sin su presencia.

Nuestro ADN está repleto de genes virales. Esto quedó firmemente comprobado con la conclusión del Proyecto Genoma en el año 2003. La sorpresa dejaba de serlo y pasaba a ser conocimiento estándar. Como ocurre a veces cuando se hace investigación —y no solo en biología, piénsese en el descubrimiento accidental de los púlsares o los polímeros conductores de electricidad— llegaba de sopetón la respuesta a una pregunta que nadie se había formulado. El ADN humano, que contenía un número mucho menor que el esperado de genes «humanos» codificadores de proteínas, estaba repleto de fragmentos de retrovirus.

Y podría tener otras secuencias de otros virus diferentes de los retrovirus. Las secuencias de los virus de ARN no retroviral carecen del mecanismo para integrarse en el genoma del huésped. O al menos eso se creía hasta hace poco. Algunas publicaciones recientes han demostrado que los genomas de vertebrados contienen muchas secuencias relacionadas con virus derivadas tanto de retrovirus como de virus de ARN y ADN no retrovirales. Es posible que los retrovirus o los mecanismos usados por los retrovirus endógenos cooperen para facilitar la integración de estas secuencias en el genoma. En cuanto a la función de estos genes, no está aclarada todavía. Podrían proteger al huésped de infecciones producidas por virus que expresen proteínas similares a las que codifican los genes ya integrados y favorecer la selección natural o, como los retrovirus, podrían tener un papel más directo en la evolución de las especies. No disponemos de datos suficientes sobre genes integrados no retrovirales para poder establecer patrones de infección durante la evolución. Los defensores de la hipótesis de que podría tratarse de simples curiosidades biológicas deberían recordar que estas suposiciones sobre otros temas estuvieron equivocadas en el pasado. Es muy posible que nada sobre en el genoma.

Pero volvamos a los retrovirus. Retrovirus arcaicos, cabe suponer, lograron integrarse en el ADN hace millones de años. Probablemente estaban presentes en el ADN de nuestros ancestros y algunos de ellos en los antepasados de nuestros antepasados. Con el tiempo, han ido acumulándose en nuestro genoma y ahora hay más fragmentos de ADN viral que humano. Esos cien mil genes virales se han quedado «enterrados» o «escondidos» entre las pocas decenas de miles de «nuestros» genes.

La inserción de retrovirus no es un fenómeno puramente humano, ni mucho menos. A la mayoría de los seres vivos, desde la bacteria al elefante, la ha infectado retrovirus una y otra vez durante años.

Los nombres que se les dan a estos retrovirus varían

con la disciplina del experto que etiqueta. Los biólogos evolucionistas los llaman «virus fósiles» o «paleovirus»; los biólogos moleculares, «retrotransposones» o «retrovirus endógenos», y pocos los llaman ya «ADN basura», como se los denominaba hace pocos años. Se pensaba que estos «trozos» de virus no tenían función; que si el genoma era un barco, estos fragmentos eran las conchas de moluscos muertos que se pegan a los barcos con el paso del tiempo, suvenires de cadáveres recogidos sin querer durante una larga travesía. Estos retrovirus eran un hallazgo interesante, sí; pero en lo fundamental, basura sin importancia. Y, sin embargo, la ciencia que tiene esa flexibilidad para autocorregirse, que exige autocorregirse para progresar cuando aparecen nuevos conocimientos, con frecuencia encuentra joyas en la basura. Son más perlas que desperdicios.

Una pregunta interesante sobre estas secuencias de ADN ectópico es si ahora ya, una vez integrados en el genoma del animal que parasitan, son genes o todavía son virus. Para contestar a esta pregunta clave, los científicos han «resucitado» uno de esos retrovirus que llevaba «extinguido» más de cien mil años. Una vez recuperado, lo pusieron en contacto con células humanas: el recién nacido inmediatamente se coló en la célula, expresó la transcriptasa inversa y con la mayor naturalidad del mundo se echó a dormir otra vez en el genoma celular. Así que aquel virus, de alguna manera, dejó de serlo para convertirse en un gen. Y, al mismo tiempo, aquel gen nunca había dejado de ser un virus.

Una vez más, los datos demuestran que los virus no

han perdido el tiempo durante la evolución y que han probado varias y muy diferentes estrategias reproductivas, incluso algunas que son difíciles de imaginar. Además, mientras lo hacían, les ha sobrado tiempo para impulsar, por azar, saltos evolutivos en los animales. También es verdad que han tenido mucho tiempo. Ahora sabemos que los retrovirus infectaron a nuestros ancestros marinos hace unos cuatrocientos cincuenta millones de años. Los peces que poblaron los mares del período Devónico —la Era de los Peces—, hace cuatrocientos millones de años, estaban probablemente infectados por retrovirus.

Desde la década de 1980 se empezaron a hacer descubrimientos que sugerían que, posiblemente, el hombre nunca habría llegado a serlo sin los retrovirus endógenos. Una de las sorpresas llegó cuando se investigaron los mecanismos biológicos del embarazo y el parto en los mamíferos. Una característica clave de los mamíferos es la placenta. La placenta, que conecta al embrión y al feto con la madre, contiene una colección de células multinucleadas o una fusión de células nucleadas que forman una banda llamada «sincitio» —«células juntas», en latín—. ¿Cómo evolucionaron los mamíferos para desarrollar esa parte clave de la placenta? ¿Es posible que la respuesta esté en los virus? Después de todo, algunos virus, como el del sarampión, expresan proteínas que promueven la fusión entre células formando sincitios.

Los primeros mamíferos, como las aves y los reptiles, se reproducían por huevos. Hace cien millones de años, los embriones comenzaron a implantarse en el revestimiento del útero. Para ello necesitaron el desarrollo de un nuevo órgano, que no había existido nunca antes: la placenta. La placenta permite la nutrición del embrión a través de la sangre de la madre. Ahora sabemos que la implantación en el genoma de los mamíferos de un retrovirus permitió y permite el desarrollo de la placenta. Este virus nos separó definitivamente de los animales que siguen reproduciéndose por huevos.[2] Este salto en la evolución de los mamíferos se produjo gracias a la mediación de un retrovirus. Encuentro este dato chocante, estrambótico, sorprendente, fabuloso y maravilloso. Los virus tienen poder.

A principios de los setenta, los biólogos que examinaban placentas de monos con microscopía electrónica descubrieron retrovirus en el sincitio. El examen de otros animales mostró que el mismo fenómeno se producía en roedores y gatos. Después se observó que también ocurría con placentas humanas. Una proteína codificada por el gen de un retrovirus, la sincitina, hace que las células placentarias se fusionen, un mecanismo muy parecido al que permite que los virus se unan a las células para infectarlas.

2. En la actualidad, solo dos especies de mamíferos ponen huevos: los ornitorrincos y los equidnas. Los dos viven en Australia y tienen cierto parecido con los reptiles: poseen un canal común que sirve para defecar, orinar y tener relaciones sexuales. Su genoma es una mezcla del genoma de los mamíferos y el de los reptiles. Los equidnas acabaron con ese nombre debido al ser mitológico, Equidna, madre de las gorgonas, quien de cintura para arriba era un mamífero y de la mitad para abajo, un reptil. Otro animal que lleva el nombre de una gorgona es la medusa de mar, cuyos tentáculos venenosos recuerdan al cabello de serpientes de Medusa.

Durante el desarrollo de un embrión humano hay una remarcable actividad de los retrovirus endógenos. Estos productos virales ayudan a mantener células pluripotentes —que pueden dar origen a cualquier otro tipo de célula del organismo— o células madre en el embrión. Además, la expresión de proteínas retrovirales cumple la función de proteger al embrión de infecciones por virus exógenos.

Y aún hay más. Con respecto al desarrollo de un intelecto superior, la placenta es clave para poder engendrar y alimentar un feto con un cerebro de gran tamaño. Mediante la generación de la placenta, un retrovirus abrió camino a la inteligencia de los mamíferos o, como mínimo, contribuyó enormemente a la evolución del cerebro desde el de los reptiles, que se reproducen por huevos, al del *Homo sapiens*.

La propuesta de Darwin de que el hombre y los monos tenían un ancestro común la apoya la presencia de retrovirus comunes en hombre y simios. Si Darwin tenía razón, los simios y los humanos deberíamos compartir retrovirus endógenos, y así es. De hecho, compartimos un gran número de retrovirus. Que haya tantos retrovirus comunes entre hombres y, pongamos, chimpancés indica que existe un antepasado común que ya transportaba esos virus en su genoma. Sería una coincidencia imposible que los chimpancés y los hombres hubiesen tenido por separado las mismas infecciones durante millones de años. También es improbable que los retrovirus que se insertan en el genoma al azar fuesen a parar exactamente a los mismos lugares en la geografía del genoma del hombre y en la del chimpancé. Los mismos virus e instalados en los mismos lugares; demasiada coincidencia. Es mucho más probable que antes de que las ramas evolutivas del hombre y del chimpancé se separaran del tronco de donde provienen las dos, ese ancestro común acumulara la carga genética viral. Esa es la explicación que tiene más sentido.

Que los mamíferos hayan ido acumulando retrovirus durante su evolución implica, en caso de ser cierto, y de modo muy simplificado, que los roedores fueron roedores después de adquirir un retrovirus que llamaremos A; otro retrovirus dio origen al chimpancé, el retrovirus B, y otro dio origen, después, al hombre, retrovirus C. Así, el hombre debe tener los retrovirus A, B y C, el chimpancé solo A y B, y el ratón solo A. Los estudios de retrovirus endógenos en las especies examinadas confirman constantemente estas predicciones.

Hay también predicciones complementarias que se refieren al retrovirus que define a un animal cuando lo separa del tronco común. Es decir, el retrovirus que apareció entre el A y el B para formar a los roedores, llamémosle, «a» minúscula (Aa igual a ratón), no se encuentra en los chimpancés ni en el hombre. El retrovirus que dividió el tronco común para formar los chimpancés, llamémosle «b» minúscula (ABb igual a chimpancé), no se encuentra en el hombre (ABC igual a homínino).

Si fue necesario un retrovirus para generar una placenta, la infección por otros retrovirus contribuyó al desarrollo de nuestras capacidades cognitivas. A veces he imaginado, y especulado sin pruebas, que la infección por un retrovirus podría ser el origen del sueño. Como sabemos, aunque las aves y los mamíferos son capaces de soñar, los reptiles —basándonos en el electroencefalograma— no tienen esa capacidad. ¿Pudo el retrovirus del sueño infectar al último reptil?

El lenguaje elevó el intelecto del mono desnudo. El área de Broca está presente en los simios, que carecen de la capacidad de hablar. En ellos, esta zona del cerebro tiene funciones puramente motoras. El área de Broca evolucionó desde los simios para adquirir nuevas funciones en el hombre. Con esa idea en mente, ¿fue necesario un retrovirus para la adquisición del habla?, ¿favoreció un retrovirus la evolución del área de Broca? Parece que quisiéramos ir demasiado lejos, mezclando el sueño y el habla con infecciones potenciales por retrovirus. Me diréis que son productos de la imaginación sin freno de un neurólogo. No obstante, los retrovirus han influido en el funcionamiento de áreas de la corteza cerebral o de toda ella, incluyendo la memoria y el funcionamiento de las sinapsis. Así que dejemos mis especulaciones a un lado y pasemos a comentar las funciones demostradas de los productos codificados por genes de origen retroviral en el cerebro humano.

Ya en los roedores, la expresión de retrovirus endógenos es necesaria para el desarrollo embrionario del cerebro. En los humanos, los retrovirus protegen de daño a las neuronas, con diferencias en la expresión de retrovirus en el cerebro sano y enfermo de los fetos. Nuestros cerebros han evolucionado para procesar y almacenar información del mundo exterior y hacerlo a través de conexiones sinápticas entre redes interconectadas de neuronas. A pesar de la importancia fundamental del almacenamiento de información en el cerebro, todavía nos falta una comprensión molecular y celular detallada de los procesos involucrados. Curiosamente, muchos genes derivados de transposones se expresan en el cerebro, pero sus funciones moleculares no se conocen todavía. Con alguna excepción: un gen llamado *Arc*.

Recientemente, se ha descubierto que un retrovirus endógeno es crucial para el aprendizaje. Este gen llamado *Arc* es necesario para la formación de la cápside o envoltura externa de los retrovirus. En el cerebro, la expresión de *Arc* es imprescindible para enviar material genético entre neuronas. El sistema que se utiliza es muy parecido al que usan los virus para infectar una célula: una cápsula de proteínas.

Se trata de un procedimiento nunca observado con anterioridad, pero cuyo uso podría ser muy frecuente durante la actividad neuronal. No es un mensaje aislado lanzado al mar en una botella en espera de que alguien lo encuentre. Las neuronas intercambian miles de millones de mensajes por segundo. *Arc* promueve un tráfico de naves moleculares esféricas partiendo de unas neuronas y atracando en los puertos de otras, transmitiendo señales constantemente. Esta actividad frenética fija el pasado, manteniéndolo vivo, mientras procesamos el presente. Sin esta actividad, nuestro cerebro, que es una máquina del tiempo, no puede viajar hacia el futuro.

El papel de *Arc* en las sinapsis, es decir, las regiones de comunicación entre neuronas, tiene que ver con la memoria. Este retrovirus es, en realidad, responsable de la capacidad de formar y mantener recuerdos. Si eliminamos el gen *Arc* en animales de laboratorio, estos son incapaces de recordar nada. Pueden aprender una tarea y mientras estamos con ellos pueden repetirla. Pero si nos vamos y regresamos una hora después o volvemos al día siguiente, los animales no recuerdan lo que aprendieron. No pueden grabar recuerdos. Viven anclados de manera permanente en el pasado. Porque sin la memoria no se puede conectar el pasado con el presente y predecir qué ocurrirá en el futuro.[3] Sin *Arc* no hay consolidación del aprendizaje, de nuevos conocimientos, debido a la pérdida de memoria a corto y largo plazo.

La memoria es un virus. No podemos vivir sin virus como no podemos vivir sin memoria. Los síntomas de la pérdida de memoria anterógrada son espectaculares. En mi experiencia de neurólogo clínico, pocas enfermedades me han causado más asombro que las pérdidas de memoria transitorias que se observan en un síndrome llamado «amnesia global transitoria».

3. Dean Buonomano, un neuropsicólogo de la Universidad de California, comenta en uno de sus libros, *Your Brain is a Time Machine*, que el cerebro colecciona recuerdos del pasado para poder vivir el presente y proyectarse con predicciones constantes hacia posibles futuros. En otras palabras, la memoria permite viajar en el tiempo. Carlo Rovelli, un experto en mecánica cuántica, explica en su superventas *El orden del tiempo* que las notas de una composición musical que se producen cada segundo no tendrían ningún sentido para nosotros si el cerebro no recordara las que han sonado segundos antes y las juntase a las que se están oyendo en ese momento y a las que vendrán segundos después. En ese ejemplo, según Rovelli, la memoria da la falsa impresión de que el tiempo fluye mientras toca la orquesta.

Cuando llegabas a visitarlo, el paciente en su cama nunca estaba agitado y cada vez que el neurólogo entraba en la habitación de observación me saludaba.

—Buenos días, doctor.
—Buenos días, ¿me ha visto usted antes?
—No, nunca.

Salía de la habitación y regresaba diez minutos después.

—Buenos días, doctor.
—Buenos días, ¿me ha visto usted antes?
—No, nunca.

Y así cada vez que necesitase entrar en la habitación para repasar constantes, para comprobar su estado de consciencia, para examinar radiografías: ¿Me ha visto usted antes? No, nunca. No había otros síntomas, el cerebro parecía normal en las pruebas de imagen y en veinticuatro horas el paciente recuperaba la memoria y todo salía bien. Un proceso tan espectacular como pasajero y benigno.

Hay muchas películas que juegan con los defectos de la memoria. Una de mis favoritas es el *thriller* psicológico *Memento*. En esta obra maestra de los hermanos Nolan, un individuo ha perdido completamente la memoria para los hechos recientes, o sea, que su cerebro no «graba» lo que le ocurre. Para poder recordar, el paciente usa notas que deja por todos los sitios y cuando algo tiene una importancia capital, entonces se tatúa el mensaje. Hay un asesino a su alrededor y solo puede contar con los mensajes que se deja para atraparlo o evitar que lo maten. La película está contada hacia atrás con lo cual los problemas de la memoria y la intriga se acentúan aún más. El protagonista podía haber tenido un defecto en el gen *Arc*. La película deja bien claro el papel de esa particular forma de memoria para vivir. En un momento dado, el personaje principal piensa en su mujer, que ha fallecido, y dice: «No puedo acordarme de olvidarte». Es lo único —bueno casi lo único— que quiere olvidar y no lo consigue.

Es posible que *Arc* no sea el único gen derivado de retrovirus endógenos que module funciones cerebrales. Tal vez la capacidad de hablar y soñar la haya facilitado la infección de otros retrovirus. Hay demasiados retrovirus en nuestro genoma para pensar sencillamente que no existen otros capaces de modular funciones del córtex. Estos descubrimientos tan interesantes no se retrasarán demasiado. El artículo sobre *Arc* tendrá un efecto motivador para empujar ese tipo de investigación tan necesaria.

Solo se pueden encontrar virus fósiles en el genoma si estos fueron capaces de infectar los óvulos o el esperma de animales del pasado. De los virus que no infectaron estas células no tenemos archivos. Probablemente la humanidad se ha enfrentado a muchos retrovirus que, al no integrarse en el genoma de las células adecuadas, no se han heredado y han desaparecido en el tsunami de la evolución sin dejar huella. Pero aquellos retrovirus que infectaron el esperma o el óvulo pueden rastrearse. La antropología, la anatomía comparada y la biología están unidas por la evolución y la genética. La unión de todas esas disciplinas y algunas otras ha permitido la reconstrucción de genomas ancestrales. Y por ellas sabemos que existen retrovirus en el genoma de cuantos vertebrados se han podido estudiar. Esos archivos virales son imprescindibles para investigar el linaje de los primates y el hombre.

Cuando nuestros antepasados emigraron por primera vez de África, dos de sus parientes cercanos lo habían hecho ya. Tal vez neandertales —porque fueron los primeros fósiles que se encontraron en el valle alemán de Neander. *Thal* significa «valle» en alemán—, *denisovanos* —los primeros fósiles se hallaron en la cueva de Denisova, en Siberia— y humanos modernos —modernos o sapiens, porque nosotros somos los que ponemos los nombres— desciendan de un antepasado común, el *Homo heidelbergensis* —los primeros fósiles se localizaron en Heidelberg, Alemania—.

Hace trescientos o cuatrocientos mil años, un grupo ancestral de *H. heidelbergensis* abandonó África y luego se separó en dos: unos se aventuraron hacia el noroeste, en Asia occidental y Europa, y se convirtieron en los neandertales; los otros se movieron hacia el este y se transformaron en denisovanos. Hace ciento treinta mil años, los *H. heidelbergensis* que permanecieron en África se convirtieron en el *Homo sapiens* y permanecerían en África setenta mil años más. Así que el hombre moderno y los otros grupos de origen africano estuvieron separados miles de años, vivieron en ambientes diferentes, en contacto con distintos virus. Esta larga separación podría haber permitido que tuviesen infecciones por retrovirus dispares.

Por esos motivos, se está investigando si existen segmentos de ADN retroviral únicos para los diferentes grupos. Los humanos modernos sufrieron, con bastante probabilidad, cambios genéticos relacionados con la función cerebral, incluido el desarrollo del lenguaje, después de separarse de los otros dos grupos. Sería fascinante encontrar que al *Homo sapiens* lo infectaron por retrovirus que no afectaron a los otros dos grupos. ¿Podremos algún día relacionar esas infecciones con el desarrollo verbal y con otras funciones superiores del cerebro?

Los retrovirus son fáciles de manipular y de amplificar en el laboratorio. Llegaron a los laboratorios de oncología en la década de los ochenta, fueron los vehículos de un nuevo movimiento: la terapia génica. Entonces comenzaron a usarse para trasferir genes potencialmente terapéuticos a células humanas que tenían copias defectivas de ellos, enfermedades caracterizadas por el déficit de un único gen eran, obviamente, las candidatas número uno para la terapia génica. Una de las primeras enfermedades para las que se propuso el tratamiento no fue el cáncer, sino la inmunodeficiencia combinada grave, que se debe a la deficiencia de una enzima llamada ADA. El déficit de ADA es un trastorno que afecta a los glóbulos blancos y deja a los recién nacidos con pocas defensas frente a infecciones. Este síndrome se conoce vulgarmente como «enfermedad del niño burbuja», es extremadamente raro y puede ser letal durante la primera infancia si no se trata.

Los retrovirus pueden manipularse para expresar genes. Es relativamente fácil insertar el ADN de un gen en un virus para que cuando el virus infecte una célula, esta exprese el gen extranjero. Además, los retrovirus son muy eficaces al infectar células de la sangre, así que se generaron retrovirus para trasferir la proteína ADA a los glóbulos blancos y tratar su déficit. Los estudios preclínicos mostraron que el procedimiento era factible en modelos animales.

En un estudio clínico que usaba esta tecnología para tratar niños con el retrovirus que transportaba el gen *ADA*, empezaron a observarse buenas respuestas clínicas, pero un paciente, un niño de tres años, desarrolló una leucemia. El estudio clínico se detuvo debido a la sospecha de que el retrovirus podía ser la causa de la leucemia.

Desde la década de los setenta se sabía que los retrovirus podían causar leucemias, un proceso conocido como «activación oncogénica por inserción retroviral», pero esta era la primera vez que este fenómeno se observaba en seres humanos cuando se utilizaba un virus manipulado en el laboratorio. La terapia génica tiene futuro, pero no es inocua. Es preciso establecer evaluaciones constantes de la toxicidad de los tratamientos para poder progresar.

La interacción con otro ser vivo o con un virus puede ser de doble filo. Con los virus exógenos estamos aún en pie de guerra: la guerra de los trescientos mil años. Con los retrovirus endógenos tenemos una relación de simbiosis, con matices.

Los retrovirus endógenos interesan a los paleovirólogos porque encierran muchos secretos sobre la antigüedad del hombre, otros animales y las plantas. Pero no todos los retrovirus viven en el pasado. Los animales siguen infectándose por retrovirus y algunos, pocos, podrían comenzar a quedarse «dormidos» en el genoma en este momento, en el presente. No hay nada de paleo en estos virus; de hecho, ahora sabemos que el experimento de la evolución mediada por retrovirus endógenos —y como todos estos experimentos algo trágico y horrible— se está produciendo ahora mismo en el genoma de unos simpáticos ositos.

Cuando hablamos de decenas o de cientos de millones de años, sentimos el asombro que nos causa la evolución y cuánto tiempo es necesario para que se produzcan cambios. El método científico tiene apenas dos siglos y hemos descubierto los retrovirus hace menos de cincuenta años. La historia del uso sistemático de la ciencia es extraordinariamente breve y el número de fenómenos críticos para la evolución de las especies que han podido observarse en acción es muy reducido. Los retrovirus activos son más raros que los diamantes.

Quizá los koalas nos brinden la oportunidad de observar qué efectos tiene la infección de un retrovirus. Estos marsupiales australianos podrían convertirse en un animal de laboratorio que vive en libertad, en su hábitat. A los koalas los ha infectado recientemente un virus que se ha integrado en su genoma y podría estar modificando su evolución.

La infección por el retrovirus incrementa la susceptibilidad de los koalas a las infecciones bacterianas. Además, los koalas infectados sufren con más frecuencia ciertos tipos de cáncer, incluidas leucemias. Esta no será una infección efímera, sus efectos podrían no ser pasajeros. Se ha comprobado que el retrovirus ha infectado las células germinales de algunos de los animales y se ha instalado en su genoma. Eso quiere decir que los efectos de la infección se mantendrán en las generaciones venideras de los koalas y que con el tiempo tendrán efecto en su selección natural.

La presencia del retrovirus, llamado «retrovirus del koala» o «KoRV», es particularmente importante entre los animales que viven en Queensland, en el norte de Australia. Estos koalas viven en libertad, sin que se haya manipulado su ambiente artificialmente. Existe otra población de koalas en el sur de Australia que son diferentes de los norteños porque han crecido en un ecosistema separado.

Para evitar la masacre a la que estuvieron sometidos a principios del siglo xx, debida al denigrante comercio de pieles, los biólogos australianos trasladaron algunos ejemplares a varias islas del sur. Estos koalas sureños tienen también el KoRV insertado en el genoma, pero, en su caso, diferente del de los koalas norteños: la secuencia ectópica no es la de un virus completo, es solo un fragmento del virus. Estos koalas mantienen en su ADN una forma truncada del retrovirus, en la que la pérdida de partes centrales de su genoma ha hecho que carezca de función propia. Debido a ello, estos koalas salvados en las islas tienen una menor incidencia de infecciones bacterianas y cáncer.

Una vez que los koalas rescatados se trasladaron de nuevo al continente, han mostrado que tienen una ventaja evolutiva respecto a los norteños y eso les ha permitido sobrevivir con enorme éxito. Tanto es así que, en algunas regiones, su número ha tenido que reducirse para mantener niveles normales de población, porque amenazaban con convertirse en una plaga.

Tener una forma defectiva del virus los protege de las infecciones y los tipos de cáncer que sufren sus colegas del norte. Podría ser que el nuevo retrovirus haya reactivado otros retrovirus que permanecían «dormidos» o en un estado latente en el genoma del koala. Al reactivarse, podrían tener un efecto en la disminución de la eficacia del sistema inmune y los animales serían más susceptibles a las infecciones. Por otro lado, el salto y la reinserción de los retrovirus latentes podría ser la causa de las leucemias. Por el momento, son solo datos epidemiológicos; no se han hecho aún experimentos para confirmar los mecanismos que sugiere esta hipótesis.

Muchos zoólogos creen que estamos observando por primera vez el sistema evolutivo mediado por retrovirus en acción. Su teoría con estos retrovirus «vivos» confirma las teorías elaboradas por los paleovirólogos con los retrovirus fósiles. Lo que ocurrió hace cuatrocientos cincuenta millones de años sigue ocurriendo ahora, frente a nuestros ojos. Y podemos observar los terribles y beneficiosos efectos de la locomotora de la evolución, conducida por un maquinista ciego.

Las diferencias entre los dos grupos de koalas muestran cómo funciona la selección de las especies a nivel genético, pero al mismo tiempo revelan que la actuación del hombre puede haber causado esta selección. Que unos koalas estén más preparados para sobrevivir que los otros se debe a la modificación de un retrovirus, que ha ocurrido por azar, y a la intervención del hombre. A la selección natural se le ha sumado la selección artificial; para los koalas, el hombre es un virus más.

Las divergentes evoluciones, una hacia la extinción y la otra hacia la expansión, de los dos grupos de koalas pueden haberse producido en otros animales. ¿Podría una situación similar influir en la evolución del mono desnudo? Uno de los primeros científicos que imaginó el papel de los virus en la evolución hacia el hombre y consiguió tener cierta visibilidad fue Villarreal, profesor emérito en la Universidad de Irvine, en California. En el año 2006, Villarreal publicó un ensayo en la revista *Retrovirology* con uno de mis títulos de artículo favoritos: «¿Pueden los virus hacernos humanos?».

Muchas de las ideas relacionadas con los retrovirus endógenos y su posible papel en la evolución del hombre aparecen formuladas en ese ensayo. Este es un párrafo de la introducción:

> Este ensayo desarrollará y presentará el argumento de que los virus persistentes y estables representan una fuerza creativa importante en la evolución del huésped, lo que lo llevaría a adquirir nuevas identidades moleculares que son cada vez más complejas. Sobre la base de esta premisa, este ensayo examinará el posible papel de los virus en la evolución de la complejidad, incluida la evolución específica del ser humano.

Hay razones para pensar que los retrovirus han tenido una influencia importante en la evolución reciente de los primates y los humanos, como el retrovirus espumoso, no virulento, de los primates, que no causa enfermedad en los humanos. Los genes antirretrovirales humanos también han sufrido adaptaciones recientes —como la de la proteína APOBEC3, que desempeña un papel principal en la respuesta inmunitaria frente a los retrovirus—, que pueden interferir con los retrovirus exógenos que infectan a los simios, y así favorecieron una expansión en el linaje homínino. Por lo tanto, parece claro que la evolución humana y de los primates se ha visto significativamente afectada en la historia por las infecciones de retrovirus de los antepasados de los primates. La abundante representación de retrovirus endógenos en el sistema inmune —que, en teoría, nos protegen de virus que, por ejemplo, podrían hacer enfermar a otros primates y eliminarlos— y en el córtex cerebral apuntan a que los retrovirus favorecieron la evolución del hombre y el desarrollo de su inteligencia.

Villarreal menciona que hay pruebas de que las infecciones por retrovirus nos separan de los simios. En su ensayo lo dice así:

El análisis genómico ha establecido que los genomas de primates africanos han sufrido rondas frecuentes de colonización por tipos de retrovirus específicos de linaje. Estos retrovirus endógenos tienen nombres como Fclenv, Fc2ma.\fer, Fc2d env y BabFcenv. De estos, Fc-2master, Fc2d env son retrovirus que distinguen a los grandes simios de los otros primates africanos. Sin embargo, como hemos dicho, la característica genética que más distingue a los humanos de los chimpancés es el cromosoma Y. Las estimaciones actuales indican que hace unos treinta millones de años, los primates africanos sufrieron una colonización sustancial por retrovirus que actualmente distinguen a esos primates de los primates del Nuevo Mundo. Estas adquisiciones de retrovirus, junto con algunas eliminaciones de otros, son particularmente evidentes en el cromosoma Y (y en menor medida también en el cromosoma X). Los bloques de secuencia que ahora distinguen los diversos cromosomas Y de los primates se derivan principalmente de retrovirus que se relacionan más comúnmente con un retrovirus determinado, llamado HERV K.

Así pues, el contenido genómico de nuestro cromosoma Y es excepcionalmente diferente del cromosoma del chimpancé. Es más, los retrovirus insertados en el cromosoma Y humano nos diferencian claramente de los chimpancés. Y no acaba ahí la cosa: la colonización de retrovirus del cromosoma Y parece haber desempeñado un papel esencial durante la evolución de los mamíferos. Según Villarreal:

Desde la evolución temprana de los placentarios no simios, a través de la divergencia de los monos del Nuevo Mundo hasta el desarrollo de los monos africanos y la aparición de los grandes simios africanos y de los seres humanos, todas estas transiciones pueden verse como distintos eventos de colonización de retrovirus en el cromosoma Y. Ya se han identificado los grandes bloques de secuencia que distinguen las especies humanas y de primates.

En resumen, la remodelación del cromosoma Y con la inserción de secuencias genéticas exógenas producidas por las infecciones por diferentes retrovirus puede ser un marcador o quizá incluso un mecanismo para la actual evolución divergente del hombre y los simios genéticamente más cercanos.

Y hablando de retrovirus, ¿qué piensa Villarreal de la pandemia del VIH? Para él, es una historia inacabada. El sida representa un experimento biológico simultáneo a la evolución humana. La medicina y la educación sanitaria han respondido lo bastante rápido para evitar que el VIH ocasionase una selección de individuos resistentes y así modificase la composición genética humana, algo que sucederá probablemente con los koalas. Nadie sabe qué secuencia de factores evolutivos se requiere para transformar un virus infeccioso, como el VIH, en uno que acabe siendo heredado. Para conseguirlo, el virus debería infectar las células reproductivas, pero el VIH no las infecta. A pesar de ello, se han publicado estudios de integración del VIH en nuestro genoma. Si es así, la infección podría tener consecuencias para la propia evolución de la especie humana. En palabras de Villarreal:

Tal conjunto de genes ahora estaría disponible para que la selección darwiniana actúe, aplicando las funciones potenciales que proporcionan, para crear una población humana más adecuada. Si este fuera el resultado, veríamos una nueva especie de ser humano, marcada por sus virus endógenos recién adquiridos, al igual que las diferencias que vemos entre los genomas de humanos y chimpancés.

Villarreal pensaba que sin un tratamiento eficaz contra el sida, casi toda la población de África habría acabado falleciendo a manos del virus. Algunos mutantes infectados habrían sobrevivido, ellos llevarían el virus en su genoma. Estos supervivientes repoblarían África con individuos distintos de quienes eran susceptibles de morir de la infección. Este proceso podría llevar decenas o cientos o miles de años, pero la selección darwiniana, en última instancia, brindaría la oportunidad para que apareciese una población humana distinta, más separada de las poblaciones de simios y quizá de los humanos que existían antes de que apareciese el sida. Podría ser que la diferencia entre los nuevos mutantes y nosotros acabara siendo similar a la que nos separa de los chimpancés.

Estos «mutantes X» tendrían superpoderes en forma de ventajas evolutivas, que incluirían la resistencia a epidemias y las mejoras en el sistema inmune y hormonal. Estos nuevos mutantes estarían mucho mejor adaptados que nosotros a la virosfera, y eso podría llevarlos a sobrevivir cuando a nosotros, en un futuro próximo, nos barran del planeta uno o más virus. Quizá la humanidad como la concebimos hoy no sea la heredera de la Tierra.

Es un escenario inquietante, aterrador para algunos,

pero es posible que en África se produzca de nuevo el origen de un ser superior. Tal vez los primeros ancestros de ese nuevo eslabón de la cadena evolutiva ya caminen entre nosotros. Aquellos tecnócratas que predicen que nuestra evolución es la inteligencia artificial —incluidos los transhumanos que quieren trasplantar su cerebro al interior de un ordenador— no se ha detenido a examinar cómo funcionan la evolución y los virus.

Así como los telescopios en la noche apuntan al pasado, los retrovirus están orientados al amanecer de nuevas especies. Para Charles Darwin, la evolución es un proceso continuo que no se detendrá en el *Homo sapiens*. La humanidad es el primer paso de otro *Homo* mejor y más adaptado a la virosfera. Darwin veía esa posibilidad con esperanza. En *El origen del hombre* podemos leer su visión:

> Al hombre se le puede permitir que se sienta orgulloso de haber ascendido, aunque no fuese con su esfuerzo, a la cima del orden orgánico. Por otro lado, el hecho de que haya tenido que ascender, es decir, que no se encontrase ahí arriba desde el principio, permite concebir esperanzas de alcanzar en un futuro objetivos aún más altos.

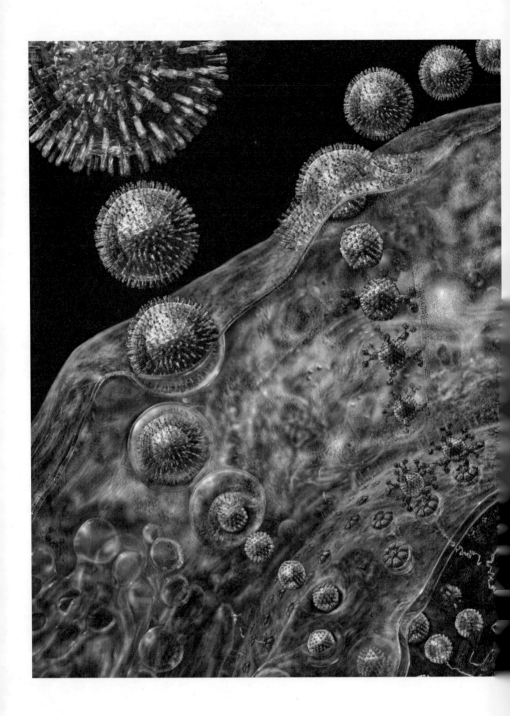

9

Entre el dragón y su furia

Usando estrategias innovadoras, ciertos
virus han sido modificados para replicarse
selectivamente en tumores.

FRANK MCCORMICK

La llegada de los virus que destruyen los tumores se
anunció como el alba de una nueva era en el tratamiento
del cáncer. Se trataba de una idea antigua que, de cuando
en cuando, gravitaba en los laboratorios y que no se había
sabido cómo llevar a la práctica clínica. En otras palabras,
se sabía que los virus podían destruir tumores y no se
sabía cómo domesticarlos para convertirlos en tratamientos estándar del cáncer. Una prueba de que la idea
de usar virus como terapia estaba en el aire es el uso que de
ellos hacen en una obra de ficción, una novela de Sinclair

Lewis. *Arrowsmith* sigue inspirándome en mi trabajo científico.[1]

Lewis fue el primer escritor americano que ganó el Premio Nobel de Literatura y lo hizo en el año 1930. Tiene su mérito, porque la esnob intelectualidad europea pensaba, sin sarcasmo, que la literatura americana no existía. Lewis ganó también el Pulitzer y ninguno de los dos premios se le subió a la cabeza. Cuando la Fundación Nobel le pidió que enviase una pequeña autobiografía, Lewis se mostró humilde:

> Al contar mi vida para la Fundación Nobel, me gustaría presentarme como un tipo con alguna cualidad romántica, algún carácter único, como las primeras aventuras de Kipling en la India o el liderazgo de Bernard Shaw en la crítica de las artes y la economía británicas. Pero mi vida, aparte de bromas juveniles como navegar en barcos que transportaban ganado de América a Inglaterra durante las vacaciones universitarias, buscar trabajo en Panamá durante la construcción del canal y servir durante dos meses como conserje de la

1. Hay otra obra de ficción que me motivó a investigar el cáncer. Es una película antigua, también de los años treinta, y se titula *Dark Victory* (1939). En ella, el personaje al que interpreta Bette Davis tiene un tumor cerebral y acude a la visita de un neurocirujano. Pero cuando ella entra, descubre que el cirujano ha decidido abandonar su práctica clínica para dedicarse a investigar el cáncer. «El problema está en las células —viene a decir el cirujano—, hay que ir al laboratorio y estudiarlas.» Todavía hoy muchos cirujanos piensan lo mismo. ¡Será un gran día para la medicina cuando el tratamiento de los tumores del cerebro no requiera cirugía mayor!

efímera comuna de Upton Sinclair, Helicon Hall, ha sido una crónica aburrida.

Lewis, más adelante, confiesa que comenzó escribiendo relatos románticos para después acercarse al realismo y la crítica social, cosa que hizo con profundidad extraordinaria. Sin embargo, que no le pregunten sobre cómo evolucionó, porque no tiene claro si esas fases son necesarias o no para tener éxito como escritor:

> Si los castillos imaginarios a los diecinueve años conducen siempre a las aceras de *Main Street* [una de sus novelas], a los treinta y cinco, y si el proceso podría revertirse, y si alguno de ellos es deseable, lo dejo a los psicólogos.

Antes de ganar el Nobel consiguió el Pulitzer —que rechazó— con la novela *Arrowsmith* en el año 1926. El libro ganó popularidad con el Premio Nobel y John Ford, uno de los grandes directores de la historia del cine, lo llevó a las pantallas inmediatamente después y recibió la nominación para el Óscar. La visibilidad que el filme daría a la novela acabaría convirtiéndola en el relato más leído del autor. En *Arrowsmith* se comentan temas interesantes desde los puntos de vista de la medicina, la investigación y la ética.

Es el retrato de un incisivo científico. Su práctica médica y el diseño de sus experimentos se mezclarán con conflictos de conciencia cuando tenga que escoger entre la fortuna y el altruismo. Durante una epidemia de peste en el Caribe, el protagonista prueba un nuevo tratamiento: un virus para destruir las bacterias. *Arrowsmith* concibe un experimento clínico meticuloso que usa controles: la mitad de los isleños recibe tratamiento con un virus bacteriófago —destructor de bacterias—, y la otra mitad, un placebo.

El texto fluye ligero sin evitar las reflexiones. Hay frases con enjundia:

> Insistió en que no hay una Verdad sino muchas verdades. La Verdad no es un pájaro de colorines al que se puede perseguir entre las rocas y capturarlo cogiéndolo por la cola, sino una actitud escéptica ante la vida.

Con respecto a la defensa de la investigación básica y la aplicada, el autor se vuelca en la admiración de la aplicación práctica:

> Todo el crédito a los hombres que inventaron la pintura y el lienzo, aunque hay más gente que merece crédito, ¿eh? ¡Son los dos, Rafael y Holbeins,[2] los que usaron esos descubrimientos!

2. Mientras que Rafael es un pintor conocido por la mayoría debido a obras maestras como *La escuela de Atenas* en las salas que el Vaticano tiene dedicadas a él, Hans Holbein no lo es tanto. Holbein fue un pintor alemán, también renacentista, especializado en retratos donde inmortalizó a Erasmo de Rotterdam, Tomás Cromwell y Tomás Moro, entre otros líderes políticos y religiosos. Sus cuadros pueden admirarse en el Louvre, la Nueva Galería Nacional de Berlín, el Prado, y el MET de Nueva York, entre otros museos.

Una frase que merece la pena:

> Les enseñé inmediatamente que la última lección de la ciencia es esperar y dudar.

Utilizar virus para destruir bacterias, una idea que Lewis obtuvo de los científicos de su época, se ha vuelto a retomar recientemente como estrategia real para tratar a enfermos con bacterias resistentes a los antibióticos. Parece que esos superpatógenos podrían combatirse, al menos en algunas circunstancias, infectándolos con su némesis: los fagos. Los bacteriófagos son virus que infectan bacterias con inverosímil facilidad y las destruyen mientras se multiplican en su interior.

Los fagos, como comentamos en el capítulo 3, aunque no está mal repetirlo aquí, mantienen ecosistemas de bacterias bajo control —en el mar y en nuestro intestino—, como los lobos o los tiburones mantienen los suyos. Los bacteriófagos, literalmente virus que se alimentan de bacterias, no infectan las células humanas y por lo tanto pueden administrárseles a los pacientes sin que causen toxicidad. Y así se ha hecho.

Helen Spencer y sus colaboradores, por ejemplo, han publicado en mayo de 2019 en la revista *Nature Medicine* la utilización de un cóctel de bacteriófagos, modificados genéticamente en el laboratorio, para tratar a un niño de quince años con fibrosis quística que sufría una infección diseminada por *Mycobacterium abscessus*. El paciente toleró bien los fagos y mejoró.

Los virus también se utilizan, cada día con más frecuencia, como una terapia biológica del cáncer. La viroterapia del cáncer, o el uso de virus oncolíticos —*onco*, «cáncer»; *lítico*, «destructor»—, tiene su origen en observaciones anecdóticas acumuladas durante los últimos doscientos años de pacientes de cáncer que mejoraron durante una infección vírica.

Los virus aparecen para mejorar la terapia convencional del cáncer. La radioterapia y la quimioterapia son tóxicas, causan debilidad, envenenan la sangre, producen dolor insoportable y son, en algunos casos, poco eficaces. Para los tumores cerebrales malignos, por poner un ejemplo de mi área de conocimiento, no disponemos de tratamientos que curen. La cirugía en el cerebro, la irradiación de tumores, neuronas y células madre —especialmente dañina en el cerebro de los niños, donde las células madre son aún más importantes que en adultos—, y la quimioterapia, reducida a uno o dos fármacos, prolongan la vida menos de dos años, con una calidad de vida subóptima. Es necesario encontrar urgentemente nuevos tratamientos para este y muchos otros tipos de tumores, incluyendo la mayoría de los que no se originan en la sangre, cuando han sembrado metástasis. Algunos tumores, como el de páncreas o el de ovario, carecen de tratamientos eficaces para curar al paciente si se diagnostican en un estadio tardío. Muchos científicos estudian diferentes avenidas para generar nuevos tratamientos del cáncer y algunos, como yo, se centran en optimizar la viroterapia, que ha tenido efecto en un porcentaje pequeño de casos.

Entre las muchas anécdotas en la literatura médica se encuentran los casos de niños con leucemia, por ejemplo, en los que el cómputo anormalmente alto de glóbulos blancos se normalizó durante una gripe o la varicela. Se han documentado también evoluciones favorables ocasionales, e incluso remisiones de la enfermedad de Hodgkin y el linfoma de Burkitt cuando el paciente pasaba el sarampión.

Uno de los casos mejor examinados, que incluye fotos del antes y el después de la infección, es la historia de un niño africano de ocho años visitado en Uganda por una inflamación indolora en la región del ojo derecho, que había crecido durante seis meses. Se trataba de un tipo especial de linfoma que afecta con frecuencia a los huesos de la cara, el linfoma de Burkitt. Justo antes de recetar el tratamiento convencional, los médicos le diagnosticaron sarampión, que en aquel momento estaba en la fase de sarpullido o *rash* por todo el cuerpo, por lo que decidieron posponer la quimioterapia.

Con la evolución del sarampión, los médicos observaron un retroceso notable del tumor: durante los siguientes quince días, las lesiones cutáneas del sarampión desaparecieron y el tumor desapareció con ellas. El virus se lo había llevado por delante. Ha habido otros casos de linfomas que mejoraron durante un sarampión, y en otras remisiones espontáneas del linfoma de Burkitt, el mecanismo responsable de la mejora nunca se aclaró. Así que hemos de ser cautos al interpretar los hechos; puede ser que la infección fuese una coincidencia y no la causa de la mejoría.

En 1890, un médico italiano descubrió que el cáncer de cuello uterino de las prostitutas —este cáncer casi constituye una enfermedad laboral en este grupo de la población— mejoró cuando se vacunaron contra la rabia. Durante los años siguientes, el galeno transitó las áreas rurales de la Toscana administrando saliva de un perro con rabia a mujeres con estos tumores. Los resultados de ese periplo no se publicaron.

En la misma Italia, catorce años después, a una mujer con cáncer de cuello uterino la mordió un perro que podía tener la rabia. Cuando la vacunaron de esta, su tumor, «de gran tamaño», desapareció y la mujer vivió libre de la rabia y del cáncer.

Basándose en estas experiencias, el ginecólogo italiano Nicola De Pace, quien había llevado el caso de la mujer con cáncer y vacunada de la rabia, publicó en 1910 que otras mujeres con cáncer de cuello uterino recibieron la vacuna contra la rabia y que los tumores en algunos casos disminuyeron de tamaño. El cáncer, sin embargo, volvió a crecer y las pacientes murieron debido a complicaciones derivadas de la enfermedad. El de De Pace fue el primer informe médico del efecto de un virus en pacientes con cáncer. A pesar de no poder reproducir lo que había observado en la primera paciente, el médico italiano inauguró un nuevo campo científico: la viroterapia del cáncer. No sabemos si predijo que iba a mantener a parte de la comunidad médica intentando mejorar esta terapia durante más de un siglo y que aún seguimos en ello.

Pasaron cuarenta años desde el estudio de De Pace antes de que se tratara a pacientes con enfermedad de Hodgkin con el virus de la hepatitis. El estudio no tuvo un éxito aplastante, pero abrió la puerta a que se hiciesen otros, y entre 1950 y 1980 se llevaron a cabo varios ensayos clínicos para tratar el cáncer usando virus silvestres o naturalmente atenuados, incluidos —y eso no ha dejado de extrañarme— los que causan enfermedades gravísimas como la fiebre amarilla o el dengue.

El siguiente avance llegaría con el progreso de la biología molecular y el mejor conocimiento de los genomas de los virus y las funciones de sus proteínas. Se obtuvo mucho conocimiento sobre los virus y su capacidad para infectar células de cáncer durante los años de terapia génica en la década de los noventa. La terapia génica se propone inyectar en las células genes terapéuticos. Normalmente, inyectar un gen que falta en las células del tumor (por ejemplo, el *p53*) induce la muerte celular sin dañar las células normales, porque estas ya disponen de una copia normal de ese gen terapéutico.

La terapia génica del cáncer hizo un uso intensivo de vectores virales para transferir o introducir los genes terapéuticos en las células de los tumores. Primero, el gen se insertaba en un virus y luego se infectaban los tumores. El virus transducía, es decir, conseguía que la célula aceptase el gen ectópico.

Un virus era mucho más eficaz que un plásmido para transferir el gen, sobre todo *in vitro*, pero también en experimentos con animales. Así que los vectores virales se consideraron un gran paso hacia delante y, de hecho, fueron responsables del auge de la terapia génica del cáncer y de otras muchas enfermedades.

Aunque la idea no era mala, la terapia génica del cáncer fracasó porque los vectores virales, que eran virus defectivos, eran incapaces de infectar suficientes células de cáncer en los pacientes. En realidad, el porcentaje de células que resultaban infectadas era menor del uno por ciento, así que no se conseguía obtener ningún beneficio terapéutico. Los intentos de remediar este problema dieron lugar a que se retomara la idea de los virus oncolíticos, que a diferencia de los vectores virales no estaban atenuados y podían replicarse y matar las células de cáncer.

La teoría de los virus oncolíticos proponía una onda terapéutica que viajaría a través del tumor: una vez que una célula se infectara, esta fabricaría millones de virus que se extenderían a otras células para multiplicarse y eliminarlas, y así sucesivamente. Este proceso repetitivo de infección-multiplicación-muerte celular-infección de células vecinas y vuelta a empezar establecería una onda de virus que, viajando desde el punto inicial de la inyección, se suponía que acabaría destruyendo progresivamente las células tumorales a lo largo de las tres dimensiones de un tumor.

Había que solucionar un problema: no se podía ir tan rápido. Una vez que el virus hubiera destruido las células del tumor, podía atacar las células normales y producir toxicidad. Así que los virus debían manipularse genéticamente para convertirlos en «virus inteligentes», capaces de distinguir una célula maligna de una célula perfectamente normal, para que, cuando hubieran destruido el tumor, el virus desapareciese dejando intactas las células normales.

El primero de estos virus inteligentes fue un herpesvirus modificado. Este nuevo virus oncolítico se publicó en la revista *Science* en 1991. El autor sénior del informe fue Robert «Bob» Martuza y se podría decir que él inauguró el campo de los virus modificados en el laboratorio con agentes contra el cáncer.

Bob es una persona humilde, nacido en una familia de mineros, que ha llegado a lo más alto como neurocirujano. Ha sido jefe del servicio de neurocirugía del Massachusetts General Hospital, asociado a la Universidad de Harvard y uno de los mejores hospitales del mundo. Además de ser un gran científico y un excelente cirujano, Bob es humanista. Hace años, en la década de los noventa, decidió complementar su carrera profesional tomando clases de escultura. Una de sus piezas más grandes, una escultura de mármol de más de trescientos kilos, decora uno de los edificios del Massachusetts General Hospital.

En el estudio de *Science* utilizó un virus al que se le había eliminado un gen con objeto de atenuarlo en células normales. La inyección del herpes mutante prolongó la vida de pacientes con tumores cerebrales. Este virus acabaría utilizándose para el tratamiento de pacientes con tumores cerebrales malignos en varios países. En la actualidad, un gran estudio clínico en Japón tiene excelentes resultados preliminares. En febrero del año 2016, el Ministerio de Salud, Trabajo y Bienestar de Japón designó el herpes oncolítico como un fármaco *sakigake*, una palabra japonesa que significa «pionero» o «seminal», lo que le abre la puerta al medicamento designado a una aprobación acelerada. Es posible que pronto los pacientes japoneses de cáncer puedan escoger, entre otras alternativas, tratarse con este virus.

Las células se gobiernan mediante complejos circuitos de proteínas que se activan y frenan mutuamente para establecer un control muy detallado de su capacidad para dividirse y proliferar. La única manera de que un organismo vivo conserve su forma y función es mantener controlado el número de células y cómo y cuándo estas pueden crecer. Estas redes de comunicación permiten que las células se multipliquen cuando sea estrictamente necesario. Los intentos de escapar de estos controles, como sería el caso de las células infectadas o las células malignas, encienden las luces de alarma que disparan otro tipo de circuitos que obligarían a la célula a cometer suicidio para proteger el bienestar del tejido al que pertenece. Los controles de la proliferación celular tienen un eje principal que se organiza alrededor de una proteína llamada Rb. El programa verdugo, que obliga a una célula a suicidarse por el bien común, lo dirige otra proteína llamada p53.

Para que una célula normal se transforme en maligna deben fallar los frenos de Rb y p53, con lo que la multiplicación se acelera sin control. Esos frenos son defectuosos en la gran mayoría de los tumores. Con el tiempo, los biólogos han llegado a demostrar que los virus, como las células de cáncer, deben derrotar los circuitos de control de división y muerte celular para conseguir multiplicarse. Los virus secuestran a las células vivas, con lo que la proteína p53 ha de inactivarse, y replican su ADN constantemente, por lo que la proteína Rb debe inutilizarse. El virus tiene que quitar los dos frenos a la célula.

Durante la coevolución de virus y células, varios virus han aprendido el mismo truco y lo llevan a la práctica a la perfección. El adenovirus, por poner un ejemplo, tiene dos genes para este propósito. El gen de expresión precoz *E1A*, que produce una proteína que levanta el freno del Rb, y el gen *E1B*, que impide que la proteína p53 inicie el harakiri celular.

La manipulación de un adenovirus tuvo el efecto de atraer a muchos más investigadores, incluyéndome a mí, al campo de la viroterapia del cáncer. En 1996, un equipo de científicos publicó, de nuevo en la revista *Science*, un adenovirus, ONYX 015, en el que se había efectuado una manipulación del genoma para eliminar la proteína E1B —que levanta el freno del p53— y así atenuar su replicación en células normales, pero no en células de cáncer. El autor sénior del artículo fue Frank McCormick.

Frank es un *gentleman* inglés que conduce coches de carreras los fines de semana para relajarse. En la pista, con sus amigos pilotos, puede alejarse momentáneamente del trabajo pensando en diferentes desafíos físicamente más arriesgados. Cuando le pregunté cómo le iba, me confesó: «No hay quien pueda con los más jóvenes. Es una carrera de reflejos; te distraes un segundo y pierdes la carrera». Salir al circuito es su gran pasión fuera del trabajo. Y es también un *hobby* muy caro: cambiar las ruedas supone diez mil dólares. Frank es un hombre de mundo y se relaciona con periodistas y escritores de fama internacional, como Nicholas Wade, del periódico *The New York Times*; políticos americanos y europeos, y personajes de la monarquía.

Frank ocupa la cátedra David A. Wood de *Tumor Biology and Cancer Research* en la UCSF. Fue presidente de la Asociación Americana para la Investigación del Cáncer y asumió el liderazgo del Laboratorio Nacional Frederick para la Investigación del Cáncer, supervisando un proyecto nacional respaldado por el Instituto Nacional del Cáncer estadounidense para desarrollar terapias contra los cánceres provocados por el oncogén *ras*, que incluyen los de páncreas, colon y pulmón.

A finales de la década de los noventa, Frank fundó Onyx Pharmaceuticals, donde inició y dirigió los esfuerzos de descubrimiento de fármacos que llevaron a la aprobación en 2005 del sorafenib, un inhibidor del oncogén *B-raf* utilizado en el tratamiento del cáncer de células renales y el cáncer de hígado. Además, ha sido socio fundador de DNATrix, una pequeña compañía farmacéutica que iniciamos juntos para poder financiar estudios clínicos de viroterapia en pacientes con tumores cerebrales.

El adenovirus publicado en *Science* llegaría a probarse en estudios clínicos en Estados Unidos, pero los problemas económicos de la compañía que lo producía impidieron que llegase a completarse la fase III, necesaria para que las agencias reguladoras americanas lo aprueben. La globalización de la economía intervino en este caso a favor de los virus oncolíticos y un virus similar, llamado H101, se aprobó en China el año 2006. El H101 está indicado para tumores de cabeza y cuello y de esófago, en combinación con quimioterapia. El H101 ha sido el primer virus que ha pasado de ser un tratamiento experimental a convertirse en un tratamiento estándar.

El segundo virus aprobado para tratar pacientes fue

un herpes modificado —similar al que diseñó Bob Martuza— que expresa una proteína que regula la inmunidad. El nombre más popular de este virus es T-Vec y está aprobado para tratar pacientes con metástasis de melanoma, que no pueda extirparse mediante cirugía. El T-Vec se aprobó en Estados Unidos en el mes de octubre de 2015; en Europa, en enero de 2016, y en Australia, en mayo de 2016. El ensayo de fase III del T-Vec fue el primero en demostrar que el tratamiento local con virus oncolíticos suprime el crecimiento de tumores inyectados y además, en algunos casos, induce inmunidad antitumoral sistémica. Es decir, que la inyección del virus en un tumor de mama, por ejemplo, podría en teoría eliminar las metástasis del cáncer a los huesos o al pulmón.

Este efecto antimetástasis, si se confirma, tendría una significancia excepcional, porque la mayoría de los tumores sólidos no se puede controlar cuando se extienden desde el órgano donde se iniciaron al resto del organismo. El tratamiento de las metástasis constituye la última frontera de la terapia del cáncer, la mayor barrera para derrotar por completo a los tumores.

La aceptación del T-Vec por parte de las agencias reguladoras de fármacos abrió una nueva era para los virus oncolíticos y hoy muchos laboratorios trabajan en este campo y varios virus se están poniendo a prueba en estudios clínicos. En el año 2018 nuestro laboratorio —que dirigimos mi mujer Candelaria Gómez-Manzano y yo— publicó los resultados de un estudio clínico en fase I en el que utilizábamos un adenovirus modificado para que no pudiese multiplicarse en las células normales del cerebro.

Este virus, llamado Delta-24, tiene una mutación en la proteína E1A que le impide inactivar la proteína Rb en células normales y no es tóxico para los pacientes cuando se administra directamente dentro del tumor. El tratamiento con Delta-24 produjo la remisión completa del cáncer durante más de tres años en pacientes con tumores cerebrales en los que habían fracasado el resto de los tratamientos. Los conocimientos de Ramón Alemany, a quien conocimos en el M. D. Anderson de Houston y que ha sido capaz de establecer una potente plataforma de adenovirus en el Instituto de Oncología Catalán de Barcelona, impulsaron nuestros trabajos iniciales. Los adenovirus que diseña Ramón se han utilizado y se utilizan para tratar neuroblastomas, retinoblastomas, gliomas y otros tumores. En la Clínica Universitaria de Navarra, Marta Alonso es la especialista en adenovirus oncolíticos. Marta combina virus con otras terapias, incluyendo radioterapia y aptámeros, para tratar la forma más agresiva de tumores cerebrales tanto en adultos como en niños.

Al otro lado del Atlántico, en Canadá, John Bell es un gigante de la ciencia. Bell es, entre otros muchos títulos, el director científico del Centro Nacional de Excelencia para el Desarrollo de Terapias Biológicas del Cáncer, y ha sido elegido miembro de la Royal Society of Canada. Su especialidad son los virus oncolíticos que contienen ARN. John pudo demostrar que estos disparan una respuesta celular que los elimina cuando infectan una célula y que lo hacen a través de un sensor molecular llamado «interferón». Los virus ARN destruyen tumores sin causar toxicidad porque la proteína interferón los destruye en las células normales. Sin embargo, el sensor no existe en células de cáncer, así que los virus ARN tienen más facilidades para multiplicarse y destruir tumores.

El mismo año que mi mujer y yo publicamos nuestra experiencia con adenovirus y tumores cerebrales, un equipo de trabajo completamente independiente publicó en la revista *The New England Journal of Medicine* resultados muy similares a los nuestros utilizando el virus de la polio —en vez del adenovirus— que se había manipulado genéticamente para que se multiplicase solo en células de cáncer. Juntos, su estudio y el nuestro, se amplifican entre sí al confirmar que diferentes virus tienen efectos similares, y probablemente por el mismo mecanismo, en tumores cerebrales.

Una de las pacientes tratadas con el virus fue Stephanie Lipscomb, una jovencísima estudiante de enfermería. El tumor se le diagnosticó mientras se estudiaba la causa de sus dolores de cabeza, que no cedían con ninguna medicación. La causa de estos era un tumor cerebral maligno de gran tamaño, más grande que una pelota de pimpón. Los neurocirujanos extirparon quirúrgicamente casi el cien por cien del tumor y luego, de acuerdo con el tratamiento convencional, recibió radioterapia y quimioterapia intensas en el cerebro. Ni todo eso junto, ni siquiera esta combinación de tratamientos tan agresivos, impidió que el tumor volviese a crecer y de modo más violento, como un monstruo rabioso saliendo de sus cenizas.

Aterrorizada, Stephanie estaba dispuesta a que la trataran con todo aquello que fuese posible. Pronto descubrió que no había demasiadas opciones. No había más fármacos y la radioterapia no parecía ser una opción razonable. Había llegado al límite de las posibilidades que tiene un paciente en el presente. Cuando empezó a percatarse de que no había más tratamientos, un equipo de la Universidad de Duke le ofreció la posibilidad de recibir un nuevo tratamiento experimental. Lo que Duke proponía era algo increíble: querían infectar el tumor con el virus de la polio.

La polio es una enfermedad terrible con un pasado abominable que dejó cicatrices sociales en la mayoría de la población en Estados Unidos. Decir polio es decir parálisis, pulmones de acero, muerte imparable en condiciones físicas terroríficas. Y, sin embargo, allí estaba ella, escuchando al médico. El cirujano explicó que el virus de la polio se había diseñado para destruir el tumor sin lesionar las neuronas, las cuales constituían normalmente su diana más notable. Stephanie aceptó la oferta y pasó a formar parte del estudio clínico.

Y triunfó la ciencia. La inyección del virus modificado consiguió lo imposible: destruyó por completo el tumor. No todos los pacientes que participaron en el estudio clínico tuvieron tanta suerte como ella. De hecho, su caso fue más la excepción que la norma. Aun así, no dejó lugar a dudas del potencial de la viroterapia del cáncer. Stephanie sigue viva cinco años después del tratamiento.

Al principio de la película *Soy leyenda*, una científica —Emma Thompson— explica que ha curado el cáncer utilizando una cepa del virus del sarampión. Una buena amiga y oncóloga, Eva Galanis, oncóloga en la Clínica Mayo en Rochester, Minnesota, utiliza cepas del virus del sarampión que comentó Emma Thompson para combatir varios tipos de tumores, entre ellos el cáncer de ovario y los tumores cerebrales. En *Soy leyenda*, el virus se escapa y causa una pandemia a la que solo sobrevive el actor principal. Pura ficción.

A los pacientes con tumores, incluyendo los que tienen cáncer cerebral, Eva les administra la cepa del virus del sarampión usada para las vacunas, así que no hay riesgo de pandemia ni por accidente. El efecto del virus del sarampión en los tumores es distinto del efecto de los adenovirus, los herpes o los poliovirus. Este virus expresa proteínas que llevan a la fusión de las células del cáncer, lo que por un lado facilita la propagación del virus al eliminar las membranas y por otro causa efecto antitumoral porque las células fusionadas mueren.

La gran variedad de virus explica la amplia gama de agentes oncolíticos que se emplean en los laboratorios. Muchos de ellos se quedan en vías muertas en laboratorios de investigación básica, pero algunos prosiguen hasta los hospitales. Podemos intentar resumir los virus que están en estudios clínicos en apenas unos párrafos.

Los adenovirus: virus muy antiguos que han coevolucionado con los animales y que en el hombre causan infecciones leves de vías respiratorias altas, como el constipado o resfriado común. Se llaman adenovirus porque se aislaron de las adenoides de un paciente.

Virus del herpes simple: puede causar la formación de llagas en la boca, pero también puede provocar enfermedades cerebrales muy graves, como las encefalitis. Disponemos de un tratamiento eficaz contra los herpesvirus, pero aun así, pueden quedarse «durmiendo» y reaparecer cuando las circunstancias son propicias.

Sarampión: un virus muy contagioso que se transmite por el aire y causa el sarampión, una enfermedad benigna que en un porcentaje bajo de casos produce complicaciones que pueden ser mortales. Existe una vacuna muy eficaz para prevenir sus infecciones. No es cierto que la vacuna del sarampión sea causa de autismo.

Virus de la enfermedad de Newcastle: un virus que causa enfermedades con muy poca frecuencia y muy leves en humanos. Existen dudas sobre si este virus puede replicarse en células humanas, incluidas las de cáncer.

Picornavirus: una familia de virus de ARN que infectan mamíferos y aves, e incluyen el virus de Coxsackie, que causa un *rash* en las manos, los pies y la boca.

Reovirus: son virus que no infectan a los seres humanos. No obstante, las células de cáncer caracterizadas por la activación del oncogén *ras* son susceptibles de infección y destrucción por los reovirus.

Virus de la vacuna: el virus con el que se diseñó la vacuna que erradicó la viruela. Es un virus de replicación muy rápida y produce toxicidad cuando se usa como agente oncolítico en pacientes de cáncer.

Virus de la estomatitis vesicular: un virus de ARN que se ha probado en estudios clínicos. Es más tóxico que los otros virus y puede mutar una vez que se le inyecta al paciente.

Como se puede comprobar, los investigadores, médicos y cirujanos disponen de varias opciones. Cómo escoger entre estos virus, si pueden administrarse en secuencia

—es decir, cuando el paciente se hace resistente a un virus, administrarle otro distinto— y cuál de ellos es el menos tóxico marcará el futuro de estos agentes biológicos contra el cáncer.

Los virus oncolíticos modificados genéticamente que hemos comentado se diseñaron para enfatizar su acción destructora de células de cáncer y minimizar las reacciones adversas. Sin embargo, los estudios clínicos han demostrado que además de la «oncolisis» o efecto directo del virus, la infección dispara una respuesta inmune contra el tumor. Es decir, durante la infección directa de un tumor en el cerebro, en una primera fase el virus destruye un cierto número de células mientras se multiplica y se extiende por el tumor. En una segunda fase, que se produce unas semanas después del tratamiento, el sistema inmune reacciona contra el virus, un invasor del exterior entre las células humanas. Esta respuesta inmune destruye al virus y después, o quizá durante su destrucción, los glóbulos blancos que han llegado al tumor para atacar al virus descubren que el tejido infectado no es totalmente normal, que muchas de las proteínas en ese lugar son aberrantes, extrañas, deformes o anormales y disparan una señal de alerta, una bengala que señala dónde se oculta el tumor.

Así que la respuesta inmune disparada por el virus, y en menor medida la acción directa de la oncolisis, es responsable de las dos cosas: destruir por completo el virus y acabar con el tumor, pero además creará una memoria inmune que impedirá que el tumor vuelva a aparecer al menos durante un tiempo, que pueden ser años.

Un cambio de paradigma ha agitado el campo de los virus oncolíticos. Por primera vez se ha podido demostrar que los virus son capaces de disparar una reacción inmune contra el tumor. Esta respuesta inmune podría ser una causa mayor del efecto terapéutico de los virus. Eso ha llevado a que se planteen estudios clínicos usando adenovirus, por ejemplo, y moduladores de la inmunidad, como unos anticuerpos dirigidos contra unas proteínas de los glóbulos blancos, que llamamos *checkpoints*.

En los estudios clínicos con nuestro virus Delta-24 hemos presenciado éxitos como el de Stephanie. Esas buenas respuestas en pacientes nos ayudan a seguir empujando el carro, a combatir la frustración, a seguir progresando. En la actualidad, se ha terminado un estudio en fase II que ha examinado la combinación de Delta-24 y unos anticuerpos que aumentan la inmunidad contra los tumores. La mayoría de los pacientes ha vivido más de lo que lo habría hecho si no se les hubiera administrado este tratamiento y los que han tenido una respuesta completa gozan de una calidad de vida muy superior a la de otros enfermos tratados con tratamientos convencionales. Está previto que la fase III del estudio del Delta-24 en combinación con anticuerpos contra los *checkpoints* inmunes comience en 2021.

Una de las implicaciones del cambio de paradigma en la viroterapia es que el tratamiento con virus es una forma de inmunoterapia. La inmunoterapia ha entrado como un tsunami en la isla de los tratamientos del cáncer. Sus olas gigantes han limpiado el paisaje y hay muchas cosas que están más claras ahora. Esta modalidad terapéutica es una ganadora. Los especialistas en inmunoterapia no consideraban, hasta hace pocos meses, que la viroterapia perteneciera a su área de estudio.

Los antígenos y anticuerpos monoclonales, las células T y la extracción de linfocitos de un tumor, su proceso de crecimiento en el laboratorio y la inyección de nuevo en el paciente son los temas mayores de la inmunoterapia. Estaban muy contentos con el último de sus avances: las CAR-T células. Con esas herramientas están teniendo un éxito sin precedentes en el tratamiento del cáncer. Y así lo han reconocido la comunidad médica y la sociedad en general con adjudicación de Premios Nobel incluida. Los virus no estaban en su catálogo.

Es curioso que la inmunoterapia del cáncer no tuviese presente la viroterapia. Porque, si examinamos la trayectoria de la inmunoterapia desde su origen, nos damos cuenta de que fueron los gérmenes, los patógenos, los que inspiraron la idea de utilizar el sistema inmune en pacientes con cáncer. Aunque existen algunos precedentes que sentaron las bases para aceptar que el sistema inmune se activaba contra el cáncer, como las observaciones del patólogo alemán Rudolf Virchow, que ya en el siglo XIX encontró glóbulos blancos dentro de los tumores, la mayoría de los inmunólogos acepta que la inmunoterapia contra el cáncer comenzó con los estudios de un cirujano llamado William Coley, considerado de una manera afectuosa el «padre de la inmunoterapia».

El nacimiento de la inmunoterapia se debió a que la cirugía y la quimioterapia no podían solucionar la mayoría de los casos de cáncer. En la pieza de teatro *El dilema del doctor*, escrita por Bernard Shaw en 1906 para denunciar los dilemas de una profesión médica carente de recursos, un médico anuncia y profetiza que el futuro es la inmunoterapia:

> Los fármacos son tratamientos sintomáticos, disminuyen los síntomas y ninguno cura la enfermedad. El verdadero remedio para todas las enfermedades es el de la naturaleza... Para las enfermedades, solo hay un tratamiento verdaderamente científico que consiste en estimular los fagocitos. Activa los fagocitos. Los fármacos son un engaño.

Los fagocitos son células del sistema inmune. «Activar los fagocitos» equivale a activar la inmunidad. Probablemente, Bernard Shaw se inspiró en uno de los progresos más sorprendentes de la medicina de aquellos años. La toxina de Coley.

William Coley era un joven cirujano del hospital Memorial de Nueva York que buscó nuevas formas de tratar el cáncer después de tratar a Elizabeth «Bessie» Dashiell, que falleció de metástasis en 1891. Coley diagnosticó a Bessie, que tenía diecisiete años, de un sarcoma de hueso en la mano derecha y, siguiendo los protocolos de tratamiento de la época, le amputó el brazo a nivel del codo. No sirvió de nada. Según cuentan quienes han seguido de cerca la vida y obra del cirujano:

> El 23 de enero de 1891, menos de 6 meses después de ser atendida por Coley por primera vez y después de lo

que se describió como un período desgarrador y doloroso, Bessie murió con Coley a su lado.

Decidido a estudiar cómo tratar mejor a pacientes como Bessie. Coley buscó en los archivos del hospital casos de sarcoma de hueso. Allí encontró la historia clínica de un inmigrante con un sarcoma en la mejilla que se había tratado quirúrgicamente varias veces. Las operaciones se seguían inevitablemente del regreso del tumor. En la última operación, la herida no cerró bien y se infectó con erisipela, una enfermedad de la piel producida por bacterias. Según los informes, con cada subida de fiebre el tumor disminuía de tamaño, hasta que se curó por completo.

Después de leer el historial, Coley buscó al paciente por Nueva York y después de varios meses de recorrer calles preguntando, como si fuese un detective, dio con él. El paciente llevaba viviendo sin cáncer más de siete años. Coley, asombrado, se dio cuenta de que la infección lo había curado. Ahora tenía otra arma para complementar la cirugía. Tomó una resolución: probaría esa estrategia en sus pacientes.

Coley infectó los siguientes diez pacientes con una mezcla atenuada de las bacterias que producen la erisipela. Tuvo éxito con el primer paciente; era un emigrante italiano registrado con el nombre Zola y aquejado de un tumor en la garganta, que le impedía comer. Estos tumores son terribles por muchas razones. No es fácil ver consumirse el cuerpo en medio del dolor y pasar al mismo tiempo un hambre que no se puede calmar. Frank Kafka, que murió de una tuberculosis laríngea inoperable, escribió durante la enfermedad su obra maestra y agónica titulada «Un artista del hambre».[3] En ese relato absurdo imagina una serie de ciudadanos que intentan ganarse la vida exponiéndose al público en una exhibición estética de su hambre. Es como un lamento de los síntomas que tiene la tuberculosis que le asfixia y la falta de interés que la sociedad tiene por enfermos como él. Y quizá por enfermos como Zola.

El tratamiento de Coley, que consistía en provocar una infección en el tumor, tuvo efecto y Zola pudo recuperarse y llevar una vida normal. Este tratamiento pronto se reconocería como la «toxina de Coley». Con el éxito llegaron los seguidores que aplicaron su «toxina» a otros pacientes.

A un veterinario, por ejemplo, que según refería desarrolló un tumor en la mandíbula después de que lo hubiera pinchado el asta de un toro, se le trató primero con varias cirugías que no consiguieron impedir que el tumor regresase, de mayor tamaño cada vez. Tanto creció el cáncer que llegó a extenderse a la nariz, el paladar, la parótida y la faringe, impidiendo que el enfermo tragase y hablase. El médico, Winberg, discutió con el paciente la posibilidad de aplicarle la vacuna de Coley y el paciente aceptó.

---

3. «Un artista del hambre» es una de las pocas narraciones publicadas con el consentimiento de Kafka. Este cuento tiene numerosos admiradores entre los escritores actuales, con Paul Auster a la cabeza. La primera frase del cuento presenta el tema y el tono del relato: «En las últimas décadas, el interés por los artistas del hambre ha sufrido un notable descenso». Puro Kafka.

De manera gradual, este tratamiento fue surtiendo su efecto. Había comenzado a tratarlo al principio del verano y en septiembre el veterinario pudo abrir de nuevo su clínica completamente curado. Winberg siguió administrándole, de vez en cuando, la vacuna de Coley durante seis meses más. Cinco años después, sin cáncer, el paciente murió de complicaciones relacionadas con el alcoholismo.

A pesar del éxito inicial de la «toxina», este tipo de tratamiento tenía muchos problemas. A veces era difícil inducir una infección, otras veces había buena respuesta al principio, pero el tumor enseguida progresaba, y en algunos casos la infección causaba la muerte del paciente. La popularidad de la vacuna fue perdiendo fuerza hasta llegar a abandonarse por completo. No obstante, el esfuerzo pionero de Coley abrió el camino a que años más tarde muchos pacientes de cáncer se beneficiasen en mayor o menor medida de la inmunoterapia.

Hoy hay un cáncer que se trata con microbios. Se trata del cáncer de vejiga urinaria, cuyo tratamiento incluye la vacuna de la tuberculosis. En 1904, mientras Coley aún trataba pacientes con su vacuna, se aisló una bacteria, el *Mycobacterium bovis*, de una vaca con mastitis tuberculosa. Diecisiete años después, en 1921, Calmette y Guérin consiguieron hacer crecer una cepa viva, pero muy atenuada, de la bacteria y con ella diseñaron una vacuna contra la tuberculosis, que se conoce con el acrónimo BCG (Bacilo de Calmette y Guérin).

Varios años después de que la vacuna estuviese en circulación, se observó que los pacientes que sufrían tuberculosis tenían una menor incidencia de cáncer de vejiga urinaria. Como la BCG induce una respuesta inmune local, se pensó que podía utilizarse para tratar el cáncer de vejiga. Hoy en día, pacientes con cáncer de vejiga reciben tratamiento intravesical de BCG. A pesar de su desarrollo durante el siglo XX, los oncólogos del siglo XXI siguen aceptando ampliamente este tipo de inmunoterapia. Las ideas de Coley tienen futuro.

Las bacterias de Coley, el bacilo de Calmette y Guérin, y los virus oncolíticos pueden considerarse terapias biológicas y formas de inmunoterapia. Todas ellas tienen ventajas y limitaciones. ¿Cómo podrían mejorarse? El Premio Nobel de Medicina de 2018 se le concedió a la terapia contra el cáncer y recayó en James Allison y Tasuku Honjo, quienes encontraron una forma espectacular de mejorar la inmunoterapia del cáncer.

El Nobel de Medicina a la terapia del cáncer era un premio que se había hecho esperar demasiado. El Instituto Karolinsca, que otorga el Premio Nobel de Medicina, había cometido errores a la hora de seleccionar pasados candidatos y en penitencia nunca le dieron uno a la terapia contra el cáncer. Hasta que llegó Jim Allison.

Jim Allison es un compañero del M. D. Anderson, donde comenzó su carrera con la temeraria promesa de hacer historia y lo consiguió, años después, al descubrir nuevos mecanismos de comunicación entre las células de la inmunidad y las del cáncer.

Allison postuló, por primera vez en la historia, que el cáncer había descubierto cómo hacerse invisible para el sistema inmune. Los glóbulos blancos especializados en la respuesta inmune patrullan de modo infatigable el cuerpo humano para descubrir y aniquilar cualquier intento de tumor. No obstante, los tumores tienen medidas de contraofensiva. Una de ellas es «convencer» a los glóbulos blancos de que allí no pasa nada, de que no hay de qué alarmarse porque todo es normal. Allison descubrió esta estrategia, describió cómo sucedía y la demostró. Sus descubrimientos le permitieron desarrollar tratamientos para desenmascarar los tumores para que sean susceptibles de destrucción por los glóbulos blancos.

Los tratamientos derivados de sus observaciones consisten en activar la inmunidad frente al cáncer y pueden dar resultados espectaculares. Una de las mejores respuestas fue en un paciente famoso: Jimmy Carter, expresidente de Estados Unidos. El presidente Carter padece un melanoma, extendido al hígado y al cerebro, y cuando ya no había nada que hacer, la inmunoterapia consiguió que el cáncer entrase en remisión.

Los descubrimientos de Allison con respecto a la inmunoterapia clásica son parecidos a las diferencias entre las teorías de la gravedad de Newton y Einstein. Para Newton, la gravedad es la atracción entre dos masas —las masas no modifican el espacio—; para Einstein, la gravedad es la curvatura creada por una masa en un espacio-tiempo de cuatro dimensiones. La inmunoterapia se basaba en la relación antígeno y anticuerpo. Los tumores tienen antígenos que el sistema inmune reconoce. La inmunoterapia según Allison ha de basarse en destruir el escudo invisible que separa al tumor del sistema inmune. Da igual que las células inmunitarias reconozcan un antígeno, porque no pueden tocarlo; existen mecanismos que se lo impiden. La inmunoterapia clásica está dirigida específicamente contra el tumor. Allison, en cambio, propone activar la inmunidad para conseguir que los glóbulos blancos crucen la barrera que el tumor ha levantado contra ellas.

La genialidad de Allison consistió en abandonar la idea principal de la inmunoterapia, es decir, el concepto de que había que enfrentarse directamente al tumor diseñando estrategias que atacasen directamente sus proteínas —relación antígeno-anticuerpo igual a la atracción de las masas de Newton—. Allison pensó que quizá eso no fuese necesario si conseguíamos activar el sistema inmune —equivalente a la modificación del espacio de Einstein— y dejábamos que fuese este mecanismo de vigilancia el que se encargase de buscar, detectar y curar el tumor. La belleza de esta teoría reside en que idealmente el médico no necesitaría saber ni en qué órgano se encuentra el tumor ni cuál es el tipo de cáncer; le bastaría con saber que el paciente tiene cáncer. Porque solo con esa información el tratamiento de Allison activaría los glóbulos blancos y estos viajarían a través de la sangre hasta encontrar y destruir el tumor.

Para conseguir el efecto deseado, Allison diseñó anticuerpos contra unas proteínas que existen en los glóbulos blancos normales —no en los tumores— y que se llaman «*checkpoints* inmunes». El que él escogió se llama CTLA-4 la regla nemotécnica usada por los estudiantes es: *City of Los Angeles, 4.*

Allison es todo un personaje. Él mismo ha sufrido al

menos tres veces cáncer y las tres lo ha superado. En su vida personal es un melómano y ha organizado una banda en el hospital que se llama, cómo no, los Checkpoints, en la que participa otro compañero del hospital, Ferran Prat, un químico y abogado catalán que toca la flauta travesera. Allison no lo hace nada mal. Eso llegó a oídos del cantante de música country Willy Nelson y acabaron tocando juntos, con el Premio Nobel a la armónica.

Los descubrimientos de Allison han llevado a que se combinen los virus oncolíticos con sus anticuerpos. Como he mencionado antes, estamos combinando el Delta-24 con uno de esos anticuerpos. También se han usado anticuerpos contra los *checkpoints* en combinación con T-Vec, lo que ha producido respuestas completas en uno de cada tres pacientes con metástasis de melanoma.

El enfrentamiento entre virus y tumores es una batalla entre dos titanes. El arma más poderosa, la más decisiva en esa guerra a muerte, es el sistema inmune del paciente. Si los científicos aprendemos cómo poner el sistema inmune de nuestro lado, podríamos abatir el cáncer en poco tiempo. Estamos más cerca de conseguirlo gracias a los conocimientos que seguimos adquiriendo del comportamiento del cáncer cuando utilizamos virus. En los próximos diez años vamos a observar un aumento espectacular de la viroimmunoterapia del cáncer. Esta, después de atajar los tumores primarios, propondrá nuevas estrategias para actuar con eficacia contra las metástasis. Poco a poco, nos acostumbraremos a usar en la práctica clínica la palabra que más trabajo les cuesta pronunciar a los oncólogos, una palabra que por el momento está casi prohibida en los estudios clínicos, en las revistas serias, en los congresos internacionales. La palabra empieza por la letra c. No falta mucho para que podamos pronunciar, sin sentirnos impostores, la palabra «Curar», así, con mayúscula.

EPÍLOGO

Los virus de la mente

Afortunadamente, los virus no ganan siempre.

RICHARD DAWKINS
en *Viruses of the Mind*

Con respecto al futuro inmediato, lo primero que deberíamos hacer es examinar la información de la que dispone cada país, analizar todos los datos y desde todos los ángulos, y preguntarnos qué se ha hecho mal, qué se podría mejorar, qué podemos hacer para asegurarnos de que no ocurra de nuevo. Este análisis debería completarse con rapidez; es posible que haya una segunda ola y hay que recordar que en la epidemia de gripe de 1911 la segunda ola fue mucho peor que la primera.

La vacuna podría devolvernos a nuestras rutinas en el

trabajo y en el ocio. Pero nos equivocaríamos si pensásemos que una vez que dispongamos de una vacuna, podremos descansar tranquilos y detener la lucha contra los virus. Sería peligroso retirar dinero del presupuesto dedicado a la COVID-19, eliminar por completo el equipo de asesores científicos, los centros de información creados *ad hoc*. El embrión de un equipo para el estudio de las pandemias organizado por la administración de Obama se desmanteló con la llegada de Trump a la Casa Blanca, lo que debilitó las instituciones gubernamentales que podían preparar una respuesta a una pandemia; la ciudadanía estadounidense pagó las consecuencias.

Las pandemias se han vuelto más frecuentes y letales, la década pasada ha sido la más activa en epidemias virales de toda la historia del hombre. Las necesidades evidentes para prevenir otra catástrofe pandémica incluyen el almacenamiento de grandes cantidades de suministros, como medicamentos y equipo de protección personal, sostenidos y mantenidos por nuevas iniciativas de financiación gubernamentales. Los políticos en el poder deberían incrementar iniciativas académicas de lucha contra los virus. La creación de un centro nacional para la detección y monitorización de epidemias sería un paso importante. El seguimiento de huracanes y la compra anticipada de material de guerra son ejemplos de actividades que deberían imitarse para combatir una pandemia. La digitalización de la información debe mejorarse. Se necesita un plan para producir rápidamente antivirales, vacunas y pruebas de diagnóstico en el momento en que sea necesario.

La nueva epidemia debe derrotarse primero en el ciberespacio. En el momento presente, la OMS e instituciones afines en muchos países del mundo vigilan brotes de infecciones potencialmente peligrosas con tecnología digital tipo *big data* que, combinada con la observación de voluntarios desplazados al lugar del brote, pueden ayudar a detectar una epidemia en su punto de origen. Un paso más implicaría producir vacunas antes de que se diese el primer caso usando estrategias tipo aprendizaje automático y aprendizaje profundo para predecir cuál sería el siguiente agente de una pandemia, lo que permitiría empezar a producir la vacuna incluso antes de que el virus saltase al hombre. Es algo que, por el momento, parece simplemente cosa de ciencia ficción. La OMS requiere más fondos y ya veremos cómo se puede compensar la irresponsable pérdida de apoyo de Estados Unidos.

Para prevenir otra pandemia por coronavirus, sería importante aumentar la vigilancia de los coronavirus en sus reservorios animales, como los murciélagos y animales intermediarios, que pueden ser los que estén en contacto directo con humanos. Aunque es imposible rastrear constantemente toda la vida salvaje, se puede reducir el riesgo evitando la deforestación, persiguiendo con mayor intensidad la caza y el comercio ilegal de animales salvajes y modificando los mercados húmedos de Asia para evitar que se vendan mamíferos y aves salvajes. Esas medidas requieren tiempo, porque suponen un cambio en la cultura de miles de millones de personas, y por ello deberían empezar a ponerse en funcionamiento cuanto antes.

Hay que recordar aquello que comentó Larry Brilliant, que trabajó para erradicar la viruela: «Un brote de virus es inevitable, pero que este se extienda alrededor del mundo es opcional». El culto al dinero de los poderosos no debería interferir en el control científico de la propagación de una epidemia. La pandemia que vendrá, la mayor que nunca se ha visto, no eliminará a la humanidad, pero podría fácilmente acabar con nuestra organización social. Esta vez los miserables no se han revelado y los poderosos no han dado el paso definitivo para crear un nuevo fascismo. Pero la peste cambió el orden social de Europa. La posibilidad de ese escenario es clara: una pandemia causada por un virus que se transmita por vía aérea y contra el que no exista tratamiento ni vacuna podría devolver a la humanidad a una época preindustrial. Como en *El cuento de la criada* de Margaret Atwood, se acabaría con la civilización del confort, se abolirían los derechos de los ciudadanos; tal vez regresaría alguna forma de esclavitud laboral.

El virus del odio tiene a veces la raíz en el virus de la ignorancia. Este último virus ha resurgido cuando la sociedad ha empezado a olvidarse de las guerras promovidas por los totalitarismos en el siglo XX. En su ensayo *El culto a la ignorancia*, Isaac Asimov recuerda que los oscurantistas tienen por consigna «¡No confíes en los expertos!», y recalca algo que no podemos olvidar:

> Hay un culto a la ignorancia y siempre lo ha habido. La presión del antiintelectualismo se ha abierto paso en nuestra vida política y cultural, alimentada por la falsa noción de que «democracia» significa que mi ignorancia vale lo mismo que tu conocimiento.

La pandemia ha dejado trágicamente claro que la ignorancia pone en riesgo la vida propia y la de los demás, y que el conocimiento las salva. Hay que aspirar a estar informados, y a dejar que nuestra experiencia y sabiduría guíe nuestras decisiones.

Por encima de las supersticiones, de cualquier tipo, y de las ambiciones políticas de los autócratas de cualquier signo, se alzará de nuevo la paloma blanca de la ciencia. El optimismo se esconde bajo las advertencias. Los científicos buscan soluciones para salvar al mundo y las encontrarán. Esta pandemia se controlará con una vacuna y pronto nuevos y mejores tratamientos podrán aplicarse a enfermos que padecen la COVID-19. No busquemos soluciones en otros lugares: la ciencia siempre nos ha ayudado a triunfar, a romper las cadenas impuestas por los tiranos o la biología. No permitamos que los autócratas de hoy nos releguen al ostracismo. Como cita Carl Sagan al concluir *Los dragones del Edén*: «El conocimiento es nuestro destino».

Bibliografía y otras lecturas

CAPÍTULO 1. UN COSMOS INVISIBLE

Bell, Philip John Livingstone, «Viral Eukaryogenesis: Was the Ancestor of the Nucleus a Complex DNA Virus?», *Journal of Molecular Evolution*, vol. 53, n.° 3 (2001), pp. 251-256, doi:10.1007/s002390010215.

Desjardins, Annick, *et al.*, «Recurrent Glioblastoma Treated with Recombinant Poliovirus», *New England Journal of Medicine*, vol. 379, n.° 2 (12 de julio de 2018), pp. 150-161, doi:10.1056/nejmoa1716435.

Diamond, Jared M., *El tercer chimpancé: origen y futuro del animal*, Barcelona, Debate, 2008. Nueva York, Harper Perennial, 2006.

Harari, Yuval Noah, *Sapiens: de animales a dioses*, Barcelona, Debate, 2015. Nueva York, Harper Perennial, 2018.

Lang, Frederick F., *et al.*, «Phase I Study of DNX-2401

(Delta-24-RGD) Oncolytic Adenovirus: Replication and Immunotherapeutic Effects in Recurrent Malignant Glioma», *Journal of Clinical Oncology*, vol. 36, n.º 14 (2018), pp. 1419-1427, doi:10.1200/jco.2017.75. 8219.

Morris, Desmond, *El mono desnudo*, Barcelona, Plaza & Janés, 2011.

Sagan, Carl, *Los dragones del Edén*, Barcelona, Crítica, 2015.

Stokes, Jonathan M., *et al.*, «A Deep Learning Approach to Antibiotic Discovery», *Cell*, vol. 180, n.º 4 (20 de febrero de 2020), pp. 688-702, doi:10.1016/j.cell.2020. 01.021.

Whitman, Walt, *Hojas de hierba*, Madrid, Alianza, 2019.

Capítulo 2. DRAGONES DEL EDÉN

Almeida, J. D.; Tyrrell, D. A. J., «The Morphology of Three Previously Uncharacterized Human Respiratory Viruses That Grow in Organ Culture», *Journal of General Virology*, vol. 1, n.º 2 (1967), pp. 175-178; doi:10.1099/0022-1317-1-2-175.

Bergman, Ingmar (director), *El séptimo sello*, The Criterion Collection, 1957 [película].

Boccaccio, Giovanni, *El Decamerón*, Madrid, Alianza, 2020.

Camus, Albert, *La peste*, Barcelona, Edhasa, 2002.

CDC (Centers for Disease Control and Prevention). «Pneumocystis pneumonia - Los Angeles», *MMWR*, vol. 30 (1981), pp. 1-3, <www.cdc.gov/mmwr/preview/mmwrhtml/lmrk077.htm>.

Diamond, Jared M., *Armas, gérmenes y acero*, Barcelona, Debate, 2019.

Emiliani, Cesare, «Extinction and Viruses», *Biosystems*, vol. 31, n.º 2-3 (1993), pp. 155-159, doi:10.1016/0303-2647(93)90044-d.

Fellowes, Julian (escritor y creador), *Downton Abbey. Masterpiece Classic*, 2010-2015 [serie de televisión].

Fukuyama, Francis, *Identity: The Demand for Dignity and the Politics of Resentment*, Nueva York, Farrar, Straus and Giroux, 2018.

Gleick, James, *Chaos: Making a New Science*, Nueva York, Penguin Books, 2008.

Jordan, Douglas, *et al.*, «The Deadliest Flu: The Complete Story of the Discovery and Reconstruction of the 1918 Pandemic Virus», *Centers for Disease Control and Prevention*, Centers for Disease Control and Prevention (17 de diciembre de 2019), <www.cdc.gov/flu/pandemic-resources/reconstruction-1918-virus.html>.

Kafka, Franz, *En la colonia penal*, Barcelona, Acantilado, 2019.

Kolbert, Elizabeth, *The Sixth Extinction: An Unnatural History*, Nueva York, Henry Holt and Company/Picador, 2015.

Krause-Kyora, Ben, *et al.*, «Neolithic and Medieval Virus Genomes Reveal Complex Evolution of Hepatitis B», *ELife*, vol. 7 (2018), doi:10.7554/elife.36666.

Kuhn, Thomas S., *The Structure of Scientific Revolution*, Chicago, University of Chicago Press, 2012.

Lapierre, Dominique, *Más grandes que el amor*, Barcelona, Seix Barral, 2011.

MacPhee R. D., E., Marx P. A., *The 40,000-Year Plague: Humans, Hyperdisease, and First-Contact Extinctions*, Washington D. C., Smithsonian Institution Press, 1997.

Nagaoka, Lisa, *et al.*, «The Overkill Model and Its Impact on Environmental Research», *Ecology and Evolution*, vol. 8, n.º 19 (2018), pp. 9683-9696, doi:10.1002/ece3. 4393.

Piot, Peter, *No Time to Lose - A Life in Pursuit of Deadly Viruses*, Nueva York, W. W. Norton & Co, 2013.

Poe, Edgar Allan, «The Masque of the Red Death», en *The Complete Tales and Poems of Edgar Allan Poe*, Nueva York, Barnes & Noble, 2015.

Porter, Katherine Anne, *Pale Horse, Pale Rider: The Selected Short Stories*, Londres, Penguin, 2011.

Procopio, *Historia de las guerras*, Libros I y II; Barcelona, Gredos, 2018.

Roberts, Alice, *Evolution: The Human Story*, Nueva York, DK Publishing, 2018.

Saramago, José, *Ensayo sobre la ceguera*, Barcelona, Alfaguara, 2009.

Shelley, Mary Wollstonecraft, *The Last Man*, Ware, Hertfordshire, Wordsworth Editions, 2004.

Shilts, Randy, *And the Band Played On: Politics, People, and the AIDS Epidemic*, Nueva York, St Martin's Griffin, 2007.

Sontag, Susan, *La enfermedad y sus metáforas / El sida y sus metáforas*, Barcelona, Debolsillo, 2008.

Stach, Reiner, *Kafka - the Years of Insight*. Traducido por Shelley Frisch, Princeton, Princeton University Press, 2015.

Wolff, Horst; Greenwood, Alex D., «Did Viral Disease of Humans Wipe out the Neandertals?», *Medical Hypotheses*, vol. 75, n.° 1 (2010), pp. 99-105, doi:10.1016/j.mehy.2010.01.048.

Zimmer, Carl, *A Planet of Viruses*, Chicago, The University of Chicago Press, 2015.

Capítulo 3. PARÁSITOS Y EVOLUCIÓN

Carson, Rachel, *Silent Spring*, Londres, Penguin Books, in Association with Hamish Hamilton, 2015.

Darwin, Charles (introducción de Julian Huxley), *The Origin of Species: by Means of Natural Selection or the Preservation of Favoured Races in the Struggle for Life*, Nueva York, Signet Classics, 2003.

Jacob, François, *The Possible and the Actual*, Washington, University of Washington Press, 1994.

Lovelock, James, *Gaia: A New Look at Life on Earth*, Londres, Oxford University Press, 2016.

Margulis, Lynn, *Symbiosis in Cell Evolution: Microbial Communities in the Archean and Proterozoic Eons*, Nueva York, Freeman, 1993.

—, *Symbiotic Planet: A New Look at Evolution*, Nueva York, Basic Books, 1998.

Nasar, Sylvia, *A Beautiful Mind - The Life of John Nash*, Nueva York, Simon & Schuster, 1998.

Sagan, Carl (introducción de Ann Druyan), *Cosmos*, Nueva York, Ballantine, 2013.

Capítulo 4. ORIGEN CÓSMICO

Crichton, Michael, *La amenaza de Andrómeda*, Barcelona, Bruguera, 1985.
Dawkins, Richard, *El gen egoísta*, Madrid, Anaya, 2017.
—, *El espejismo de Dios*, Barcelona, Booket, 2013.
Ferris, Timothy, *Coming of Age in the Milky Way*, Nueva York, Anchor Books, 1989.
Hume, David, *Dialogues Concerning Natural Religion*, Hackett Publishing Co., Inc., 1998.
Schrödinger, Erwin, *¿Qué es la vida?*, Barcelona, Tusquets, 2015.
Wickramasinghe, Janaki, *et al.*, *Comets and the Origin of Life*, Singapur, World Scientific, 2010.
Wilson, Daniel H.; Crichton, Michael, *The Andromeda Evolution*, Nueva York, Harper Collins Publishers, 2020.

Capítulo 5. ¿ES ESO UNA DAGA?

London, Jack, «Una invasión sin paralelo», en *La fuerza de los fuertes*, Granada, Traspiés.
—, *«Yah! Yah! Yah!»*, en *South Sea Tales*, de Jack London, CreateSpace Independent Publishing Platform, 2014.

Robida, Albert, *La Guerre Au Vingtième Siècle*, París, Hachette Livre - BNF, 2018.

Wells, Herbert G., *The Stolen Bacillus and Other Incidents*, Harrisburg, Pinnacle Press, 2017.

Wheelis, Mark, «Biological Warfare at the 1346 Siege of Caffa», *Emerging Infectious Diseases*, vol. 8, n.º 9 (2002), pp. 971-975, doi:10.3201/eid0809.010536.

Capítulo 6. LA TEORÍA DE LOS GÉRMENES

Angier, Natalie, *The Canon*, Boston, Mariner Books, 2007.

Ford, John (director), *El hombre que mató a Liberty Valance*, Warner Bros. Pictures, Inc., 1962 [película].

Hotez, Peter J., «COVID-19 Meets the Antivaccine Movement», *Microbes and Infection*, vol. 22, n.º 4-5 (2020), pp. 162-164, doi:10.1016/j.micinf.2020.05.010.

Kubrick, Stanley (director), *2001: Una odisea del espacio*, Warner Bros. Pictures, Inc., 1968 [película].

Rovelli, Carlo, *El orden del tiempo*, Barcelona, Anagrama, 2018.

Stokes, Jonathan M., *et al.*, «A Deep Learning Approach to Antibiotic Discovery», *Cell*, vol. 180, n.º 4 (20 de febrero de 2020), pp. 688-702, doi:10.1016/j.cell.2020.01.021.

Wakefield, A., *et al.*, «RETRACTED: Ileal-Lymphoid-Nodular Hyperplasia, Non-Specific Colitis, and Pervasive Developmental Disorder in Children», *The Lancet*, vol. 351, n.º 9103 (1998), pp. 637-641, doi:10.1016/s0140-6736(97)11096-0.

Capítulo 7. ONCOVIRUS

Bishop, J. Michael, *How to Win the Nobel Prize: An Unexpected Life in Science*, Londres, Harvard University Press, 2004.

Boveri, Theodor, *Concerning the Origin of Malignant Tumours*, Woodbury, Nueva York, Company of Biologists and Cold Spring Harbor Laboratory Press, 2008.

Greaves, Mel, *Cancer: The Evolutionary Legacy*, Londres, Oxford University Press, 2004.

Poe, Edgar Allan, «Metzengerstein» y «El cuervo», en *Cuentos completos*, Barcelona, Penguin Clásicos, 2016.

Obama, Barack, *La audacia de la esperanza*, Barcelona, Debolsillo, 2018.

Skloot, Rebecca, *The Immortal Life of Henrietta Lacks*, Nueva York, Crown Publishing Group, 2011.

Capítulo 8. LA NATURALEZA DEL TIEMPO

Buonomano, Dean, *Your Brain Is a Time Machine: The Neuroscience and Physics of Time*, Nueva York, W. W. Norton & Company, 2018.

Curtiz, Michael (director), *Casablanca*, Warner Bros. Pictures, Inc., 1942 [película].

Darwin, Charles, *The Descent of Man*, CreateSpace Independent Publishing Platform, 2011.

Sagan, Carl; Druyan, Ann, *Shadows of Forgotten Ancestors: *A Search for Who We Are*, Nueva York, Ballantine Books, 1993.

Sontag, Susan, *La enfermedad y sus metáforas / El sida y sus metáforas*, Barcelona, Debolsillo, 2008.

Villarreal, Luis P., «Can Viruses Make Us Human?», *Proceedings of the American Philosophical Society*, vol. 148, n.º 3 (septiembre de 2004), pp. 296-323.

Capítulo 9. ENTRE EL DRAGÓN Y SU FURIA

Goulding, Edmund (director), *Dark Victory*, Warner Bros. Pictures, Inc., 1939 [película].

Kafka, Franz, *En la colonia penal*, Barcelona, Acantilado, 2019.

Lawrence, Francis (director), *Soy leyenda*, Warner Bros. Pictures, Inc., 2007 [película].

Lewis, Sinclair, *Arrowsmith*, Nueva York, Signet Classics, 2008.

Shaw, Bernard, *The Doctor's Dilemma*, Will Johnson & Dog's Tail Books, 2015.

EPÍLOGO

Asimov, Isaac, *A Cult of Ignorance*, 1980.

Atwood, Margaret, *El cuento de la criada*, Barcelona, Salamandra, 2017.

Índice alfabético

producido por inflamación crónica o por parásitos, 288-289
quimioterapia del, 301, 366, 374, 377, 383
radioterapia del, 291, 305, 366, 376, 377, 378
sarcoma de hueso, 384-385
sarcoma en la mejilla, 385
sarcomas de Kaposi, 285, 298
tumores cerebrales malignos, 366, 371, 377
viroinmunoterapia del, 391
virus inteligentes introducidos contra el, 52-53
virus que destruyen tumores, 361-369
carbono, en la unión de los seres vivos, 48, 325
Carr, Christopher, 192
sobre el ADN como marcador de vida, 193
Carson, Rachel: *Primavera silenciosa*, 165
CAR-T células, 383
Carter, Jimmy, inmunoterapia con el cáncer de, 389
Catalina II, emperatriz de Rusia, 265
Cela, Camilo José, 302
Cell, revista, 278
células eucariotas, 42, 43, 137, 140, 142, 143, 147, 148
como una colonia de microorganismos, 149, 151
células procariotas, 42, 136, 140, 142
Centro Alemán de Investigación Oncológica, 316
Centro de Control de Enfermedades de Estados Unidos, 91, 103

Chamberland, filtro de, para aislar bacterias, 245
Chaucer, Geoffrey: *Los cuentos de Canterbury*, 76
checkpoints, anticuerpos, 382, 391
inmunes, 390
chikungunya, brote de, 26
Chile, durante la pandemia de coronavirus, 57
chimpancé
cepas de adenovirus en, 248
diferencia entre el genoma humano y el de, 48, 139, 329, 355, 357
retrovirus comunes con, 340-341
uso de instrumentos, 328
virus de la inmunodeficiencia del, 94-95
China
durante la pandemia de coronavirus, 57, 126
guerra biológica de Japón en, 226-228
procedimiento de inoculación en, 265
programa de guerra biológica en, 230
véase también Guangdong; Wuhan
cianobacterias, 141, 149, 151
ciencia disruptiva, 97, 100, 168
ciprofloxacina, 259
circavirus, 143-144
circovirus, 248
citomegalovirus humano, 132, 161
citoplasma, 142, 143
Clínica Universitaria de Navarra, 376
cloroplastos, 140-141, 148-149

Einstein, Albert, 31
   modificación del espacio de, 390
   teoría de la gravedad de, 173, 389
Eliot, T. S., 82
Ellerman, Vilhem, 294
Emiliani, Cesare, sobre la causa de las extinciones, 70
encefalitis
   aciclovir y, 261
   causada por la rabia, 250
   causada por priones, 131
   causada por una ameba, 144
   equina, 236-237
   virus del herpes simple y, 379
encefalopatías de las vacas locas, 237
Encélado, luna de Saturno, expulsión de agua desde, 199-200 y n.
endosimbiosis, teoría de la, 140-141, 149, 168
enfermedades infecciosas emergentes, transmisión de, 19
Epstein, Michael, 297
Epstein-Barr, virus de, 132, 285, 297
equidnas, genoma de los, 339 n.
erisipela, enfermedad de la piel, 385
Escherichia coli, bacteria, 278, 279
España
   cálculo de virus cerca de Granada, 64
   violencia doméstica en, 57
espiroquetas flageladas, 149-150
Estación Espacial Internacional, bacterias cultivadas en la, 190
Estados Unidos

ataque de bioterrorismo con salmonella en, 232
ataques con ántrax, 232
falta de atención santiaria a minorías de clases bajas, 304 y n.-305 y n., 306, 319-320
inoculación contra la viruela en, 266
pandemia del coronavirus en, 80, 108, 133
politización del uso de mascarillas en, 56
primeros años de sida en, 93
programa de armas biológicas, 225, 229-230
virus del Ébola en, 108
   véase también Trump, Donald
estomatitis vesicular, virus de la, 380
estreptomicina, descubrimiento de la, 103
estromatolitos, 151-152, 153, 166
Etna, volcán, 200 n.
eucariogénesis, 42-43
   viral, teoría de la, 142, 143
Europa, luna de Júpiter, 200
evolución, teoría de la, 138-139, 148, 166, 271, 289
exocometas, 189, 195
extinciones masivas, 65-66, 129, 334
   cambio climático y, 70
   cuatro teorías para justificar las, 66-68
   de los neandertales, 56, 129, 130, 132, 249
   véase también megafauna, extinción de la

Johnson, Boris, primer ministro británico, 122
Jordania, durante la pandemia de coronavirus, 57
Journal of General Virology, 119
Journal of Molecular Evolution, 142
Joyce, James: *Finnegans Wake: Three Quarks for Muster Mark*, 35
Juan de Éfeso, sobre la peste, 74
Juan Pablo II, papa, 174
Justiniano, emperador bizantino, 73, 75

Kafka, Franz, 81-82, 386 n.
muerte por tuberculosis laríngea, 385-386
«Un artista del hambre», 386 y n.
Kala Azar («fiebre negra»), 155
Kalkowsky, Ernst, sobre los estromatolitos, 151
Kanam, en Kenia, mandíbula de, 284, 297
Kautiliya Arthasastra, manual indio, 219
Kepler, Johannes, 241, 253
Kepler, leyes de, 35
King, Stephen, 34
Apocalipsis, 233
koalas, infección por retrovirus en, 350-353
Koch, Robert, teoría de los gérmenes de, 51, 69, 256-257
Kolbert, Elizabeth: *La sexta extinción*, 66
Kuhn, Thomas, 98
La estructura de las revoluciones científicas, 97, 100
Kuiper, cinturón de, 189

laboratorios
clandestinos, venta de enfermedades a medida en, 50, 215-216
historias de negligencia en, 29, 86
véase también Anderson, M. D., de Houston, 53
Lacks, Henrietta, células de cáncer de, 304-307, 317-318
Lacks, Lawrence, 319
Lancet, The, revista, 272-273
Lao Tse, 38
Lapierre, Dominique: *Más grandes que el amor*, 106
Lassa, virus, 236
usado en bioterrorismo, 211
Leakey, Louis, 284
Leeuwenhoek, Antonie van, 242
Leibniz, Gottfried, 33
leishmaniasis, 155-156
leucemias, retrovirus como posibles causantes de, 349
Levine, Victor, 302-303
Lewis, Sinclair, 362-363
Arrowsmith, 361-362, 363-365
Li Wenliang, advertencia del peligro de pandemia, 126, 295 y n., 296 n.
Liberia, virus del Ébola en, 108
Lincoln, Abraham, viruela y, 266
Lipscomb, Stephanie, virus de la polio contra un tumor en, 53-54, 377-378, 382
Lister, Joseph, 256
Loeffler, Friedrich, 257
London, Jack: «La invasión sin paralelo», 223-224 y n., 235
Lovelock, James, 148
teoría de Gaia según, 164-165, 166, 205

Lucy, *Australopithecus afarensis*, 85 n.
Luis XIV, rey de Francia, 265
Lutero, Martín, 309

MacArthur, Douglas, general, 228-229
Machupo, virus, 236
MacPhee, Ross, cuarta teoría de extinción por, 68, 69
maíz, movimiento de partes del genoma del, 331, 335
mamíferos, ascensión al poder de los, 66
Manhattan, Proyecto, 226
manipulación genética, 49, 214, 327
mar, infecciones virales en el, 41, 156-157
Marburgo, virus, 236
identificación del, 249
Margulis, Lynn, 135, 148, 168
defensora de la teoría de Gaia, 163-164, 166, 205
sobre el papel de los microorganismos, 151
sobre la cooperación frente a la competencia, 150-151
El planeta simbiótico, 167
Simbiosis en la evolución celular, 149
María Teresa, emperatriz de Austria, 265
Marte, como posible origen de la vida en la Tierra, 186-187, 192-193, 197, 201-202
Martin, Paul, 67
Martuza, Robert «Bob», 371
Marx, P. A., cuarta teoría de extinción por, 68, 69

matrioska biológica, hipótesis de la, 42-43
véase también eucariogénesis
McClintock, Barbara, 330-331, 332, 335
McCormick, Frank, 361, 373-374
mecánica cuántica, leyes de, 35, 37, 59, 290
Medawar, Peter, 40
medusa de mar, 339 n.
megafauna, extinción de la, en América, 55, 66-67, 68, 69
megavirus, 143, 144
Meister, Joseph
curado de la rabia por Pasteur, 250, 252, 280-281
suicidio de, 281
memoria, pérdida de, 344-345
MERS (Síndrome Respiratorio del Oriente Medio), virus, 26, 95, 112, 118, 123, 262
descubrimiento del, 249
metástasis, tratamiento de las, 375, 391
Microbes and Infection, revista, 271
microbios, supervivencia en condiciones extremas de los, 45
microbiota, 42
intestinal, 161
microcefalia, epidemia de, 107
microorganismos, como causantes de enfermedades, 242 y n.
microscopio electrónico, 101, 119, 145
descubrimiento del, 31, 247
Miller, Stanley, 176-177
sobre el origen de la vida, 44
mimivirus, 146, 147
descubrimiento de los, 31, 144, 145

oncogenes
 descubrimiento de los, 52, 303
 inhibidor del oncogén *B-raf*,
  374
 proteínas E6 y E7 tipo, 312
 ras, 303, 374, 380
 retrovirales, origen celular de
  los, 301
oncovirología, 298-299
oncovirus, 293, 294, 298
ondas gravitatorias, producción
 de, 34
Onyx Pharmaceuticals, 374
Oort, nube de, 189
Oparin, Aleksandr, 43-44
Ordovícico, extinción masiva en
 el, 65
Organización Mundial de la Salud (OMS), 22, 49, 60, 109, 115
 en la erradicación de la viruela
  (1980), 79, 263, 269
 sobre los ataques de bioterrorismo, 211-212
 Trump corta la financiación a
  la, 118, 264, 397
 vigilancia de brotes potencialmente peligrosos, 396-397
Orgel, Leslie, 197 n.
ornitorrincos, genoma de los, 339
 n.
Oryzias latipes, *véase* pez medaka

paleooncología, 284
Paleozoico
 extinción masiva en el, 65
 retrovirus al comienzo del,
  249
Palese, Peter, 86
pandemias

aprovechamiento político de
 las, 56-57
en la historia, 55-56
véase también COVID-19;
 gripe; Li Wenliang; sida
panspermia, teoría de la, 44-45,
 186, 193, 194-195, 197 n., 201
Papanicolau, test de, 310
paperas, vacuna para las, 28
papiloma humano (VPH), virus
 del, 52, 160, 248, 297, 309-313
 test de Papanicolau, 310
parasitismo por virus y bacterias,
 152-153
parásitos
 intracelulares, 287
 proceso de coevolución entre,
  153
 virus como, 135-136, 153
Pasteur, Instituto, 252, 280
Pasteur, Louis, 25, 50
 desarrollo de la primera vacuna bacteriana atenuada viva,
  270
 muerte de, 280
 sobre la generación espontánea, 51, 183, 252, 255-257
 teoría de los gérmenes de, 50-
  51, 69, 241, 242-243
 vacuna contra la rabia de, 251-
  252
 y la vacuna del ántrax, 227
penicilina, 259
Pérmico, extinción masiva en el,
 66
peroxisomas, 149
 falta de ADN en los, 150
peste negra o bubónica
 epidemia de, 71-75
 proyecto japonés para atacar a
  Estados Unidos, 228

pulgas infectadas lanzadas sobre China, 228
pez medaka, o pez de arroz japonés, 335
picornavirus, 380
piel, virus residentes en la, 160-161
Pioneer, proyecto de los, 174
Piot, Peter: *No hay tiempo que perder: una vida en busca de virus mortales*, 107
Pizarro, Francisco, 78
placenta
    desarrollo de la, 338-341
    fusión de células nucleadas en la, 338
Pleistoceno, extinción masiva en el, 66
Poe, Edgar Allan, 307-308
    sobre la viruela, 79-80
    «La máscara de la muerte roja», 80
    «Metzengerstein», 308-309
poliantroponemia, 167
polidnavirus, 154
polio, virus de la, 29, 53-54, 248, 295
    de células de Merkel, 248, 298
    manipulado genéticamente contra tumores, 377-378
    reconstrucción sintética del, 218
poliomielitis, vacuna contra la, 274, 294-297
Porter, Katherine Anne: «Pálido caballo, pálido jinete», 82
Prat, Ferran, 391
priones, 237
Procopio, sobre la peste bubónica, 74, 127
proteínas
    APOBEC3, 354

como parte estructural del virus, 41
Ptolomeo, 30, 97
púlsar, detección de un, 172-173, 335

quarks, 35 y n.
quimioterapia, 301, 366, 374, 377, 383

rabia, virus de la, 28, 51, 250
    disminución de tumores y, 368
    vacuna contra la, 252
radioterapia, 291, 305, 366, 376, 377, 378
Rajneesh, Bhagwan Shree (Osho), gurú indio, 231
Ramón y Cajal, Santiago, 241, 315
Ramsés V, faraón, 77
Reagan, Ronald, sobre el sida, 93, 106
Reed, Walter, 27, 258
Reino Unido, política durante la pandemia en, 56-57, 122
remdesivir, fármaco, 125
reovirus, 380
retrovirología, 100-101
Retrovirology, revista, 353
retrovirus, 48-49, 98-99, 131, 248-249, 325
    arcaicos integrados en el ADN, 336
    como posibles causantes de leucemias, 349
    del koala o KoRV, 351
    en el sistema inmune, 354
    endógenos, 333-334, 338, 340, 343, 349-350, 353